知味

茶书十三种

文白对照

郭孟良 编著

图书在版编目（CIP）数据

茶书十三种 / 郭孟良编著 . -- 北京 ：生活书店出版有限公司，2022.10

ISBN 978-7-80768-164-9

Ⅰ . ①茶… Ⅱ . ①郭… Ⅲ . ①茶文化－中国－古代 Ⅳ . ① TS971.21

中国版本图书馆 CIP 数据核字 (2022) 第 176094 号

责任编辑 廉 勇
装帧设计 刘 洋
内文制作 王 军
责任印制 孙 明
出版发行 生活書店出版有限公司
（北京市东城区美术馆东街22号）
邮　　编 100010
经　　销 新华书店
印　　刷 三河市腾飞印务有限公司
版　　次 2023年1月北京第1版
2023年1月北京第1次印刷
开　　本 880毫米 × 1230毫米 1/32 印张 11.5
字　　数 220千字 图90幅
印　　数 0,001-5,000册
定　　价 56.00元
（印装查询：010-64052612；邮购查询：010-84010542）

目录

前言

郭孟良

人行草木间，茶性真善美。一片平凡而神奇的东方树叶，蕴含着丰富的物质价值和博大的精神能量，早已融入中国人的日常生活和中国文化的历史长河。伴随着中华民族的伟大复兴，品茶、习茶、问茶悄然成风，茶的祖国又一次进入茶产业振兴、茶文化复兴和茶生活消费的新时代。

“振叶以寻根，观澜而索源。”茶文化的传习，还须从阅读中国茶书开始。

所谓中国茶书，是指中国古典文献中关于茶叶生产、制造、品饮及其相关问题的专门著作，是人类茶文化遗产中最重要、最核心的部分，是中国茶文化的基本载体。在以正史艺文志和《四库全书总目》为代表的经史子集四部分类的知识谱系中，它们属于子部中“以收诸杂书之无可系属者”的谱录类。历代茶书不仅记录了各个历史时期茶业发展的状况，具有史料性，而且总结了茶叶生产、加工、品饮的实践经验，具有实用性，还留下了历代茶人关于饮茶生活的艺术探索和精神追求，具有很高的科学和艺术价值。概括说来，茶书内涵丰富，兼及茶史、茶学、茶艺、茶道，堪称中国茶文化的经典，因而茶书的解读和品赏，乃是我们走进品茶生活空间及其文化精神堂奥的唯一门径。

中国茶书出现于"茶道大行"的唐代中叶，由"茶圣"陆羽开其先河。他遍稽群籍，广搜博采，并亲历各地茶区考察，出入三教，与各界名士交流研讨，撰成《茶经》三卷十篇，分其源，制其具，教其造，设其器，命其煮，论其饮，述其事，第其产，权其略，写其图，于建中元年（780）前后付梓行世，成就了人类历史上第一部茶叶百科全书。自此以后，"人间相学事春茶"，茶书的编撰蔚然成风，形成古典文献的一个专门类别。

晚唐五代时期，茶书有十余种。现存张又新《煎茶水记》、苏廙（yì）《十六汤品》、王敷《茶酒论》，裴汶《茶述》、温庭筠《采茶录》和毛文锡《茶谱》则仅存辑本，而杨晔《膳夫经》，一作《膳夫经手录》，残本见宋晁载之《续谈助》，后收入《宛委别藏》等丛书，其中关于唐代茶品的记载，亦颇具文献价值。

宋代是茶业的盛世，也是茶文化的精致时代，可以考知的茶书达三十种，传世十一种，为我们留下以北苑贡茶为代表的末茶茶艺绝唱的完整记录。其中既有茶艺专著蔡襄《茶录》、赵佶《大观茶论》，也有茶具专著审安老人《茶具图赞》，茶叶评审专著黄儒《品茶要录》，茶法专著沈括《本朝茶法》。特别是伴随建溪北苑贡茶的一枝独秀，关于建茶的地域性专书也独盛一时，宋子安《东溪试茶录》、熊蕃《宣和北苑贡茶录》和赵汝砺《北苑别录》是其代表。

明代冲泡饮法的变革和茶文化的发展，推动茶书编撰达于高潮。见于著录的各类茶书有八十余种，存世五十多种。其中有的是整理汇编前代茶书文献，如孙大绶《茶经水辨》《茶经外集》《茶谱外集》，益藩所刻《茶谱》，喻政《茶书》等；有的是采辑论茶之作而成，如屠本畯《茗笈》、夏树芳《茶董》、陈继儒《茶董补》、龙膺《蒙史》等，张谦德《茶经》、何彬然《茶约》、徐献忠《水品》则在搜集前人文献的基础上"附益新意"；比较有价值的是根据当时及个人的茶文化实践，"崇新改易"、自成一家的创新类茶书，如朱权《茶谱》、张源《茶录》、许次纾《茶疏》、罗廪《茶解》、黄龙德《茶说》以及田艺蘅《煮泉小品》、周高起《阳羡茗壶系》等，堪称明代茶书的代表作，也是散茶茶艺的经典之作。

清代茶书近二十种，大多汇抄类编而成，原创性茶书很少。值得一提的是陆廷灿《续茶经》，依陆羽《茶经》原目，"采摭诸书以续之"，保存了不少文献资料，其规模亦堪称古代茶书之最。

关于古代茶书的汇编整理，始于明代。益端王朱祐槟《清媚合谱·茶谱》十二卷，成书于嘉靖十八年（1539）之前，今存崇祯残本八卷五册。喻政《茶书》，一名《茶书全集》，初刻于万历四十年（1612），收书十七种，次年又增补再版，收书二十五种。清代陆廷灿《续茶经》中亦曾开列一份“茶事著述名目”，著录茶书七十二种，间有错讹和重出，实为六十七种。1958 年，万国鼎《茶书总目提要》著录九十八种，其中现存五十三种。1999 年，阮浩耕等《中国古代茶叶全书》，收录茶书六十四种，后附存目六十种。2007 年，郑培凯、朱自振主编的《中国历代茶书汇编（校注本）》，收录茶书一百一十四种（含辑佚）。然而，茶书，尤其是明清茶书的调查、发现还在继续当中，同时，除了综合性茶书，专题性的茶具、品水、茶法、艺文等的专书，地域性的如北苑、岕茶的专书以外，一些属于某书的一部分，并非论茶专书，也被当作茶书辑出，如高濂《茶笺》出于《遵生八笺》,屠隆《茶笺》(《茶说》) 出于《考槃余事》,曹学佺《茶谱》出于《蜀中广记》和《蜀中方物记》，即使如李日华《运泉约》一篇短文，亦入《民俗丛书·茶书篇》，均依传统习惯视为茶书；以此类推，如李时珍《本草纲目·茶》入《古今茶事》第一辑“专著”，另如学者所论王象晋《群芳谱》中的《茶谱》、文震亨《长物志》中的《香茗志》、卢之颐《本草乘雅半偈》中的《茗谱》，作为茶书，亦无不可。从出版传播角度而言，茶书的不同组合、编纂和刊刻方式，亦可作为一种茶书看待。如此，茶书的数量就更多了。

那么，面对如此卷帙浩繁的茶书文献，如何别择去取，如何确定阅读的先后次序，又如何准确解读其文字、全面理解其内涵，就是每一个有志于修习茶学、游心茶艺的人亟待解决的现实课题。为广大茶文化爱好者提供一个小型而精到的中国经典茶书读本，便是笔者编撰本书的初衷。

本书选编的原则，首先是历代具有经典意义、能够代表当时茶文化水平的茶书；其次是只收原创性的茶书，纂辑汇编、采摭他文的一概不收；再次是兼顾地域性茶书，如宋代北苑贡茶，明代优秀茶书较多，故有关岕茶的两种专书就只好割爱了；复次是兼及品水之书和茶具专书。以此标准，选录茶书十三种：唐代一种——《茶经》；宋代五种——《茶录》《东溪试茶录》《品茶要录》《大观茶论》《宣和北苑贡茶录》，另以《茶具图赞》附于《茶录》之后，并援先例将《北苑别录》附于《宣和北苑贡茶录》之后；明代七种——《茶谱》《茶录》《茶疏》《茶解》《茶说》《煮泉小品》《阳羡茗壶系》。正编十三种，附录二种，基本体现了上述四项选编原则，代表了唐代煎茶法、宋代点茶法和明代以来泡茶法三种茶艺形态，可以说中国茶文化的精华俱在。在整理方式上，正文选取较好的底本加以校勘，前加解题性说明，简略介绍作者生平、文献价值、版本情况等，后面则是将注释和翻译有机融为一体的“译解”，同时为帮助读者理解文献，增加感性认识和视觉效果，选配了若干插图。

需要说明的是，“茶书十三种”之名，古已有之，明末刻本，收录《茶经》《茶录》《试茶录》《大观茶论》《宣和北苑贡茶录》《北苑别录》《品茶要录》《本朝茶法》《煎茶水记》《十六汤品》《述煮茶泉品》《采茶录》《斗茶记》唐宋茶书十三种，今藏山东省图书馆,《中国古籍善本书目》著录。为免使行家疑为《茶书十三种》的整理本，且所选既为古代茶书中的经典，故有朋友建议改为“茶书十三经”。然虑及本书乃为大众选编的普及读本，称之为“经”，似过严肃，心下不免忐忑，因此仍名之“茶书十三种”。至于选择是否妥当，整理是否严谨，形式是否便读，还望读者加以品鉴。同时，笔者也期待茶界专家不吝赐教,以便不断修订,臻于完善,使之成为名副其实的“茶书十三经”、国人传习茶文化的入门之作。

茶经

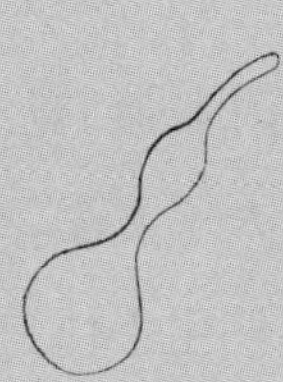

茶經卷上

竟陵陸　羽撰

一之源　二之具　三之造

一之源

茶者南方之嘉木也一尺二尺迺至數十尺其巴山峽川有兩人合抱者伐而掇之其樹如瓜蘆葉如梔子花如白薔薇實如栟櫚葉如丁香根如胡桃瓜蘆木出廣州似茶至苦澀栟櫚蒲葵之屬其子似茶胡桃與茶根皆下孕兆至瓦礫苗木上抽其字或從草或從木或草木并從草當作茶其字出開元文字音義從木當作梌其字出本草草木并作荼其字出爾雅其名一曰茶二曰檟三曰蔎四曰茗五曰荈周公云檟苦荼楊執戟云蜀西南人謂茶曰蔎郭弘農云早取為茶晚取為茗或一曰荈耳其地上者生爛石中者生櫟壤下者生黃土凡藝

《茶经》书影（《百川学海》本）

《茶经》三卷，唐陆羽（733—约804）撰，是人类历史上第一部茶文化著作。

陆羽字鸿渐，一名疾，字季疵，号桑苎翁、东冈子、竟陵子，复州竟陵（今湖北天门）人。因其曾诏拜太子文学，后迁太常寺太祝，故世称陆文学、陆太祝；又因其终生不仕，浪迹四海，世称陆处士、陆居士、陆三山人、陆鸿渐山人、东园先生等。自幼为西塔寺智积禅师收养，在寺院中度过了童年。后来脱离寺院，投身戏剧行业，受到太守李齐物的赏识。李齐物介绍他到火门山邹夫子处读书，并在邹夫子指导下采茶煎饮。后从继任太守（一说司马）崔国辅游学，打下了广博的学术和茶文化基础。此后便开始了漫游四方、品茶鉴水的历程。他先是游历了荆湖、山南、剑南、淮南，“安史之乱”中又沿江东下，最后到达江浙地区，隐居于湖州苕溪之滨，完成了《茶经》等书。后又曾游历江西、湖南、广东等地，大约在贞元二十年（804）与世长辞，终年七十二岁。陆羽一生孜孜于研究和推广茶文化，为我国乃至世界茶叶经济文化的发展和人类生活的进步作出了伟大的贡献，被奉为“茶神”“茶仙”“茶圣”。

陆羽著述丰富，有《君臣契》三卷、《源解》三十卷、《江表四姓谱》八卷、《南北人物志》十卷、《吴兴历官记》三卷、《湖州刺史记》一卷、《占梦书》三卷，以及《谑谈》《教坊记》《吴兴记》《顾渚山记》等，但是流传最广、保留最完整、最能代表其生平成就的当数《茶经》。《茶经》分上、中、下三卷，

陆东冈像（清刊本《古圣贤像传略》）

[元] 赵原《陆羽烹茶图》

一之源、二之具、三之造、四之器、五之煮、六之饮、七之事、八之出、九之略、十之图十个部分，虽仅有七千余字，却言简意赅，将饮茶生活提升到了科学和文化的境界，堪称我国古代的“茶学百科全书”。历代刊刻不绝，版本繁多，现存最早的是南宋咸淳九年（1273）所刊《百川学海》本。本书即以该本为底本，参考学界研究成果进行整理。

卷上

一之源

茶者，南方之嘉木也。自一尺，二尺，乃至数十尺。其巴山峡川，有两人合抱者，伐而掇之。

其树如瓜芦，叶如栀子，花如白蔷薇，实如栟榈，蒂如丁香，根如胡桃。[**瓜芦木，出广州，似茶，至苦涩。栟榈，蒲葵之属，其子似茶。胡桃与茶，根皆下孕，兆至瓦砾，苗木上抽。**]

其字，或从草，或从木，或草木并。[**从草，当作“茶”，其字出《开元文字音义》;从木，当作“䒾”，其字出《本草》;草木并，作“荼”，其字出《尔雅》。**]

其名，一曰茶，二曰槚，三曰蔎，四曰茗，五曰荈。[**周公云:“槚，苦荼。”扬执戟云:“蜀西南人谓茶曰蔎。”郭弘农云:“早取为茶，晚取为茗，或一曰荈耳。”**]

其地，上者生烂石，中者生砾壤，下者生黄土。凡艺而不实，植而罕茂，法如种瓜，三岁可采。野者上，园者次。阳崖阴林，紫者上，绿者次；笋者上，牙者次；叶卷上，叶舒次。阴山坡谷者，不堪采掇，性凝滞，结瘕疾。

茶之为用，味至寒，为饮，最宜精行俭德之人。若热渴、凝闷、脑疼、目涩、四肢烦、百节不舒，聊四五啜，与醍醐、甘露抗衡矣。采不时，造不精，杂以卉莽，饮之成疾。

茶为累也，亦犹人参。上者生上党，中者生百济、新罗，下者生高丽。有生泽州、易州、幽州、檀州者，为药无效，况非此者。设服荠苨，使六疾不瘳。知人参为累，则茶累尽矣。

[译解]

茶，是我国南方地区一种优良的常绿木本植物。茶树的高度从一尺、二尺，到甚至高达数十尺。在巴山峡川一带（也就是今天的重庆市东部和湖北省西部地区），还有树干粗到两人合抱的大茶树，必须砍伐枝条，才能够采摘茶叶。

茶树的形态好像瓜芦木，其叶子则像栀子，其花朵则像白蔷薇，其果实则像棕榈，其蒂则像丁香，其根则像胡桃。[原注：瓜芦木出产于广州一带，形态很像茶，味道则非常苦涩。栟榈（bīng lú），是一种蒲葵类植物，其种子很像茶子。胡桃和茶树的根都向下伸长，碰到坚实的砾土层，苗木才开始向上萌发生长。]

"茶"字的结构，有的部首从"草"，有的部首从"木"，有的则是"草""木"兼从。[从"草"，应当写作"茶"，这个字出自《开元文字音义》一书；从"木"，应当写作"梌"，这个字则出自《本草》（即《新修本草》《唐本草》）一书；"草""木"兼从，应当写作"荼"，这个字出自《尔雅》一书。]

茶叶的名称，第一种叫"茶"，第二种叫"槚（jiǎ）"，第三种叫"蔎（shè）"，第四种叫"茗"，第五种叫"荈（chuǎn）"。[周公曾在《尔雅》中说过："槚，就是苦茶。"曾任执戟郎官的汉代学者扬雄曾在《方言》中说："四川西南的人把茶叫作蔎。”而根据曾被追赠为弘农郡太守的西晋学者郭璞《尔雅注》的说法，“早采的叫作茶，晚采的叫作茗，有的也叫作荈”。]

茶树生长的土壤，以风化比较完全的土中夹杂山石碎块的土壤为佳，以含有沙粒多、黏性小的沙质土壤为次，而以质地黏重、结构性差的黄土为最差。一般来说，茶树的栽培方法，如果是采用茶子直播的方法却不能把土壤踩踏结实，或者是采用移栽的方法，而很少能使茶树生长得茂盛的，就应当按照种瓜的方法去进行。这样，经过三年的成长，就可以采摘茶叶了。茶叶的品质，以山野间自然生长的为最佳，园圃中人工种植的次之。生长在向阳山坡之上、林荫覆盖之中的茶树，叶芽呈紫色的为上品，呈绿色的次之；叶芽肥壮、外形如竹笋的为上品，叶芽细瘦、外形如牙板的次之；叶缘反卷的为上品，叶面平展的次之。生长在背阴山坡或深谷之中的茶树，品质不佳，不值得采摘，因为其性凝滞，饮用之后会使人腹中结块，形成疾病。

茶叶的功用，性味寒凉，用作饮料，最适宜那些品行端正、具有俭约谦逊美德的人。人们如果遇到发热、口渴、凝滞、胸闷、头痛、眼涩、四肢无力、关节不舒等症状，只要喝上四五口茶，就如同饮用醍醐、甘露那样沁人心脾，具有奇效。但是，如果采摘不及时，制作不精细，或者夹杂着野草败叶，那么饮用之后就会使人生病。

选用和鉴别茶叶的困难，就如同选用和鉴别人参一样。上等的人参出产于上党（今山西南部长治一带），中等的人参出产于百济和新罗（朝鲜古国，在今朝鲜半岛南部），下等的人参出产于高丽（即高句丽，今朝鲜半岛北部）。出产于泽州（今山西晋城一带）、易州（今河北易县一带）、幽州（今北京市及周围地区）、檀州（今北京密云一带）等地的人参品质更差，作为药用，没有任何疗效，更何况不是人参的冒牌货呢！倘若把荠苨这种植物当作人参服用，那就什么疾病都治疗不好了。明白了选用人参的困难，选用茶叶的难度也就可想而知了。

二之具

籯　一曰篮，一曰笼，一曰筥。以竹织之，受五升，或一斗、二斗、三斗者，茶人负以采茶也。[籯，音盈，《汉书》所谓"黄金满籯，不如一经"。颜师古云："籯，竹器也，受四升耳。"]

灶　无用突者。釜，用唇口者。

甑　或木，或瓦，匪腰而泥，篮以箅之，篾以系之。始其蒸也，入乎箅；既其熟也，出乎箅。釜涸，注于甑中。[甑，不带而泥之。]又以榖木枝三桠者制之，散所蒸牙笋并叶，畏流其膏。

杵臼　一曰碓。惟恒用者佳。

规　一曰模，一曰棬。以铁制之，或圆，或方，或花。

承　一曰台，一曰砧。以石为之；不然，以槐、桑木半埋地中，遣无所摇动。

襜　一曰衣。以油绢或雨衫、单服败者为之。以襜置承上，又以规置襜上，以造茶也。茶成，举而易之。

芘莉 一曰籝子，一曰筹筤。以二小竹，长三尺，躯二尺五寸，柄五寸。以篾织方眼，如圃人土罗，阔二尺，以列茶也。

棨 一曰锥刀。柄以坚木为之，用穿茶也。

扑 一曰鞭。以竹为之，穿茶以解茶也。

焙 凿地深二尺，阔二尺五寸，长一丈，上作短墙，高二尺，泥之。

贯 削竹为之，长二尺五寸，以贯茶焙之。

棚 一曰栈。以木构于焙上，编木两层，高一尺，以焙茶也。茶之半干，升下棚；全干，升上棚。

穿 江东、淮南剖竹为之。巴山峡川纫榖皮为之。江东以一斤为上穿，半斤为中穿，四两、五两为小穿。峡中以一百二十斤为上穿，八十斤为中穿，五十斤为小穿。穿字，旧作钗钏之“钏”字，或作贯串。今则不然，如磨、扇、弹、钻、缝五字，文以平声书之，义以去声呼之，其字以穿名之。

育 以木制之，以竹编之，以纸糊之。中有隔，上有覆，下有床，傍有门，掩一扇。中置一器，贮煻煨火，令煴煴然。江南梅雨时，焚之以火。[**育者，以其藏养为名。**]

[译解]

籝（yíng），又叫篮，也叫笼，或者叫筥（jǔ），是用竹子编织而成的盛茶用具。其容积可盛五升，也有可盛一斗、二斗、三斗的。这是茶农背着采摘茶叶用的。[籯，其发音作“盈”，《汉书》上有这样的话：“黄金满籯，不如读通一部经书。”颜师古《汉书注》上说：“籯，是一种竹器，其容积为四升。”]

灶，不要用有烟囱的，否则火焰直上，热量易于消失。釜（fǔ），要用锅口有唇边的，以便于加水。

甑（zèng），是蒸茶用的炊器，有木制的，有陶制的，圆桶形，腰部用竹篾箍起，再用泥涂塞缝隙，中间以竹篮代替甑箅（bì），用竹篾系牢。开始蒸的时候，要把茶叶放在箅中；待蒸熟之后，再从箅中倒出。如果甑下面的锅中的水蒸干了，就从甑中倒水进去。[甑和釜的连接处用泥涂抹封好。]还要用分有三个枝杈的榖（gǔ）木枝制成叉状器，用来翻动蒸好后的茶芽、嫩叶，使之及时抖散摊开，以防止汁液流失。

杵臼，又叫碓（duì），是用来捣碎蒸熟的茶叶的工具，以经常使用、表面光洁的为佳。

规，又叫模，也叫棬（quān），就是一种模型，用以把蒸熟捣碎的茶叶压紧，并成为一定的形状。这种模型以铁制成，有的圆形，有的方形，有的则制成花形。

承，又叫台，也叫砧，用石块制成，是放置模具的石礅。如果不用石料，也可用槐木、桑木制作，但要把下半截埋进土中，使它不能摇动。

襜（chān），又叫衣，用油绢、雨衣或者破旧的单衣制成。把“襜”放在“承”上，再把“规”也就是模型放在“襜”上，用来压制茶饼。做成一个茶饼后，拿出来，再换下一个。

芘（pí）莉，又叫籯子，也叫筹筤（páng láng），是用来列茶的工具。用两根三尺长的小竹竿，二尺五寸作为躯干，五寸作为柄，在两根小竹竿之间用竹篾织成方眼，就好像种菜人用的土筛子，宽二尺，用来放置茶饼，进行晾晒。

棨（qǐ），又叫锥刀，以坚硬的木料做柄，用来给茶饼穿孔。

扑，又叫鞭，用小竹子制成，用来把茶饼穿成串，以便搬运。

焙（bèi），是一种烘茶的用具。其形状是挖坑深二尺，宽二尺五寸，长一丈，上面砌二尺高的矮墙，用泥涂抹平整。

贯，用竹子削制而成，长二尺五寸，用来贯穿茶饼，进行烘焙。

棚，又叫栈，是用木头做成的上下两层架子，高一尺，放在焙上，用来烘烤茶饼。茶饼半干时，就由架底升至下层烘烤；全干时，再升到上层烘烤。

穿，既是绳索之类的穿茶工具，也是一种计数单位。在长江下游南岸和淮河以南地区，是剖竹制成篾索的。在巴山峡川一带（也就是今天的重庆市东部和湖北省西部地区），则是用榖树皮搓成条索。长江下游南岸地区，把能穿一斤茶饼的称作上穿，能穿半斤茶饼的称作中穿，能穿四五两茶饼的称作小穿。而在长江三峡地区，则以重一百二十斤的为上穿，以重八十斤的为中穿，以重五十斤的为小穿。"穿"字，从前写作"钗钏"的"钏"字，有时也写作"贯串"的"串"。如今就不同了，如"磨""扇""弹""钻""缝"这五个字，字形还是按读平声作动词的字形写，而读音却读去声，意思也按作名词的来讲。所以“钏”或“串”便用“穿”字来命名。

育，既是一种成品茶饼的复烘工具，也是一种封藏工具。用木头制成框架，竹篾编织外围，再用纸裱糊。中间有隔，上有盖，下有底，旁有一扇可以开闭的门。正中放置一个容器，盛有热灰，以这种无焰的暗火来保持一定的温度。在江南的梅雨季节，则要加火以除去潮湿。［育，因其有保藏、养育的作用，故名。］

三之造

凡采茶，在二月、三月、四月之间。

茶之笋者，生烂石沃土，长四五寸，若薇、蕨始抽，凌露采焉。茶之牙者，发于丛薄之上，有三枝、四枝、五枝者，选其中枝颖拔者采焉。其日，有雨不采，晴有云不采；晴，采之，蒸之，捣之，拍之，焙之，穿之，封之，茶之干矣。

茶有千万状，卤莽而言：如胡人靴者，蹙缩然；［**言锥文也。**］犎牛臆者，廉襜然；浮云出山者，轮囷然；轻飙拂水者，涵澹然。有如陶家之子，罗膏土以水澄泚之；［**谓澄泥也。**］有如新治地者，遇暴雨流潦之所经。此皆茶之精腴。有如竹箨者，枝干坚实，艰于蒸捣，故其形籭簁然；有如霜荷者，茎叶凋沮，易其状貌，故厥状委悴然。此皆茶之瘠老者也。

自采至于封，七经目。自胡靴至于霜荷，八等。

或以光黑平正言嘉者，斯鉴之下也；以皱黄、坳垤言嘉者，鉴之次也；若皆言嘉及皆言不嘉者，鉴之上也。何者？

出膏者光，含膏者皱；宿制者则黑，日成者则黄；蒸压则平正，纵之则坳垤。此茶与草木叶一也。

茶之否臧，存于口诀。

［译解］

一般来说，采茶的季节通常在农历的二月、三月、四月之间。

生长最好的茶树，其柔嫩的枝茎和茁壮的幼芽犹如春笋，生长在风化比较完全的碎石沃壤里，长达四五寸，好像刚刚抽芽的薇科与蕨类植物一样，要趁着晨露未干时前去采摘。次一等的茶树，其芽叶较为细弱，生长在丛生的茶树枝条上，一条老枝上有发出三枝、四枝、五枝新梢的，可以选择其中长势比较挺拔的进行采摘。至于采摘的时间，当天有雨不采；晴天有云也不采；只有天气晴朗、万里无云的时候才能采摘。采摘的茶叶，还要经过六道工序进行加工制造：放入甑中蒸熟，用杵臼捣碎，放入棬模拍压成型，烘焙至干，穿饼成串，包装封好，这样就可以制成干燥的茶饼。

茶饼的形状千姿百态，粗略而形象地概括起来，有以下八种：有的像北方游牧民族穿的靴子，表面皱缩像锥刺穿针引线形成的线纹；有的像野牛胸部的皮囊，有衣服飘动似的褶痕；有的像浮云出山，盘旋屈曲；有的像轻风拂水，微波荡漾出涟漪；有的像陶工筛出的细土再经过清水沉淀出的泥膏，光滑润泽如陶工所谓澄泥；还有的像新垦辟的土地被暴雨急流冲刷似的，凹凸不平。以上六种都是精致的上等茶。有的茶叶好像竹笋壳，枝梗坚硬，很难蒸捣，因而制成的茶饼形状仿佛布满孔眼的箩筛；还有的茶叶好像经霜的秋荷，茎和叶都已经凋败，改变了原有的形状和风貌，所以制成的茶饼外貌就显得干枯憔悴。这两种就是比较粗劣、过老的低档茶。

综上所述，茶叶的采制方法，从采摘到封藏，共有七道工序；而茶饼的形状和品质则从类似游牧民族的靴子到好像霜打的秋荷，可以分为八个等级。

至于饼茶品质的鉴定，有人以为茶饼的外表光泽、色黑、平整，就是品质精美的好茶，其实这是下等的鉴别方法；有人以为茶饼的外表皱缩、色黄、凹凸不平，就是品质优良的佳茶，其实这是次等的鉴别方法；如果认为上述标准均不足以鉴别茶叶品质的优劣，而又能系统全面地指出好茶的优点和粗茶的缺点，这才是最好的鉴别方法。为什么这么说呢？因为压出汁液之后的茶饼表面就有光泽，而含有汁液的茶饼表面就皱缩；隔夜制造的茶饼就色黑，而当天制造的茶饼就色黄；蒸压坚实，茶饼表面就平正，而压得不实甚至任其自然，茶饼表面就凹凸不平。就这个意义上说，茶叶和其他草木叶子是一样的。

茶叶品质好坏的鉴别，另有一套口诀。可惜“茶圣”陆羽没有记述下来，后人已无从知晓了。

卷中

四之器

风炉 灰承

风炉，以铜铁铸之，如古鼎形，厚三分，缘阔九分，令六分虚中，致其杇墁。凡三足，古文书二十一字。一足云“坎上巽下离于中”，一足云“体均五行去百疾”，一足云“圣唐灭胡明年铸”。其三足之间，设三窗，底一窗以为通飙漏烬之所。上并古文书六字，一窗之上书“伊公”二字，一窗之上书“羹陆”二字，一窗之上书“氏茶”二字。所谓“伊公羹，陆氏茶”也。置墆埭于其内，设三格。其一格有翟焉，翟者，火禽也，画一卦曰“离”；其一格有彪焉，彪者，风兽也，画一卦曰“巽”；其一格有鱼焉，鱼者，水虫也，画一卦曰“坎”。巽主风，离主火，坎主水。风能兴火，火能熟水，故备其三卦焉。其饰，以连葩、垂蔓、曲水、方文之类。其炉，或锻铁为之，或运泥为之。其灰承，作三足铁柈，抬之。

筥

筥，以竹织之，高一尺二寸，径阔七寸。或用藤，作木楦如筥形，织之，六出圆眼。其底、盖若利箧，口铄之。

炭檛

炭檛，以铁六棱制之，长一尺，锐上，丰中，执细，头系一小辗，以饰檛也。若今之河陇军人木吾也。或作锤，或作斧，随其便也。

火筴

火筴，一名箸，若常用者。圆直一尺三寸，顶平截，无葱台、勾鏁之属，以铁或熟铜制之。

鍑

鍑，以生铁为之。今人有业冶者，所谓急铁。其铁以耕刀之趄，炼而铸之。内模土而外模沙。土滑于内，易其摩涤；沙涩于外，吸其炎焰。方其耳，以正令也。广其缘，以务远也。长其脐，以守中也。脐长则沸中，沸中则末易扬，末易扬则其味淳也。洪州以瓷为之，莱州以石为之。瓷与石皆雅器也，性非坚实，难可持久。用银为之，至洁，但涉于侈丽。雅则雅矣，洁亦洁矣，若用之恒，而卒归于铁也。

交床

交床，以十字交之，剜中令虚，以支鍑也。

夹

夹，以小青竹为之，长一尺二寸。令一寸有节，节已上剖之，以炙茶也。彼竹之筱，津润于火，假其香洁以益茶味，恐非林谷间莫之致。或用精铁熟铜之类，取其久也。

纸囊

纸囊，以剡藤纸白厚者夹缝之，以贮所炙茶，使不泄其香也。

碾　拂末

碾，以橘木为之，次以梨、桑、桐、柘为之。内圆而外方。内圆备于运行也,外方制其倾危也。内容堕而外无余。木堕形如车轮，不辐而轴焉。长九寸，阔一寸七分。堕径三寸八分，中厚一寸，边厚半寸。轴中方而执圆。其拂末，以鸟羽制之。

罗合

罗末，以合盖贮之，以则置合中。用巨竹剖而屈之，以纱绢衣之。其合，以竹节为之，或屈杉以漆之。高三寸，盖一寸，底二寸，口径四寸。

则

则，以海贝、蛎、蛤之属，或以铜、铁、竹匕策之类。则者，量也，准也，度也。凡煮水一升，用末方寸匕。若好薄者减之，嗜浓者增之，故云则也。

水方

水方，以椆木、槐、楸、梓等合之，其里并外缝漆之，受一斗。

漉水囊

漉水囊，若常用者。其格以生铜铸之，以备水湿，无有苔秽、腥涩意。以熟铜苔秽，铁腥涩也。林栖谷隐者，或用之竹木。木与竹非持久涉远之具，故用之生铜。其囊，织青竹以卷之，裁碧缣以缝之，纫翠钿以缀之，又作绿油囊以贮之。圆径五寸，柄一寸五分。

瓢

瓢,一曰牺杓。剖瓠为之,或刊木为之。晋舍人杜育《荈赋》云:“酌之以匏。”匏,瓢也。口阔,胫薄,柄短。永嘉中,余姚人虞洪入瀑布山采茗,遇一道士云:“吾丹丘子,祈子他日瓯牺之余,乞相遗也。”牺,木杓也,今常用,以梨木为之。

竹筴

竹筴,或以桃、柳、蒲葵木为之,或以柿心木为之。长一尺,银裹两头。

鹾簋 揭

鹾簋,以瓷为之。圆径四寸,若合形,或瓶,或罍,贮盐花也。其揭,竹制,长四寸一分,阔九分。揭,策也。

熟盂

熟盂,以贮熟水。或瓷,或沙,受二升。

碗

碗,越州上,鼎州次,婺州次;岳州上,寿州、洪州次。或者以邢州处越州上,殊为不然。若邢瓷类银,则越瓷类玉,邢不如越一也;若邢瓷类雪,则越瓷类冰,邢不如越二也;邢瓷白而茶色丹,越瓷青而茶色绿,邢不如越三也。晋杜育《荈赋》所谓“器择陶拣,出自东瓯”。瓯,越也。瓯,越州上,口唇不卷,底卷而浅,受半升已下。越州瓷、岳瓷皆青,青则益茶,茶作白红之色。邢州瓷白,茶色红;寿州瓷黄,茶色紫;洪州瓷褐,茶色黑,悉不宜茶。

畚

畚,以白蒲卷而编之,可贮碗十枚。或用筥,其纸帊,以剡纸夹缝，令方，亦十之也。

札

札，缉栟榈皮，以茱萸木夹而缚之。或截竹束而管之，若巨笔形。

涤方

涤方，以贮涤洗之余，用楸木合之，制如水方，受八升。

滓方

滓方以集诸滓，制如涤方，受五升。

巾

巾，以絁布为之，长二尺，作二枚，互用之，以洁诸器。

具列

具列，或作床，或作架。或纯木、纯竹而制之，或木，或竹，黄黑可扃而漆者，长三尺，阔二尺，高六寸。具列者，悉敛诸器物，悉以陈列也。

都篮

都篮，以悉设诸器而名之。以竹篾内作三角方眼，外以双篾阔者经之，以单篾纤者缚之，递压双经，作方眼，使玲珑。高一尺五寸，长二尺四寸，阔二尺。底阔一尺，高二寸。

[**译解**]

风炉 灰承

风炉，用铜或铁铸造而成，形状犹如古鼎。炉壁厚三分，炉口的边缘宽九分，使炉壁和炉腔中间空出六分，用泥涂满四周。风炉有三只脚，上面用上古文字书写有二十一个字。一只脚上写“坎上巽下离于中”七字，一只脚上写“体均五行去百疾”七字，一只脚上写“圣唐灭胡明年铸”七字（指764年）。在三脚之间，设有三个小窗口，底部有一个洞口，分别用来作为通风和出灰的通道。三个小窗口上书写有六个古文字,一个窗口上面有“伊公”二字,一个窗口上面有“羹陆”二字，一个窗口上面有“氏茶”二字，连起来读就是所谓“伊公羹，陆氏茶”。风炉腔内设置有堤围状的支撑物箅子，分为三格，一格上刻有翟（dí）的图案，翟是火禽，所以画一离卦，卦形象火象电；一格上刻有彪的图案，彪是风兽，所以画一巽卦，卦形象风象木；一格上刻有鱼的图案，鱼是水虫，所以画一坎卦，卦形象水。巽卦象征着风，离卦象征着火，坎卦象征着水。风能助长火势，火能把水煮开，所以要有这三个卦。在风炉的表面，则铸有花草、枝蔓、流水曲波、方形花纹的图案作为装饰。这种风炉有的用熟铁锻造而成，有的用陶泥烧制而成。灰承，是一种接受灰烬的器具，是一个有三只脚的铁盘，托住炉底，用以承受炉灰。

筥

筥，用竹子编制而成，高一尺二寸，直径七寸。也有的用藤编成，先用木头做成一个筥形的木箱架子，再用藤条在外面编织，编织出六角形的圆眼。筥的底、盖则好像小箱子的口部，摩挲得很光滑。

炭楇（zhuā）

炭楇，用六棱形的铁棒制成，长一尺，头部尖，中间粗，柄部细。在手握的柄部系一个小镊（zhǎn）作为装饰，就像如今河陇一带（河指唐陇右道河州，治今甘肃临夏；陇指唐关内道陇州，治今陕西宝鸡陇县）的军人所执的“木吾”。也有的把铁棒做成锤形，有的做成斧形，都可以各随其便。

火筴（jiā）

火筴，又名火箸，就是平常所用的火钳子。形状圆而直，长一尺三寸，顶端平齐，没有葱台、勾鏁（suǒ，同“锁”）之类的装饰物。这种火筴是用铁或熟铜制成的。

鍑（fù）

鍑，又叫釜或鬴，也就是锅，用生铁制成。生铁，如今从事冶炼的人称之为急铁。这种铁是以用坏了的铁质农具冶炼鼓铸而成的。冶铸之时，内模要用土质，外模则用沙质。土质内模，可以使锅的内壁光滑，容易清洗；沙质外模，可以使锅的外壁粗糙，容易吸热。将锅耳做成方形，是为了使锅易于放置平正；将锅的边缘做得宽阔，以便于伸展得开；将锅底中心部分的锅脐做得突出一些，以便于火力集于中间。这样锅脐较长，可使水在锅的中心沸腾；水在中心沸腾，茶沫就容易沸扬；茶沫容易沸扬，茶味也就醇厚绵长了。洪州（治今江西南昌）的茶鍑是用瓷制作的，莱州（治今山东莱州）的茶鍑则是用石制作的。瓷鍑和石鍑都是颇为雅致的器物，但不够坚实，不能经久耐用。用银制作茶鍑，非常清洁，但不免过于奢侈了。雅致固然雅致，清洁也的确清洁，但要耐久实用，还是用铁制作的茶鍑为好。

交床

交床，是一种可折叠的轻便坐具，用十字交叉的木架制成，木架上面搁板，把木板中间挖空呈凹形，用来放置茶鍑。

夹

夹，用小青竹制成，长一尺二寸。要选择一头一寸处有个竹节的，竹节以上剖开，用来夹着茶饼在火上烘烤。这种小青竹遇火烤后就会渗出津液，借助竹子津液的清香可以增益茶味。但若不是在山林幽谷间炙茶，恐怕很难找到这种小青竹。有人用精铁或者熟铜之类制作茶夹，是取其经久耐用的优点。

纸囊

纸囊，用两层又白又厚的剡溪（在今浙江嵊州）所产的藤纸缝制而成。用来贮存经过烘烤的茶饼，可以使茶的清香不致散失。

碾　拂末

茶碾，最好用橘木制作，其次用梨木、桑木、桐木、柘木制作。茶碾要做到内圆而外方。内圆是为了便于运转，外方是为了防止倾倒。碾槽里面刚好放得下一个碾磙，就再无空隙。碾磙是木制的，形如车轮，只是没有辐条，中心安装一根轴。轴长九寸，中间宽一寸七分。碾磙的直径三寸八分，中心厚一寸，边缘厚半寸。轴的中间是方形的，两头手握的柄部是圆的。清扫茶末用的拂末，是用鸟的羽毛制成的。

罗合

罗是罗筛，合是承接茶末的盒子，用罗筛罗出的茶末放在盒子中，盖紧存放。把作为量具的“则”也放在盒子中。茶罗，是用粗大的竹子剖开后弯曲成圆形，罗底蒙上纱或绢。茶合，也就是茶盒子，是用竹子有节的部分制成的，或者用杉木弯曲成圆形，再涂上油漆制成。盒子高三寸，盖高一寸，底盒二寸，直径四寸。

则

则，是用海贝、牡蛎、蛤蚧之类的贝壳做成，或者是用铜、铁、竹制成的勺匙、小箕之类。所谓则，也就是衡量多少的标准。一般来说，要煮一升的水，需用一方寸匕（一种量药用具，一方寸匕约当一立方寸的容量）的茶末。如果喜欢味道较淡的，就适量减少茶末用量；如果喜欢味道较浓的，就适量增加茶末用量。因此，这种量茶用具叫作“则”。

水方

水方，是一种盛水用具，用椆木、槐木、楸木、梓木等木板合成方形，里面和外面的缝隙都用油漆涂封，可以盛水一斗。

漉水囊

漉水囊，是一种滤水用具，和日常所用的一样。囊的圈架用生铜铸造，以免被水浸湿后产生苔藓（铜绿）和污垢，使水出现腥涩味道。因为用熟铜铸造，容易产生铜绿和污垢；用铁铸造，则会产生铁锈，使水带有腥涩味道。在山林溪谷间隐居的人，也有用竹、木制作的。但是竹、木制品不耐久用，而且不便携带远行，所以还是以生铜制作为好。滤水的袋子，用青篾丝编织，卷曲成袋形，再裁剪碧绿色的丝绢进行缝制，纽缀上翠钿（用碧玉、金片做成的花果形饰品）作为装饰。再做一个防水的绿色油布口袋，把它装起来。漉水囊的口径五寸，柄长一寸五分。

瓢

瓢，又名牺杓，是把葫芦剖开制成，或者用木头雕凿而成。西晋中书舍人杜育的《荈赋》写道："酌之以匏。"匏，就是葫芦瓢。瓢口宽阔，瓢胫很薄，瓢柄很短。西晋永嘉年间（307—313），余姚人虞洪到瀑布山去采茶，遇到一个道士。道士对他说："我是丹丘子，希望你能够将杯杓之中剩余的茶送给我喝！"牺，就是木杓，现在常用的是以梨木雕凿而成的。

竹筴

竹筴，也就是竹箸，有的是以桃木、柳木、蒲葵木制成的，也有的是以柿心木制成的。长一尺，两头用银包裹。

鹾簋（cuó guǐ）　揭

鹾簋，是盛盐的用具，用瓷制成，圆形，直径四寸，形状像盒子，也有的做成瓶形、罍（léi，小口坛）形，用来贮放盐花。揭，用竹制成，长四寸一分，宽九分。这种揭，是取盐用的片状工具。

熟盂

熟盂，是用来盛贮开水的用具，有的以瓷制成，有的以陶制成，可盛水二升。

碗

茶碗，以越州（治今浙江绍兴）所产的为上品，鼎州（今湖南常德一带，一说在今陕西泾阳一带，又有据宋人所引《茶经》，认为鼎州应为明州，治今浙江宁波）、婺州（治今浙江金华）出产的次之；岳州（治今湖南岳阳）出产的为上品，寿州（今安徽寿县一带）、洪州（治今江西南昌）出产的次之。有人认为邢州（今河北邢台一带，窑址主要在内丘）所产的比越州的好，完全不是这样。如果说邢瓷质地像银，那么越瓷就像是玉，这是邢瓷不如越瓷的第一点；如果说邢瓷像雪，那么越瓷就像是冰，这是邢瓷不如越瓷的第二点；邢瓷色白，可以使茶色泛红，越瓷色青，可以使茶色泛绿，这是邢瓷不如越瓷的第三点。晋代杜育的《荈赋》曾说："器择陶拣，出自东瓯。"意思是选择、挑拣陶瓷器皿，好的都出自东瓯地区。瓯，作为地名，就是指越州；而作为陶瓷器名，也是以越州所产为最好，其上口唇不卷边，底卷边呈浅弧形，容量不超过半升。越州瓷、岳州瓷都是青色，能够增益茶汤的色泽，使茶汤呈浅红之色。邢瓷色白，使茶汤呈红色；寿州瓷黄，使茶汤呈紫色；洪州瓷褐，使茶汤呈黑色，都不适宜于盛茶。

畚（běn） 纸帊（pà）

畚，是用白蒲草编成圆筒形的草笼，可以贮放十只碗。也有的用竹筥盛碗。纸帊，就是包裹茶碗、保持清洁并防止破损的纸套子，以双幅的剡纸夹缝而呈方形，也要配套做成十个。

札

札，要选取棕榈皮分拆搓捻成线，用茱萸木夹住，用绳缚紧；或者截一段竹子，竹管中扎束搓捻后的棕榈皮，做成大毛笔的形状，作刷子用。

涤方

涤方，是贮放洗涤之后的剩水的器具，用楸木板合成，制法和水方相同，可以盛水八升。

滓方

滓方，用来盛放各种渣滓，制法和涤方相同，容量五升。

巾

巾，用粗绸子制作，长二尺。做两块，交替使用，以清洁各种器皿。

具列

具列，有的做成床形，有的做成架形；有的纯用木制，有的纯用竹制，也可以木竹兼用，做成小柜子的形状，漆成黄黑色，有门可开关。长三尺，宽二尺，高六寸。其之所以称为具列，是因为可以贮藏和陈列全部茶具。

都篮

都篮，因为全部器物都要放在这只篮里，故名。都篮用竹篾编成，里面编成三角形或方形的网眼，外面用宽阔的双篾做经线，以较细的单篾做纬线，交错地编压在做经线的双篾之上，编成方眼，使之玲珑好看。都篮高一尺五寸，长二尺四寸，宽二尺；底宽一尺，高二寸。

卷下

五之煮

凡炙茶，慎勿于风烬间炙。熛焰如钻，使炎凉不均。持以逼火，屡其翻正，候炮出培塿，状虾蟆背，然后去火五寸。卷而舒，则本其始，又炙之。若火干者，以气熟止；日干者，以柔止。

其始，若茶之至嫩者，蒸罢热捣，叶烂而牙笋存焉。假以力者，持千钧杵亦不之烂。如漆科珠，壮士接之，不能驻其指。及就，则似无穰骨也。炙之，则其节若倪倪，如婴儿之臂耳。既而承热用纸囊贮之，精华之气无所散越，候寒末之。[**末之上者，其屑如细米；末之下者，其屑如菱角。**]

其火，用炭，次用劲薪。[**谓桑、槐、桐、枥之类也。**]其炭，曾经燔炙，为膻腻所及，及膏木、败器，不用之。[**膏木，谓柏、桂、桧也。败器，谓朽废器也。**]古人有劳薪之味，信哉！

其水，用山水上，江水中，井水下。[**《荈赋》所谓：水则岷方之注，挹彼清流。**]其山水，拣乳泉、石池漫流者上；其瀑涌湍漱，勿食之，久食令人有颈疾。又多别流于山谷者，澄浸不泄，自火天至霜郊以前，或潜龙蓄毒于其间，饮者可决之，以流其恶，使新泉涓涓然，酌之。其江水，取去人远者；井，取汲多者。

其沸，如鱼目，微有声，为一沸。缘边如涌泉连珠，为二沸。腾波鼓浪，为三沸。已上，水老，不可食也。

初沸，则水合量，调之以盐味，谓弃其啜余，无乃䀀槛而钟其一味乎？第二沸，出水一瓢，以竹筴环激汤心，则量末当中心而下。有顷，势如奔涛溅沫，以所出水止之，而育其华也。

凡酌，置诸碗，令沫饽均。[**字书并《本草》："饽，茗沫也。"蒲笏反。**]沫饽，汤之华也。华之薄者曰沫，厚者曰饽，细轻者曰花。如枣花漂漂然于环池之上；又如回潭曲渚，青萍之始生；又如晴天爽朗，有浮云鳞然。其沫者，若绿钱浮于水渭，又如菊英堕于樽俎之中。饽者，以滓煮之，及沸，则重华累沫，皤皤然若积雪耳。《荈赋》所谓"焕如积雪，烨如春藪"，有之。

第一煮水沸，而弃其沫，之上有水膜，如黑云母，饮之则其味不正。其第一者为隽永，[**徐县、全县二反。至美者，曰隽永。隽，味也；永，长也。味长曰隽永。《汉书》：蒯通著《隽永》二十篇也。**]或留熟盂以贮之，以备育华、救沸之用。诸第一与第二、第三碗次之，第四、第五碗外，非渴甚莫之饮。

凡煮水一升，酌分五碗，[**碗数少至三，多至五。若人多至十，加两炉。**]乘热连饮之。以重浊凝其下，精英浮其上。如冷，则精英随气而竭，饮啜不消亦然矣。

茶性俭，不宜广，广则其味黯澹。且如一满碗，啜半而味寡，况其广乎！其色，缃也。其馨，𡡉也。[**香至美曰𡡉，𡡉音使。**] 其味甘，槚也；不甘而苦，荈也；啜苦咽甘，茶也。[**《本草》云：其味苦而不甘，槚也；甘而不苦，荈也。**]

[译解]

经过蒸压成型的茶饼，还有较高的含水量，在饮用之前要进行烘烤。烘烤茶饼时，注意不要在迎风的余火上烤，因为风吹而飘忽不定的火苗就像钻子，使得茶饼各部分受热不均匀。烘烤时要夹着茶饼靠近火，不断地翻转，等到茶饼表面烤出突起的小疙瘩就像蛤蟆的背部一样，然后在离开火五寸的地方继续烘烤。当卷曲萎缩的茶饼表面又舒展开来，再按先前的办法再烤一次。如果当初制茶时是用火烘干的，要烤到水汽蒸发完为止；如果当初制茶时是阳光晒干的，就要烤到柔软为止。

在开始采制加工时，如果是特别鲜嫩的茶叶，蒸后趁热就捣，尽管叶子捣烂了，但茶芽和茶梗仍保持完整，即使让大力士手持千钧的大杵也捣不烂。这就如同圆滑的漆树子粒，虽然只是微小的珠子，但再有劲的壮士也很难用手拿稳捏牢。茶叶捣好之后，就像没有一根枝梗一样。这样经过烘烤的茶饼，就像柔弱软绵的婴儿手臂一样。茶饼烘烤之后，就要趁热用纸袋包装贮藏起来，使其清香之气不致散逸，待冷却下来后再碾成细末。[上等的茶末，其碎屑形状如细米；下等的茶末，其碎屑形状如菱角。]

烤茶和煮茶所用的燃料，最好是木炭，其次是坚实耐烧的硬木柴。[如桑木、槐木、桐木、枥木之类的木柴。]曾烤过肉类、沾染了油腻腥膻气味的木炭，以及含有油脂的木柴、朽坏的木器，都不能用。[膏木，就是指含有油脂的柏树、桂树、桧树之类。败器，就是指已腐朽废弃的木器。]古人有劳薪之味，即以使用了很久的木器炊煮食物会有怪味的说法，确实是很有道理的。

煮茶所用的水，以山泉之水最好，其次是江河之水，井水最差。[正如杜育《荈赋》所说的，烹茶的水，要用像岷山流注下来的那样的清流。]山泉之水，又以从钟乳石上滴下的甘美泉水，而且是从石池中缓缓漫出的为最好，奔涌湍急的水不能饮用，长期喝这样的水会使人颈部生病。还有许多小溪流入山谷，汇成潭水，水虽澄清，但不能流动，从炎热的夏天到霜降以前，可能会有虫蛇潜伏其中，使水质污染有毒，想饮用的人要先挖开潭水，把污染有毒的水放走，使新的泉水涓涓流动，然后才能汲取饮用。江河之水，要到离人较远的地方汲取。井水，则要从经常有人汲取的井中汲取。

煮水时，要把握好水沸的火候：当水面涌现像鱼目般的气泡，有轻微的响声时，这是第一沸；当锅的边缘像泉水喷涌、珍珠串联时，这是第二沸；当锅中像波浪翻滚奔腾时，就是第三沸。再继续煮下去，水就过老了，不能饮用。

水初沸时，按照水量的多少，适量放入一些盐调味，然后把尝过的剩水泼掉。否则，不就成了因为嫌水淡无味而喜爱盐水的咸味了吗？当水第二沸时，舀出一瓢水，用竹筴在沸水中心转圈搅动，用“则”量好茶末从漩涡中心投下。一会儿，水至三沸，锅中波涛翻滚，泡沫飞溅，再把刚才舀出的那瓢水加进去，止住沸腾，用来孕育茶汤表面的汤花，也就是茶中精华的沫饽。

大凡斟茶时，要分别放置几个茶碗，须使沫饽均匀地舀到各个碗里。[字书和《本草》都记载说：饽，就是茶沫，音蒲笏反。] 沫饽，是茶汤的精华，其薄的叫沫，其厚的叫饽，又细又轻的叫花。汤花的形态，很像漂浮在圆形水池中的枣花，又像回环曲折的潭水、沙洲间新生的青萍，也像晴朗的天空中鱼鳞状的浮云。茶沫的形态，则好似青苔浮于水边，又如菊花瓣落入杯中。而那些茶饽，是用茶渣煮出来的，当茶汤沸腾时，表面就会泛起一层含有大量游离物的浓厚泡沫，像白色的积雪一般。杜育《荈赋》中所描述的“亮丽如积雪，灿烂似春花”的景象的确是存在的。

当水第一次煮沸时，要把茶汤表面的沫去掉，因为沫上有一层像黑云母那样的膜状物，会使得品饮时感到茶味不正。第一次舀出的茶汤，味道醇美，回味绵长，所以叫作隽永。[隽音徐县反、全县反。茶味最美的称为隽永。隽的意思就是味，永的意思就是长，回味绵长就是隽永。《汉书·蒯通传》上记载，蒯通自序其说，凡八十一篇，取名为《隽永》。] 通常把它盛放在熟水盂中，以备抑止沸腾和孕育精华之用。以下舀出的第一、第二、第三碗茶，味道就与隽永差了些。第四、第五碗之后，如果不是太渴，就不值得饮用了。

一般来说，煮水一升，可以分作五碗，至少三碗，至多五碗，如果客人多至十个，就要加两炉，要趁热连续喝完。因为茶热时，重浊的物质就会凝聚下沉，其精华都浮在上面；如果茶凉了，其精华就会随着热气散发干净。这样饮用过多，也同样不好。

茶的本性清淡俭约，不宜放过多的水，否则就会淡薄无味。就像一满碗好茶，饮至一半味道就差了些，何况水加得过多呢！茶的汤色是浅黄的，茶的香味是非常美好的。[最为美好的香味称为𩡋，𩡋音使。]其中，味道甘甜的，是槚；不甜而有苦味的，是荈；入口味苦而回味甘甜的，是茶。[《本草》上说：味道苦涩而不甜的，是槚；甘甜而不苦涩的，是荈。]

六之饮

翼而飞，毛而走，呿而言，此三者俱生于天地间，饮啄以活。饮之时义远矣哉！至若救渴，饮之以浆；蠲忧忿，饮之以酒；荡昏寐，饮之以茶。

茶之为饮，发乎神农氏，闻于鲁周公。齐有晏婴，汉有扬雄、司马相如，吴有韦曜，晋有刘琨、张载、远祖纳、谢安、左思之徒，皆饮焉。滂时浸俗，盛于国朝，两都并荆、渝间，以为比屋之饮。

饮有粗茶、散茶、末茶、饼茶者，乃斫、乃熬、乃炀、乃舂，贮于瓶缶之中，以汤沃焉，谓之痷茶。或用葱、姜、枣、橘皮、茱萸、薄荷之等，煮之百沸，或扬令滑，或煮去沫，斯沟渠间弃水耳，而习俗不已。

於戏！天育万物，皆有至妙。人之所工，但猎浅易。所庇者屋，屋精极；所着者衣，衣精极；所饱者饮食，食与酒皆精极之。茶有九难：一曰造，二曰别，三曰器，四曰火，五曰水，六曰炙，七曰末，八曰煮，九曰饮。阴采夜焙，非造也；嚼味嗅香，非别也；膻鼎腥瓯，非器也；膏薪庖炭，非火也；飞湍壅潦，非水也；外熟内生，非炙也；碧粉缥尘，非末也；操艰搅遽，非煮也；夏兴冬废，非饮也。

夫珍鲜馥烈者，其碗数三；次之者，碗数五。若坐客数至五，行三碗；至七，行五碗；若六人已下，不约碗数，但阙一人而已，其隽永补所阙人。

[译解]

禽鸟振翅飞翔，野兽丰毛奔跑，人类开口说话。这三类生物，都生活在天地之间，依靠饮水、吃食维持生命活动，可见饮的作用多么重大，意义多么深远啊！如要解渴，就要饮浆、喝水；要排遣忧愁和愤懑，就要饮酒；而要荡涤昏寐、提神醒睡，则要饮茶。

茶叶作为饮料，始于上古三皇时代的神农氏，到了西周初年受封于鲁的周公旦时才有了文字记载，从而为世人所知。春秋时代齐国名相晏婴，汉代文学家扬雄、司马相如，三国时吴国有太傅韦曜，晋代则有刘琨、张载、陆纳、谢安、左思等历史名人，都喜欢饮茶。后来经过长期的传播，影响所及，逐渐形成风俗。到了我们唐朝，终于达到极盛。在长安（今西安）、洛阳两都之间，以及江陵（今湖北荆州）、渝州（今重庆）等地，竟然成为家家户户必备的饮品。

饮用的茶有粗茶、散茶、末茶、饼茶四类，分别使用斫（砍伐枝条采摘茶叶）、熬（蒸煮后直接焙干）、炀（焙烤干燥后碾磨成末茶）、舂（捣碎茶叶制成饼茶）四种方式加工后，放入瓶罐之中，用沸水冲泡，称为痷茶。也有人加入葱、姜、枣、橘皮、茱萸、薄荷之类，反复烹煮，或通过拂扬茶汤而使茶汁变得柔滑，或通过烹煮而去掉浮沫，这些都无异于沟渠间的废水，可是这种习俗仍流行不止。

呜呼！天地化育万物，都有其最为精妙之处，而人们所讲求而擅长的，只是涉及那些浅显简易的东西。人们赖以庇身的房屋，其建造已极其精巧；人们赖以御寒的衣服，其制作已极其精致；人们赖以果腹的饮食，食品和酒也都制作得极其精美。而对于饮茶，人们却并不擅长。概而言之，茶的制作和饮用有九个难以掌握的环节：一是制造，二是鉴别，三是器具，四是用火，五是择水，六是烘烤，七是碾末，八是烹煮，九是品饮。阴天采摘，夜里烘焙，不是正确的制茶方法；以口嚼辨味，鼻嗅闻香，不是正确的鉴别方法；沾染了膻腥气味的茶炉和茶瓯，不能作为煮茶、品饮的器具；含有油脂的木材和炊厨用过的木炭，不宜作为炙茶、烹茶的燃料；飞流湍急的溪水和停滞不流的积水，不适宜用来烹煮茶汤；茶饼外熟内生，不能算作正确的炙茶方法；碾出青绿色或者青白色的粉末，不是合格的茶末；操作不熟练或者搅动过急，不是正确的烹煮方法；只在夏天饮茶而冬季不喝，也不是良好的饮茶习惯。

味道鲜美、浓香馥郁的好茶，一炉之中只能煮三碗；香味较差一些的茶，一炉煮五碗。如果座中客人达到五个，就舀出三碗分饮；如果有七个客人时，就舀出五碗分饮；如果是六人以下，就不必约计碗数，只不过缺少一人的茶罢了，可以用“隽永”来补充。

七之事

三皇　炎帝神农氏。

周　鲁周公旦，齐相晏婴。

汉　仙人丹丘子、黄山君，司马文园令相如，扬执戟雄。

吴　归命侯，韦太傅弘嗣。

晋　惠帝，刘司空琨，琨兄子兖州刺史演，张黄门孟阳，傅司隶咸，江洗马统，孙参军楚，左记室太冲，陆吴兴纳，纳兄子会稽内史俶，谢冠军安石，郭弘农璞，桓扬州温，杜舍人育，武康小山寺释法瑶，沛国夏侯恺，余姚虞洪，北地傅巽，丹阳弘君举，乐安任育长，宣城秦精，敦煌单道开，剡县陈务妻，广陵老姥，河内山谦之。

后魏　琅琊王肃。

宋　新安王子鸾，鸾弟豫章王子尚，鲍昭妹令晖，八公山沙门昙济。

齐　世祖武帝。

梁　刘廷尉，陶先生弘景。

皇朝　徐英公勣。

《神农食经》："茶茗久服，令人有力、悦志。"

周公《尔雅》："槚，苦荼。"

《广雅》云："荆、巴间采叶作饼，叶老者，饼成，以米膏出之。欲煮茗饮，先炙令赤色，捣末置瓷器中，以汤浇覆之，用葱、姜、橘子芼之。其饮醒酒，令人不眠。"

《晏子春秋》："婴相齐景公时，食脱粟之饭，炙三弋、五卵，茗菜而已。"

司马相如《凡将篇》："乌喙、桔梗、芫华、款冬、贝母、木蘖、蒌、芩草、芍药、桂、漏芦、蜚廉、雚菌、荈诧、白敛、白芷、菖蒲、芒硝、莞椒、茱萸。"

《方言》："蜀西南人谓茶曰蔎。"

《吴志·韦曜传》："孙皓每飨宴，坐席无不率以七升为限，虽不尽入口，皆浇灌取尽。曜饮酒不过二升。皓初礼异，密赐茶荈以代酒。"

《晋中兴书》："陆纳为吴兴太守时，卫将军谢安常欲诣纳。[《晋书》云：纳为吏部尚书。]纳兄子俶怪纳无所备，不敢问之，乃私蓄十数人馔。安既至，所设唯茶果而已。俶遂陈盛馔，珍馐毕具。及安去，纳杖俶四十，云：‘汝既不能光益叔父，奈何秽吾素业？’”

《晋书》：“桓温为扬州牧，性俭，每宴饮，唯下七奠拌茶果而已。”

《搜神记》：“夏侯恺因疾死。宗人字苟奴，察见鬼神。见恺来收马，并病其妻。著平上帻，单衣，入坐生时西壁大床，就人觅茶饮。”

刘琨《与兄子南兖州刺史演书》云：“前得安州干姜一斤，桂一斤，黄芩一斤，皆所须也。吾体中愦闷，常仰真茶，汝可置之。”

傅咸《司隶教》曰：“闻南市有蜀妪作茶粥卖，为廉事打破其器具，后又卖饼于市。而禁茶粥以困蜀姥，何哉？”

《神异记》：“余姚人虞洪，入山采茗，遇一道士，牵三青牛，引洪至瀑布山，曰：‘吾，丹丘子也。闻子善具饮，常思见惠。山中有大茗，可以相给。祈子他日有瓯牺之余，乞相遗也。’因立奠祀，后常令家人入山，获大茗焉。”

左思《娇女诗》：“吾家有娇女，皎皎颇白皙。小字为纨素，口齿自清历。有姊字惠芳，眉目粲如画。驰骛翔园林，果下皆生摘。贪华风雨中，倏忽数百适。心为茶荈剧，吹嘘对鼎锧。”

张孟阳《登成都楼》诗云:“借问扬子舍，想见长卿庐。程卓累千金，骄侈拟五侯。门有连骑客，翠带腰吴钩。鼎食随时进，百和妙且殊。披林采秋橘，临江钓春鱼。黑子过龙醢，果馔逾蟹蝑。芳茶冠六清，溢味播九区。人生苟安乐，兹土聊可娱。”

傅巽《七诲》:“蒲桃宛柰，齐柿燕栗，恒阳黄梨，巫山朱橘，南中茶子，西极石蜜。”

弘君举《食檄》:“寒温既毕，应下霜华之茗，三爵而终，应下诸蔗、木瓜、元李、杨梅、五味、橄榄、悬豹、葵羹各一杯。”

孙楚《歌》:“茱萸出芳树颠;鲤鱼出洛水泉。白盐出河东，美豉出鲁渊。姜桂茶荈出巴蜀，椒橘木兰出高山。蓼苏出沟渠，精稗出中田。”

华佗《食论》:“苦茶久食，益意思。”

壶居士《食忌》:“苦茶久食，羽化;与韭同食，令人体重。”

郭璞《尔雅注》云:“树小似栀子，冬生，叶可煮羹饮。今呼早取为茶，晚取为茗，或一曰荈，蜀人名之苦茶。”

《世说》:“任瞻，字育长，少时有令名，自过江失志。既下饮，问人云:‘此为茶？为茗？’觉人有怪色，乃自申明云:‘向问饮为热为冷耳。’”

《续搜神记》:“晋武帝世，宣城人秦精，常入武昌山中采茗。遇一毛人，长丈余，引精至山下，示以丛茗而去。俄而复还，乃探怀中橘以遗精。精怖，负茗而归。”

《晋四王起事》:“惠帝蒙尘。还洛阳，黄门以瓦盂盛茶上至尊。”

《异苑》:“剡县陈务妻，少与二子寡居。好饮茶茗，以宅中有古冢，每饮辄先祀之。二子患之曰:‘古冢何知？徒以劳意。’欲掘去之，母苦禁而止。其夜，梦一人云:‘吾止此冢三百余年，卿二子恒欲见毁，赖相保护，又享吾佳茗，虽泉壤朽骨，岂忘翳桑之报？’及晓，于庭中获钱十万，似久埋者，但贯新耳。母告二子，惭之。从是，祷馈愈甚。”

《广陵耆老传》:“晋元帝时，有老姥每旦独提一器茗，往市鬻之。市人竞买，自旦至夕，其器不减。所得钱，散路傍孤贫乞人，人或异之。州法曹絷之狱中。至夜，老姥执所鬻茗器，从狱牖中飞出。”

《艺术传》:“敦煌人单道开，不畏寒暑，常服小石子。所服药有松、桂、蜜之气，所饮茶苏而已。”

释道悦《续名僧传》:“宋释法瑶，姓杨氏，河东人。元嘉中过江，遇沈台真，请真居武康小山寺。年垂悬车，饭所饮茶。大明中，敕吴兴，礼致上京，年七十九。”

宋《江氏家传》:“江统，字应元，迁愍怀太子洗马，尝上疏，谏云:‘今西园卖醯、面、蓝子、菜、茶之属，亏败国体。’”

《宋录》:“新安王子鸾、豫章王子尚诣昙济道人于八公山，道人设茶茗。子尚味之曰:‘此甘露也，何言茶茗！’”

王微《杂诗》:“寂寂掩高阁，寥寥空广厦。待君竟不归，收颜今就槚。”

鲍昭妹令晖著《香茗赋》。

南齐世祖武皇帝遗诏：“我灵座上，慎勿以牲为祭，但设饼、果、茶饮、干饭、酒、脯而已。”

梁刘孝绰《谢晋安王饷米等启》：“传诏李孟孙宣教旨，垂赐米、酒、瓜、笋、菹、脯、酢、茗八种。气苾新城，味芳云松。江潭抽节，迈昌荇之珍；疆埸擢翘，越葺精之美。羞非纯束，野麏裛似雪之驴；鲊异陶瓶，河鲤操如琼之粲。茗同食粲，酢类望柑。免千里宿舂，省三月粮聚。小人怀惠，大懿难忘。”

陶弘景《杂录》：“苦茶轻身换骨，昔丹丘子、黄山君服之。”

《后魏录》：“琅琊王肃仕南朝，好茗饮、莼羹。及还北地，又好羊肉、酪浆。人或问之：‘茗何如酪？’肃曰：‘茗不堪，与酪为奴。’”

《桐君录》：“西阳、武昌、庐江、晋陵好茗，皆东人作清茗。茗有饽，饮之宜人。凡可饮之物，皆多取其叶。天门冬、拔葜取根，皆益人。又，巴东别有真茗茶，煎饮令人不眠。俗中多煮檀叶并大皂李作茶，并冷。又，南方有瓜芦木，亦似茗，至苦涩，取为屑茶饮，亦可通夜不眠。煮盐人但资此饮。而交、广最重，客来先设，乃加以香芼辈。”

《坤元录》：“辰州溆浦县西北三百五十里无射山，云蛮俗当吉庆之时，亲族集会，歌舞于山上，山多茶树。”

《括地图》："临蒸县东一百四十里，有茶溪。"

山谦之《吴兴记》："乌程县西二十里，有温山，出御荈。"

《夷陵图经》："黄牛、荆门、女观、望州等山，茶茗出焉。"

《永嘉图经》："永嘉县东三百里，有白茶山。"

《淮阴图经》："山阳县南二十里，有茶坡。"

《茶陵图经》云："茶陵者，所谓陵谷生茶茗焉。"

《本草·木部》："茗，苦荼。味甘苦，微寒，无毒。主瘘疮、利小便，去痰渴热，令人少睡。秋采之苦，主下气消食。注云：'春采之。'"

《本草·菜部》："苦菜，一名荼，一名选，一名游冬。生益州川谷、山陵道旁，凌冬不死，三月三日采，干。注云：'疑此即是今茶，一名荼，令人不眠。'"《本草》注按："《诗》云'谁谓荼苦'，又云'堇荼如饴'，皆苦菜也。陶谓之苦茶，木类，非菜流。茗，春采，谓之苦搽。"

《枕中方》："疗积年瘘：苦茶、蜈蚣并炙，令香熟，等分，捣筛，煮甘草汤洗，以末傅之。"

《孺子方》："疗小儿无故惊蹶，以苦茶、葱须煮服之。"

[译解]

与茶事有关的历史人物有以下四十三位：

三皇时代，炎帝神农氏。

周代，鲁国的创始人周公姬旦，齐国的名相晏婴。

汉代，仙人丹丘子、黄山君，曾任孝文园令的文学家司马相如，黄门执戟郎扬雄。

三国时代，吴国末代皇帝（264—280年在位）、降晋后封为归命侯的孙皓，太傅韦曜（本名韦昭，字弘嗣）。

晋代，惠帝司马衷（290—307年在位），司空刘琨，刘琨兄子、兖州刺史刘演，黄门侍郎（当为中书侍郎，其弟张协曾任黄门侍郎）张载字孟阳，司隶校尉傅咸，太子洗马江统，参军孙楚，记室督左思字太冲，吴兴太守陆纳，陆纳兄子、会稽内史陆俶，冠军将军谢安字安石，赠弘农太守郭璞，扬州太守桓温，舍人杜育，武康小山寺和尚法瑶，沛国人夏侯恺，余姚人虞洪，北地人傅巽，丹阳人弘君举，乐安人任瞻字育长，宣城人秦精，敦煌人单道开，剡县人陈务之妻，广陵郡一老妇人，河内人山谦之。

北魏，琅琊人王肃。

南朝宋，新安王刘子鸾，刘子鸾弟、豫章王刘子尚，鲍昭（即鲍照）之妹鲍令晖，八公山和尚昙济。

南朝齐，世祖武皇帝萧赜（482—493年在位）。

南朝梁，曾任廷尉卿、秘书监的文学家刘孝绰，道教思想家、医学家陶弘景先生。

唐代，英国公徐勣（jì）（本名徐世勣，字懋功，后唐太宗赐姓李，并避太宗讳，改李勣）。

与茶事有关的文献记载有以下四十八种：

托名神农氏所撰的《神农食经》记载："长期饮茶，使人精力充沛，精神愉悦。"

传为周公所撰的《尔雅》记载："槚，就是苦茶。"

三国魏人张揖所撰《广雅》记载："在荆州、巴州一带，人们采摘茶叶做成茶饼，叶子老的，制成茶饼后，还要用米汤浸泡。要烹煮饮用时，先要烘烤茶饼呈红色，捣成碎末，放入瓷器中，浇上开水，盖好，再放些葱、姜、橘子作为配料，调和为羹。饮用这种茶可以醒酒，使人不眠。"

传为晏婴所撰的《晏子春秋》记载："晏婴担任齐景公的国相时，吃的是粗米饭，副食也只是烧烤的禽类的肉和蛋，以及茗茶、蔬菜罢了。"

汉代司马相如所撰字书《凡将篇》记载的药物有："乌喙（又名乌头）、桔梗、芫华（芫花）、款冬［花］、贝母、黄柏、蒌菜、黄芩、芍药、肉桂、漏芦、蜚蠊、藿菌、荈诧（茶）、白蔹、白芷、菖蒲、芒硝、花椒、茱萸。"

汉代学者扬雄所撰《方言》记载："蜀西南人把茶叶叫作蔎。"

陈寿《三国志·吴志·韦曜传》记载："吴主孙皓每次设宴时，总是规定坐客至少饮酒七升，即使不能全部喝下肚去，也要把酒器中的酒全都倒进嘴里，表示喝完。韦曜的酒量不超过二升，孙皓起初给他特殊礼遇，暗中赐予茶水来代替酒。"

何法盛《晋中兴书》记载："陆纳做吴兴太守时，卫将军谢安常想拜访陆纳。［《晋书》上记载：陆纳官至吏部尚书，加奉车都尉、卫将军。］陆纳兄子陆俶埋怨陆纳不做准备，但又不敢去问他，便私下准备了十几人的菜肴。谢安来后，陆纳仅仅拿出茶和果品招待客人，陆俶就摆上丰盛的筵席，山珍海味，样样俱全。谢安走后，陆纳打了陆俶四十板子，并且训斥他说：‘你既然不能给叔父增光，为什么却要玷污我一向清白朴素的作风呢？’”

《晋书》记载：“桓温做扬州牧，秉性节俭，每次宴会时，只设七盘茶果罢了。”

干宝《搜神记》记载：“夏侯恺因病去世。其族人的儿子叫苟奴的，能看见鬼魂。他看见夏侯恺来取马匹，并使其妻子也得了病。还看见他戴着当时武官所戴的平上帻，穿着单衣，坐在生前常坐的靠西墙的大床上，向人要茶喝。”

刘琨在《与兄子南兖州刺史演书》中写道：“前些时候收到安州（治今湖北安陆，西魏始置，此恐非刘琨原文）寄来的干姜一斤、桂一斤、黄芩一斤，都是我所需要的。我身体不适、胸中烦闷时，常常要仰靠饮用真正的好茶来提神解闷，你可多购置一些。”

傅咸在《司隶教》中写道：“听说京城洛阳的南市有个四川的老婆婆做茶粥售卖，主管司法的廉事打破其器具，后来她又在市上卖饼。而以禁止出卖茶粥来刁难四川老婆婆，这是为什么呢？”

西晋王浮所撰的《神异记》记载：“余姚人虞洪进山采茶，遇见一个道士，牵着三头青牛。道士带着虞洪来到瀑布山，对他说：‘我是丹丘子。听说你善于烹茶，常想叨你的光，品尝品尝。这山里有大茶树，可以供你采摘。希望你日后有多余的茶，送些给我喝。’于是虞洪设茶进行祭奠，后来常叫家人进山，果然寻到了大茶树。”

左思的《娇女诗》写道：“我家有娇女，长得很白皙。小名叫纨素，口齿很伶俐。有个姐姐叫惠芳，眉目灿烂美如画。奔跑雀跃园林中，果子生熟都摘下。爱花哪管风和雨，顷刻跑去上百次。煮茶未熟心着急，对着炉火忙吹气。”

张载的《登成都白菟楼》诗的下半首写道：“请问当年扬雄的居舍在何处，设想司马相如的故居是何模样。昔日蜀中富豪程郑、卓王孙家累千金，骄奢淫逸可比王侯。门前车水马龙，贵客盈门，腰间飘逸着翠带，佩挂着吴钩宝剑。家中钟鸣鼎食，随时节进奉，百味调和，精妙无双。秋天，人们进林中采摘柑橘；春天，人们到江边垂钓肥鱼。黑子胜过龙肉，果馔超越蟹酱。清香的芳茶在各种饮料中堪称第一，其美味在天下享有盛名。如果人生只是苟求安乐，那么成都这个地方还是可供人们尽享欢乐的。”

傅巽的《七诲》记述各地名物：“蒲地（今山西永济）的桃子，宛地（今河南南阳）的苹果，齐地（今山东淄博）的柿子，燕地（今北京市及河北省部分地区）的板栗，恒阳（北岳恒山之南）的黄梨，巫山（今湖北省和重庆市交界地区）的红橘，南中（约当今四川南部、贵州西部和云南省）的茶子，西极（指天竺，今印度）的石蜜。”

弘君举的《食檄》写道：“客来，寒暄过后，要用浮有沫饽的好茶敬客；三杯过后，应奉上甘蔗、木瓜、大李子、杨梅、五味子、橄榄、悬豹（疑为悬钩，即山莓，又称木莓）、冬葵所做的羹各一杯。”

孙楚的《歌》（一名《出歌》）写道：“茱萸出自芳树颠，鲤鱼出自洛水泉。白盐出自河东，美豉出自鲁渊。姜、桂、茶荈出自巴蜀，椒、橘、木兰出自高山。蓼苏出自沟渠，精米出自稻田。”

传为华佗所撰的《食论》中说：“长期饮用苦茶，有助于提高思维能力。”

道家仙人壶居士（也称壶公）《食忌》中说：“长期饮用苦茶，可以使人身轻体健，羽化成仙；而与韭菜一起食用，则使人肢体沉重。”

东晋学者郭璞《尔雅注》中说：“茶树矮小像栀子，冬天不落叶，其叶可以煮作羹饮用。如今把早采的叫作‘茶’，晚采的叫作‘茗’，又有的叫作‘荈’，蜀地的人称之为‘苦茶’。”

南朝宋临川王刘义庆《世说新语》记载：“任瞻，字育长，年轻时很有名望，但自从随晋室南渡之后，很不得志，甚至恍恍惚惚，失神落魄。一次做客饮茶，主人奉上茶后，他竟问别人：‘这是茶，还是茗？’当觉察到别人面露诧异时，便自己申明说：‘我刚才问的是茶汤是热的，还是冷的。’”

托名陶渊明所撰的《续搜神记》（一作《搜神后记》）记载：“晋武帝时（266—290），宣城人秦精，常进武昌山采茶。一次，他遇到了一个身长一丈有余的毛人，引他到了山下，把一片茶树从指给他看,随即离去。一会儿又转回来,把手探入怀中,掏出橘子送给秦精。秦精很害怕,就赶紧背着茶叶回了家。”

南朝卢綝《晋四王起事》记载:“西晋永宁元年(301),赵王伦叛乱,晋惠帝被幽禁于金墉城。齐王冏、成都王颖、河间王颙、常山王乂四王起兵讨伐赵王伦,并将惠帝接回京都洛阳宫中。这时,宦官们用粗陶碗盛茶献给他喝。”

南朝宋刘敬叔的《异苑》记载:“剡县陈务的妻子,年轻时就带着两个儿子守寡,很喜欢饮茶。因为宅院中有一古墓,所以每次饮茶都要先进行祭祀。两个儿子为此感到厌烦,对她说:‘古墓能知道什么,这么做还不是徒劳!’就想把古墓挖掉,她苦苦劝说,方才作罢。当夜,她梦见一人,对她说:‘我住在这墓里已经三百多年,你的两个儿子总想毁掉它,幸亏你的保护,又以好茶祭祀我,我虽是深埋地下的枯骨,怎么能忘记报答你的恩情呢?’到了天亮,她在院子里发现有十万铜钱,看起来好像在地下埋了很久,但穿钱的绳子却是新的。她把这件事告诉两个儿子,他们都感到很惭愧。从此,对古墓的祭祷更加虔诚了。”

《广陵耆老传》记载:“东晋元帝时(317—323),有一个老婆婆,每天早晨独自提一盛茶的器皿,到市上去卖茶。市上的人争相来买茶。从早到晚,那个器皿中的茶始终不见减少。她把所得的钱都施舍给路旁孤儿、穷人和乞丐。人们对此感到很奇怪,就向官府报告。州里的法曹把她抓起来囚禁在监狱里。到了夜间,老婆婆手提卖茶的器皿,从监狱的窗口飞越而去。”

《晋书·艺术列传》记载:“敦煌人单道开，不怕寒冷暑热,白天黑夜不睡觉,经常服食小石子。他所服用的药有松脂、肉桂、蜂蜜的气味，此外，他所饮用的就只有紫苏茶了。”

释道悦《续名僧传》记载:“南朝宋时的和尚法瑶，姓杨，是河东郡人。元嘉年间（424—453）来到江南，遇到沈演之（字台真，397—449），请他到武康（今浙江德清武康镇）小山寺。法瑶当时年事已高,以饮茶当饭。到了大明年间（457—464），皇上下诏令吴兴的地方官礼送法瑶到京城，这时他已经七十九岁了。”

南朝宋江饶所撰《江氏家传》记载:“江统，字应元。当升任愍怀太子洗马时，他上疏进谏道:‘现在京城的西园出卖醋、面、蓝子、菜、茶之类的东西，有损于国体。’”

《宋录》上记载:“南朝宋的新安王刘子鸾和他的弟弟豫章王刘子尚，一同去八公山拜访昙济道人。道人设茶招待他们。子尚品尝后说:‘这分明是甘露啊，怎么能说是茶呢！’”

南朝宋王微在《杂诗》中写道:“静悄悄地掩上高阁门，冷清清的大厦空荡荡。久久等待你却迟迟不归，我只好收起愁颜，且斟一杯苦茶。”

南朝宋著名诗人鲍照的妹妹鲍令晖著有一篇《香茗赋》。

南朝齐世祖武皇帝萧赜（zé）在其遗诏中说:“我死后，在我的灵座上，千万不要杀牲畜作为祭品，只需摆上糕饼、水果、茶饮、干饭、酒品、肉干罢了。”

南朝梁刘孝绰《谢晋安王饷米等启》中说："传诏官李孟孙来宣示了您的旨意，赏赐给我米、酒、瓜、笋、腌菜、肉干、酢（即醋）、茶等八种食品。所赐的米芳香非常，就像新城（今浙江富阳）米一样；酒味芳香醇厚，可比松香直冲云霄；江边初生的竹笋鲜美，胜似菖蒲、荇菜之类的珍馐；田间繁茂的瓜果，超过精心置办的美味。白茅裹束的野獐子［《诗经·召南》："野有死麇，白茅纯束。"］，哪里比得上似雪白的鲈鱼干；鲊鱼有别于陶侃陶瓶所封饷母的那样，犹如美玉般晶莹的河鲤。品尝佳茗，如同食用上等的精米；而所赐的酢，如同望见柑橘而使人胃口大开。有如此丰盛的食品，即使我远行千里，也用不着再准备干粮。［《庄子·逍遥游》："适百里者，宿舂粮；适千里者，三月聚粮。"］我铭记着您的恩惠，您的大德我将永志不忘。"

陶弘景在《杂录》(《太平御览》所引称为《新录》)中说："饮用苦茶能使人轻身换骨，从前仙人丹丘子、黄山君都曾服用。"

《后魏录》记载："琅琊人王肃在南朝做官时，喜欢饮茶，喝莼菜羹。后来返回北方，又喜欢吃羊肉、喝羊奶。有人问他：'茶叶与奶酪相比怎么样？'王肃回答说：'茶叶不能与奶酪做比，只能给奶酪做奴仆。'"（于是，茶叶又多了一个"酪奴"的别号。）

《桐君录》(一作《桐君采药录》《桐君药录》）中记载："西阳（治今湖北黄冈）、武昌（治今湖北鄂州）、庐江（治今安徽舒城）、晋陵（治今江苏常州）等地，人们都喜欢饮茶，有客人来，主人都是以清茗招待。茶中有沫饽，饮用对人体有益。大凡可以作为饮料的植物，都是用它的叶子，而天门冬和菝葜（bá qiā）却是用其根部，也都对人有益处。另外，巴东（治今重庆奉节东）有一种真正的茗茶，煎煮后饮用，使人兴奋而无睡意。民间风俗多把檀木叶和大皂李当作茶，都是凉性的。又，南方有一种瓜芦木，也类似茶叶，味道很苦涩，捣成细末后煮饮，也可以使人整夜不眠。煮盐的工人就靠这种饮料提神，尤其是交州（治今越南河内东）、广州一带的人最喜欢饮用，客人来了，先要奉上这种茶，一般是加入香料调制的。”

《坤元录》记载："在辰州溆浦县（今属湖南）西北三百五十里的无射山，据说当地少数民族风俗，每当吉庆之时，亲族都要到山上集会，载歌载舞。山上有很多茶树。”

《括地图》(或即唐魏王所撰《括地志》)记载："在临蒸县(今湖南衡阳）以东一百四十里，有茶溪。”

山谦之《吴兴记》记载："乌程县（今浙江湖州）西二十里，有温山，出产进贡的御茶。”

《夷陵图经》记载："黄牛、荆门、女观、望州等山，都出产茶叶。”

《永嘉图经》记载："永嘉县（今浙江温州）以东三百里[当为三十里]，有白茶山。”

《淮阴图经》记载："山阳县（今江苏淮安）以南二十里，有茶坡。”

《茶陵图经》记载："茶陵，就是指生长着茶树的陵谷。”

《本草·木部》中说:“茗,就是苦茶。味道苦中有甘,略有寒性,没有毒性。主治瘘疮,利尿,去痰,解渴,清热,令人减少睡眠。秋天采摘的茶叶有苦味,能通气,助消化。原注说:要在春天采摘。”

《本草·菜部》中说:“苦菜,也叫荼,又叫选,还叫游冬。生长在益州(今四川成都)一带的河谷、山岭和道路旁边,即使经过严寒的冬天也不会冻死。每年三月三日采摘,焙干。”原书陶弘景注释道:“这或者就是今天所称的茶,又叫荼,饮用可以使人没有睡意。”苏恭《本草注》加按语说:“《诗经》上说‘谁说荼苦’,又说‘堇和荼像饴糖一样甜’,说的都是苦菜。陶弘景所说的苦荼,是木本植物的茶,而不是菜类。在春天采摘的茗,称为苦搽。”

《枕中方》中说:“治疗多年不愈的瘘疮,用苦茶、蜈蚣一同炙烤,使其熟透发出香气,等分成若干份,捣碎并筛成细末,煮甘草汤擦洗患处,然后再用筛出的细末外敷。”

《孺子方》中说:“治疗小孩无故的惊厥,以苦茶和葱的须根煮水服用。”

八之出

山南:以峡州上[峡州,生远安、宜都、夷陵三县山谷。],襄州、荆州次[襄州,生南漳县山谷;荆州,生江陵县山谷。],衡州下[生衡山、茶陵二县山谷。],金州、梁州又下[金州,生西城、安康二县山谷;梁州,生褒城、金牛二县山谷。]。

淮南：以光州上［生光山县黄头港者，与峡州同。］，义阳郡、舒州次［生义阳县钟山者，与襄州同；舒州，生太湖县潜山者，与荆州同。］，寿州下［盛唐县生霍山者，与衡州同也。］，蕲州、黄州又下［蕲州，生黄梅县山谷；黄州，生麻城县山谷，并与荆州、梁州同也。］。

浙西：以湖州上［湖州，生长城县顾渚山谷，与峡州、光州同；生山桑、儒师二坞，白茅山，悬脚岭，与襄州、荆州、义阳郡同；生凤亭山，伏翼涧，飞云、曲水二寺，青岘、啄木二岭者，与寿州、常州同；生安吉、武康二县山谷，与金州、梁州同。］，常州次［常州，义兴县生君山悬脚岭北峰下，与荆州、义阳郡同；生圈岭，善权寺，石亭山，与舒州同。］，宣州、杭州、睦州、歙州下［宣州，生宣城县鸦山，与蕲州同；太平县生上睦、临睦，与黄州同。杭州，临安、於潜二县生天目山，与舒州同。钱塘生天竺、灵隐二寺；睦州，生桐庐县山谷；歙州，生婺源山谷，与衡州同。］，润州、苏州又下［润州，江宁县生傲山；苏州，长洲县生洞庭山，与金州、蕲州、梁州同。］。

浙东：以越州上［余姚县生瀑布泉岭，曰仙茗，大者殊异，小者与襄州同。］，明州、婺州次［明州，鄮县生榆荚村；婺州，东阳县东白山，与荆州同。］，台州下［始丰县生赤城者，与歙州同。］。

剑南：以彭州上［生九陇县马鞍山、至德寺、棚口，与襄州同。］，绵州、蜀州次［绵州，龙安县生松岭关，与荆州同；其西昌、昌明、神泉县西山者并佳；有过松岭者，不堪采。蜀州，青城县生丈人山，与绵州同；青城县有散茶、末茶。]，邛州次，雅州、泸州下［雅州，百丈山、名山；泸州，泸川者，与金州同也。]，眉州、汉州又下［眉州，丹棱县生铁山者；汉州，绵竹县生竹山者，与润州同。]。

黔中：生思州、播州、费州、夷州。

江南：生鄂州、袁州、吉州。

岭南：生福州、建州、韶州、象州。［福州，生闽县方山之阴也。]

其思、播、费、夷、鄂、袁、吉、福、建、韶、象十一州，未详。往往得之，其味极佳。

［译解］

按照唐代的行政区划，茶叶产地可分为八大茶区，每个茶区中各州所产茶叶的品质又可分为“上”（最好）、“次”（次之）、“下”（较差）、“又下”（又差一些）四个等级。

山南茶区：以峡州（今湖北宜昌一带）所产为最好。［峡州茶，出产于远安、宜都、夷陵三县的山谷。］襄州（今湖北襄阳一带）、荆州（今湖北江陵一带）所产次之。［襄州茶，出产于南漳县的山谷；荆州茶，出产于江陵县的山谷。]衡州（今湖南衡阳一带）所产品质较差。［衡州茶，出产于衡山、茶陵二县的山谷。]金州（今陕西安康一带）、梁州（今陕西汉中一带）所产的品质又差一些。［金州茶，出产于西城（今陕西安康）、安康（今陕西汉阴）二县的山谷；梁州茶，出产于褒城（今陕西汉中西北）、金牛（今陕西勉县）二县的山谷。]

淮南茶区：以光州（今河南光山、潢川、固始、商城、新县一带）所产为最好。[光州茶，出产于光山县黄头港的，与峡州茶相同。] 义阳郡（今河南信阳、罗山一带）、舒州（今安徽舒城一带）所产的品质次之。[义阳茶，出产于义阳县（今河南信阳南）钟山的，与襄州茶相同；舒州茶，出产于太湖县潜山的，与荆州茶相同。] 寿州（今安徽寿县一带）所产的品质较差。[寿州茶，出产于盛唐县（今安徽六安）霍山的，与衡州所产的相同。] 蕲州（今湖北蕲春一带）、黄州所产的品质又差一些。[蕲州茶，出产于黄梅县的山谷；黄州茶，出产于麻城县山谷的，与金州、梁州所产的相同。]

浙西茶区：以湖州（浙江吴兴一带）所产为最好。[湖州茶，出产于长城县（今浙江长兴）顾渚山谷的，与峡州、光州所产的相同；出产于山桑、儒师二坞和白茅山、悬脚岭的，与襄州、荆州、义阳郡所产的相同；出产于凤亭山，伏翼涧，飞云、曲水二寺和青岘、啄木二岭的，与寿州、常州所产的相同；出产于安吉、武康二县山谷的，与金州、梁州所产的相同。] 常州（今江苏常州、无锡一带）所产的品质次之。[常州茶，出产于义兴县（今江苏宜兴）君山悬脚岭北峰下的，与荆州、义阳郡所产的相同；出产于圈岭、善权寺、石亭山的，与舒州所产的相同。] 宣州（今安徽宣城一带）、杭州（今浙江杭州一带）、睦州（今浙江建德一带）、歙州（今安徽黄山一带）所产的品质较差。[宣州茶，出产于宣城鸦山的，与蕲州所产的相同；宣州茶，出产于太平县上睦、临睦的，与黄州所产的相同；杭州茶，出产于临安、於潜（今浙江临安东）二县天目山的，与舒州所产的相同。杭州茶，出产于钱塘县天竺、灵隐二寺的；睦州茶，出产于桐庐县山谷的；歙州茶，出产于婺源县（今属江西）山谷的，都与衡州所产的相同。]润州（今江苏镇江一带）、苏州所产的品质又差一些。[润州茶，出产于江宁县（今南京市江宁区）傲山的；苏州茶，出产于长洲县（今苏州吴中区）洞庭山的，都与金州、蕲州、梁州所产的相同。]

浙东茶区：以越州（今浙江绍兴一带）所产的为最好。[越州茶，出产于余姚瀑布泉岭的称为仙茗，大叶茶特别好，小叶茶与襄州所产的相同。]明州（今浙江宁波一带）、婺州（今浙江金华一带）所产的品质次之。[明州茶，出产于鄮县（今浙江宁波鄞州区）榆荚村的；婺州茶，出产于东阳县东白山的，都与荆州所产的相同。]台州（今浙江临海一带）所产的品质较差。[台州茶，出产于始丰县（今浙江天台）赤城山的，与歙州所产的相同。]

剑南茶区：以彭州（今四川彭州、都江堰一带）所产的为最好。[彭州茶，出产于九陇县马鞍山至德寺和棚口镇的，与襄州所产的相同。]绵州（今四川绵阳一带）、蜀州（今四川成都一带）、邛州（今四川邛崃一带）所产的品质次之。[绵州茶，出产于龙安县（今四川绵阳市安州区）松岭关的，与荆州所产的相同；出产于绵州所属的西昌县（今四川绵阳市安州区东南)、昌明县(今四川江油)和神泉县(今四川绵阳市安州区南)西山的都很好;过了松岭关的就不值得采摘。蜀州茶,出产于青城县(今四川都江堰市东南)丈人山的,与绵州所产的相同;青城县有散茶、末茶两种。]雅州(今四川雅安一带)、泸州(今四川泸州一带)所产的品质较差。[雅州茶,出产于百丈山、名山的;泸州茶,出产于泸川(今四川泸州)的,都与金州所产的相同。]眉州(今四川眉山一带)、汉州(今四川广汉一带)所产的品质又差一些。[眉州茶,出产于丹棱县铁山的;汉州茶,出产于绵竹县竹山的,都与润州所产的相同。]

黔中茶区:茶叶出产于思州(今贵州务川一带)、播州(今贵州遵义一带)、费州(今贵州思南、德江一带)、夷州(今贵州绥阳、凤冈一带)。

江南茶区:茶叶出产于鄂州(今湖北武汉一带)、袁州(今江西宜春一带)、吉州(今江西吉安一带)。

岭南茶区:茶叶出产于福州(今福建闽江流域)、建州(今福建建瓯一带)、韶州(今广东曲江、韶关一带)、象州(今广西象州、武宣一带)。[福州茶,出产于闽县的方山的北面。]

关于思州、播州、费州、夷州、鄂州、袁州、吉州、福州、建州、韶州、象州等十一个州所产茶叶的具体情况,还不大了解,但是往往能得到一些上述地区所产的茶叶,经过品尝,其味道都非常好。

九之略

其造具，若方春禁火之时，于野寺山园，丛手而掇，乃蒸、乃舂、乃炀，以火干之，则又棨、扑、焙、贯、棚、穿、育等七事皆废。

其煮器，若松间石上可坐，则具列废。用藁薪鼎钘之属，则风炉、灰承、炭挝、火筴、交床等废。若瞰泉临涧，则水方、涤方、漉水囊废。若五人已下，茶可末而精者，则罗合废。若援藟跻岩，引絙入洞，于山口炙而末之，或纸包合贮，则碾、拂末等废。既瓢、碗、筴、札、熟盂、鹾簋悉以一筥盛之，则都篮废。

但城邑之中，王公之门，二十四器阙一，则茶废矣。

[译解]

首先是饼茶制造工具的省略：如果正当春季寒食节禁火之时，在野外寺院和山间茶园里，大家一齐动手采摘茶叶，就地蒸熟、捣碎、烘烤，用火使其干燥，然后煮饮，这样，《二之具》所列的十九种采制工具中的棨、扑、焙、贯、棚、穿、育等七种就可以废而不用了。

其次是煮茶工具的省略：如果在松林间的石上可以放置茶具，那么作为摆设用具的具列就可以不用。用干柴、鼎（锅）之类烧水，那么作为生火用具的风炉、灰承、炭挝、火筴和煮茶用具的交床等就可以不用。如果在泉水或溪涧旁边，那么作为盛水和清洁用具的水方、涤方、漉水囊就可以不用。如果品茶人数在五人以下，茶叶又可以加工成精细的粉末，那么茶罗就可以不用。如果要攀藤附葛，登上山岩，或者拉着粗绳索进入山洞，事先在山口把茶烘干，研成细末，或用纸包好，或贮存在盒子里，那么作为加工工具的茶碾、拂末等就可以不用。既然把瓢、碗、竹筴、札、熟盂、鹾簋都用一个筥盛起来，那么都篮就可以不用了。

只有在城市之中，在王侯贵族之家，如果二十四种煮茶和饮茶用具中缺少了任何一件，那么品饮的雅兴就不存在了。

十之图

以绢素或四幅，或六幅，分布写之，陈诸座隅，则茶之源、之具、之造、之器、之煮、之饮、之事、之出、之略目击而存。于是，《茶经》之始终备矣。

[译解]

用白绢四幅或六幅（唐令规定一幅一尺八寸），把《茶经》上述的内容分别书写在上面，陈列在座位旁边，那么关于茶叶的起源、采制工具、制造方法、煮饮器具、煮茶方法、饮茶风俗、茶事记载、茶叶产地以及其省略方式等，就可以随时观摩，牢记心中。这样，《茶经》从头至尾就完备了。

茶录

曹 攀 金

曾未有聞臣輙條數事簡而易明
勒成二篇名曰茶錄伏惟
清閒之宴或賜觀采臣不勝惶懼
榮幸之至謹叙
上篇論茶
色
茶色貴白而餅茶多以珍膏油去聲
其面故有青黃紫黑之異善別茶
者正如相工之脈人氣色也隱然
察之於內以肉理實潤者為上既

绢本《茶录》书影（《古香斋宝藏蔡帖》卷二）

《茶录》两篇，北宋蔡襄（1012—1067）撰，宋代茶书代表作之一。

蔡襄字君谟，兴化军仙游（今属福建）人。天圣八年（1030）进士，历任漳州军事判官、西京留守推官、著作佐郎充馆阁校勘。庆历三年（1043）擢秘书丞、知谏院，次年以右正言知福州，转福建路转运使，监造小龙团茶，名重一时。后迁龙图阁直学士知开封府，枢密直学士知泉州、知福州，三司使，端明殿学士知杭州，卒赠礼部侍郎，南宋孝宗时赐谥忠惠。他还是一位书法家，苏轼奉为“本朝第一”；又与苏轼、米芾、黄庭坚并称“宋四家”。著作有《端明集》，一作《蔡忠惠公文集》，另有《荔枝谱》等，今人编为《蔡襄全集》。

蔡襄生于茶乡，习知茶事，又两知福州，采造北苑贡茶，茶文化造诣颇深。《茶录》作于皇祐三年（1051），治平元年（1064）订正刻石，拓本今存。《茶录》传世版本多达数十种，今以《古香斋宝藏蔡帖》卷二所收绢本《茶录》为底本，参校其他诸本。另以审安老人《茶具图赞》附后。

蔡忠惠像（清刊本《古圣贤像传略》）

[宋] 刘松年《撵茶图》（局部）

臣前因奏事，伏蒙陛下谕臣：先任福建转运使日，所进上品龙茶，最为精好。臣退念草木之微，首辱陛下知鉴，若处之得地，则能尽其材。昔陆羽《茶经》，不第建安之品；丁谓《茶图》，独论采造之本。至于烹试，曾未有闻。臣辄条数事，简而易明，勒成二篇，名曰《茶录》。伏惟清闲之宴，或赐观采，臣不胜惶惧荣幸之至。谨叙。

[译解]

这篇“前序”，是与卷末的“后序”相对而言的。有的版本引作《进〈茶录〉表》或《进〈茶录〉序》，前有“朝奉郎、右正言、同修起居注臣蔡襄上进”。

臣蔡襄先前因为上奏言事，承蒙陛下颁发诏谕，说我从前担任福建路转运使的时候（事在宋仁宗庆历四年，即公元1044年），所进贡的上品龙团茶，最为精妙。我退朝后私下感念茶叶作为一种微不足道的草木，竟蒙陛下的知遇和品鉴，如果使其得地利之便，就可以充分发挥其材用。从前“茶圣”陆羽著《茶经》，没有列举建安（今福建建瓯）茶的品第；我朝前福建路转运使兼摄北苑茶事的丁谓撰写《茶图》，仅仅论述了茶叶采摘和制作的方法。至于茶叶烹煮品饮的方式如何，还未曾听说过有专门的记载。我于是罗列了几个方面，简单而易于明白，分成上下两篇，取名叫作《茶录》。诚恳地希望陛下举办宫廷清闲之宴时，能有机会予以观览和采纳，我将不胜惶恐荣幸之至。我恭谨地写下以上这些想法，作为序言。

上篇　论茶

色

茶色贵白，而饼茶多以珍膏油[去声。]其面，故有青、黄、紫、黑之异。善别茶者，正如相工之视人气色也，隐然察之于内，以肉理实润者为上。既已末之，黄白者受水昏重，青白者受水鲜明。故建安人斗试，以青白胜黄白。

[译解]

宋人品茗斗茶，首重汤色。茶汤的颜色以白为贵。而当时所制的饼茶多用珍贵的油脂涂抹于表面[原文“油”字读去声。]，所以茶饼表面有青色、黄色、紫色、黑色的差别。善于鉴别饼茶品质的人，就好像相面先生观察人的气色一样，能够隐隐约约透视到茶饼的内部。以其质地结实匀称、纹理新鲜润泽的为上品，其表面颜色则是次要的。茶饼研细成末之后，色呈黄白的，入水就会变得颜色浑浊；色呈青白的，入水之后则会变得颜色鲜明，所以建安人进行斗茶以品评茶之高下，认为青白色的茶要胜过黄白色的茶。

香

茶有真香，而入贡者微以龙脑和膏，欲助其香。建安民间试茶，皆不入香，恐夺其真。若烹点之际，又杂珍果香草，其夺益甚，正当不用。

[译解]

茶有着天然的香气，而进贡朝廷的贡茶往往用少量的龙脑调和入茶膏之中,想以此增加茶的香气。建安民间斗茶品茗，都不添加香料，唯恐侵夺了茶本身的天然香气。如果在烹煮点茶之际，又掺杂进去一些珍贵的果品、香草，那么其侵夺、遮蔽茶的天然香气就会更加严重，的确不应当出此下策。

味

茶味主于甘滑，唯北苑凤凰山连属诸焙所产者味佳。隔溪诸山，虽及时加意制作，色、味皆重，莫能及也。又有水泉不甘，能损茶味，前世之论水品者以此。

[译解]

茶的味道的评判标准，主要是甘甜和润滑，只有建安北苑凤凰山一带的茶焙所制的贡茶味道最好。隔建溪对岸各山所产的茶叶，即便及时采摘、精心制作，其颜色也还是比较浑浊，味道也比较厚重，比不上北苑凤凰山之茶。另外，有的水泉不甜，也会损害茶的味道，前人之所以论述水泉的品质，就是这个缘故。

藏茶

茶宜蒻叶而畏香药，喜温燥而忌湿冷。故收藏之家，以蒻叶封裹入焙中，两三日一次用火。常如人体温，温则御湿润。若火多，则茶焦不可食。

[译解]

茶性适宜蒻（ruò）叶而畏惧香药，喜欢温暖干燥而忌讳潮湿寒冷。因此，收藏茶饼的人家，用蒻叶将其封裹起来放入茶焙之中，每两三天用火烘烤一次。要经常保持如人体的温度，这样温热就可以抵御潮湿。但如果火力过大，就会使茶饼焦煳，不能饮用了。

炙茶

茶或经年，则香、色、味皆陈。于净器中以沸汤渍之，刮去膏油一两重乃止，以钤箝之，微火炙干，然后碎碾。若当年新茶，则不用此说。

[译解]

有时，茶饼贮存达一年以上，其香气、颜色、味道都已经陈旧。此时要把茶饼放在干净的器皿中，用开水浸泡，刮去其表面一两层凝固的膏油，用茶钤（qián）夹住茶饼，文火烤干，然后碾碎成末，烹煮饮用。如果是当年新制的茶饼，就不必用这种方法了。

碾茶

碾茶，先以净纸密裹椎碎，然后熟碾。其大要，旋碾则色白，或经宿，则色已昏矣。

[译解]

碾茶时，首先要用干净的纸把茶饼紧密地封裹起来椎碎，然后再把碎茶放进茶碾，反复压碾。碾出的茶末大体上是刚刚碾出时色泽鲜白，如果过了一夜，色泽就变得昏暗了。

罗茶

罗细则茶浮，粗则水浮。

[译解]

罗茶，就是将碾出的碎茶用茶罗筛成细末。如果茶罗过细，烹煮时茶末就会浮在水上；如果茶罗过粗，烹煮时水沫就会浮在茶上。

候汤

候汤最难。未熟则沫浮，过熟则茶沉。前世谓之“蟹眼”者，过熟汤也。沉瓶中煮之，不可辨，故曰候汤最难。

[译解]

侯汤，就是观察开水的变化，把握恰当的时机投入茶末烹煮。候汤是饮茶中最难的一个环节。水温没有达到火候，投入茶末后茶就会漂浮在水面；如果超过了火候，投入的茶末就会沉底。前人所谓“蟹眼”，就是指超过了火候的开水。况且水是放在瓶中煮的，水温的变化不易清晰分辨，所以说候汤是最难的。

熁盏

凡欲点茶，先须熁盏令热，冷则茶不浮。

[译解]

大凡想要点茶，也就是把煮好的水注入茶盏中供客人品饮，首先必须用沸水或炭火将茶盏温热，若茶盏冰冷，茶沫就不会漂浮起来。

点茶

茶少汤多则云脚散，汤少茶多则粥面聚。[**建人谓之云脚粥面。**] 钞茶一钱匕，先注汤，调令极匀，又添注之，环回击拂。汤上盏可四分则止，视其面色鲜白，着盏无水痕为绝佳。建安斗试，以水痕先者为负，耐久者为胜。故较胜负之说，曰“相去一水两水”。

[译解]

点茶时，茶和水要保持一定的比例，如果茶少水多，就会使云脚涣散；如果水少茶多，就会使粥面凝聚。[建州当地人称之为云脚粥面。] 用茶匙取茶末一钱匕放入茶盏，先注入开水调和得很均匀，再注入开水，同时用茶筅旋转搅动茶汤。茶盏中注水达到四分就停止，观察茶汤的表面颜色鲜白，紧密附着于盏内没有水痕的为最好。建安人斗茶时，其决定胜负的标准，就是以先出现水痕的为负，保持很久没有水痕的为胜。所以他们比较胜负的说法，叫作“相去一水两水”。

下篇　论茶器

茶焙

茶焙，编竹为之，裹以蒻叶。盖其上，以收火也；隔其中，以有容也。纳火其下，去茶尺许，[常温温然，] 所以养茶色、香、味也。

[译解]

茶焙，是用竹篾编织而成的烘焙茶饼的器具，内侧环衬一层蒻叶。上面有盖，以便收拢火气，不致外泄；中间隔成两层放置茶饼，以便扩大容量。下面放上炭火，与茶饼保持一尺左右的距离，使其中经常处于温暖的状态，就是为了保养茶的颜色、香气和味道。

茶笼

茶不入焙者，宜密封裹，以蒻笼盛之，置高处，不近湿气。

[译解]

没有放入茶焙烘烤的茶饼，应当用蒻叶紧密封裹，放在茶笼中盛起来，置于高处，而不要接近潮湿之气。

砧椎

砧椎，盖以碎茶。砧以木为之，椎或金或铁，取于便用。

[译解]

砧和椎，是用以捶碎茶饼的工具。砧板用木头做成，椎用金或者铁制成，取其方便实用。

茶钤

茶钤，屈金铁为之，用以炙茶。

[译解]

茶钤，是用金或者铁弯曲而制成，用于夹住茶饼进行炙烤。

茶碾

茶碾，以银或铁为之。黄金性柔，铜及鍮石皆能生鉎[音星]，不入用。

[译解]

茶碾，用银或者铁制成。黄金本性柔软，而铜和鍮石（即黄铜）都容易生锈，不能选用。

茶罗

茶罗，以绝细为佳。罗底用蜀东川鹅溪画绢之密者，投汤中揉洗以幂之。

[译解]

茶罗，以经纬线极细的纱或绢为最好，而不是说网眼极细。罗底要用四川东川鹅溪画绢中特别细密的，放到开水中揉洗干净后，罩在罗圈之上绷紧。

茶盏

茶色白，宜黑盏。建安所造者绀黑，纹如兔毫，其坯微厚，熁之久热难冷，最为要用。出他处者，或薄或色紫，皆不及也。其青白盏，斗试家自不用。

[译解]

茶色白，所以适宜用黑色的茶盏。建安制造的茶盏黑里透红，纹理犹如兔毫，其坯胎较厚，经过烘烤后久热难冷，最适宜饮茶之用。其他地方出产的茶盏，有的坯胎太薄，有的颜色发紫，都比不上建盏。那些青白色的茶盏，斗茶品茗的行家自然不会使用。

茶匙

茶匙要重，击拂有力。黄金为上，人间以银、铁为之。竹者轻，建茶不取。

[译解]

茶匙要有重量，这样用来击拂才会有力。以黄金制作的茶匙为最好，民间多用银、铁制作。用竹子做成的茶匙太轻，建州斗茶品茗一般不用。

汤瓶

瓶要小者，易候汤，又点茶注汤有准。黄金为上，人间以银、铁或瓷石为之。

[译解]

用于烧水的汤瓶要小一点儿，以便观察开水变化的情形，而且点茶注水的时候能够把握好分寸。汤瓶以黄金制作的为最好，民间多用银、铁或者瓷石制作。

臣皇祐中修起居注，奏事仁宗皇帝，屡承天问以建安贡茶并所以试茶之状。臣谓论茶虽禁中语，无事于密，造《茶录》二篇上进。后知福州，为掌书记窃去藏稿，不复能记。知怀安县樊纪购得之，遂以刊勒，行于好事者。然多舛谬。臣追念先帝顾遇之恩，揽本流涕，辄加正定，书之于石，以永其传。治平元年五月二十六日，三司使、给事中臣蔡襄谨记。

[译解]

我在皇祐（1049—1054）中负责编修起居注，向仁宗皇帝上疏奏事，多次承蒙皇上垂问建安贡茶之事以及烹试饼茶的情状。我认为谈论茶事虽然属于宫廷中语，但是不涉及朝政军机保密之事，于是编写了《茶录》上下两篇进奉给皇上。后来我担任福州知州，被当时的掌书记窃去了收藏的原稿，自己也不能记起原稿的内容。怀安知县樊纪设法购得了原稿，于是刊刻勒石，在喜好茶事的朋友中流传。然而，其中有很多谬误。我追念先帝的垂顾和知遇之恩，手捧拓本，痛哭流涕，于是加以订正，亲自书写并刊刻于石碑之上，以便其永远流传后世。治平元年五月二十六日，三司使、给事中蔡襄谨记。

附：茶具图赞　　［宋］审安老人撰

茶具十二先生姓名字号

韦鸿胪	文鼎	景旸	四窗闲叟
木待制	利济	忘机	隔竹居人
金法曹	研古	元锴	雍之旧民
	轹古	仲铿	和琴先生
石转运	凿齿	遄行	香屋隐君
胡员外	惟一	宗许	贮月仙翁
罗枢密	若药	传师	思隐寮长
宗从事	子弗	不遗	扫云溪友
漆雕秘阁	承之	易持	古台老人
陶宝文	去越	自厚	兔园上客
汤提点	发新	一鸣	温谷遗老
竺副帅	善调	希点	雪涛公子
司职方	成式	如素	洁斋居士

咸淳己巳五月夏至后五日　审安老人书

韦鸿胪

赞曰：祝融司夏，万物焦烁，火炎昆冈，玉石俱焚，尔无与焉。乃若不使山谷之英堕于涂炭，子与有力矣。上卿之号，颇著微称。

木待制

上应列宿，万民以济。秉性刚直，摧折强梗，使随方逐圆之徒，不能保其身，善则善矣，然非佐以法曹、资之枢密，亦莫能成厥功。

金法曹

柔亦不茹，刚亦不吐，圆机运用，一皆有法，使强梗者不得殊轨乱辙，岂不韪与？

石转运

抱坚质，怀直心，哜嚅英华，周行不怠，斡摘山之利，操漕权之重，循环自常。不舍正而适他，虽没齿无怨言。

胡员外

周旋中规而不逾其间，动静有常而性苦其卓，郁结之患，悉能破之。虽中无所有而外能研究，其精微不足以望圆机之士。

罗枢密

几事不密则害成。今高者抑之，下者扬之，使精粗不致于混淆，人其难诸，奈何矜细行而事喧哗？惜之。

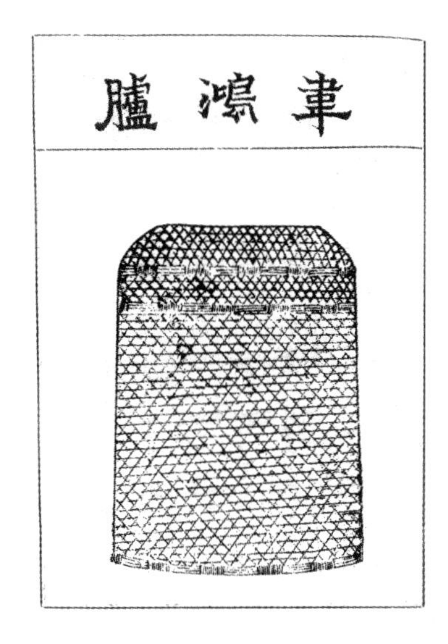

茶具十二先生图·韦鸿胪

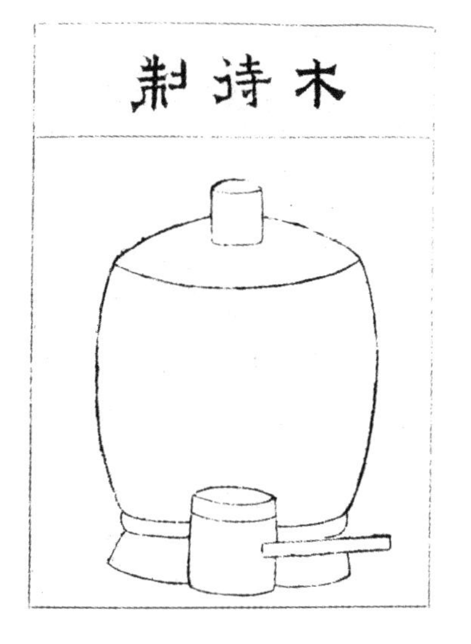

茶具十二先生图·木待制

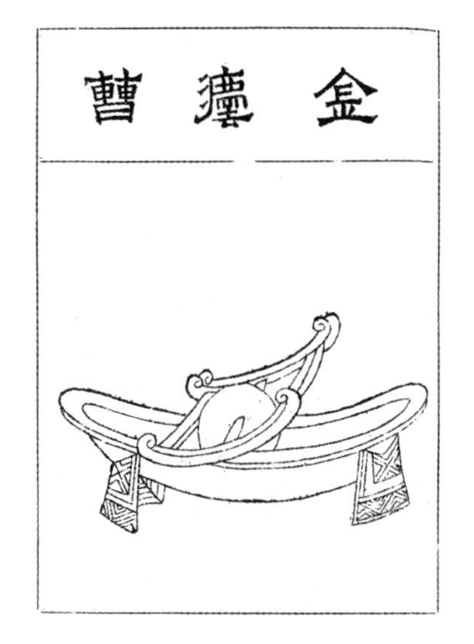

茶具十二先生图·金法曹

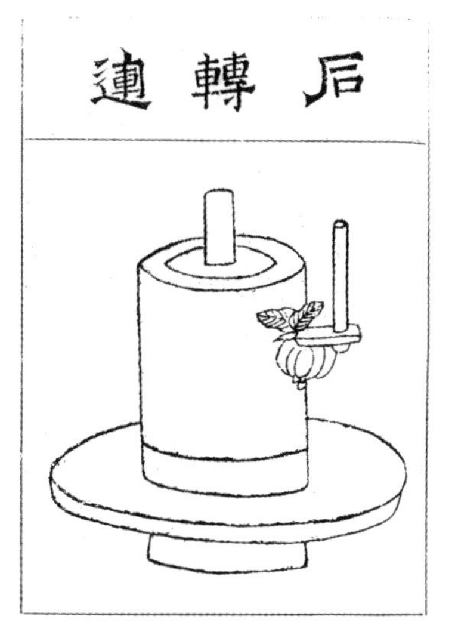

茶具十二先生图·石转运

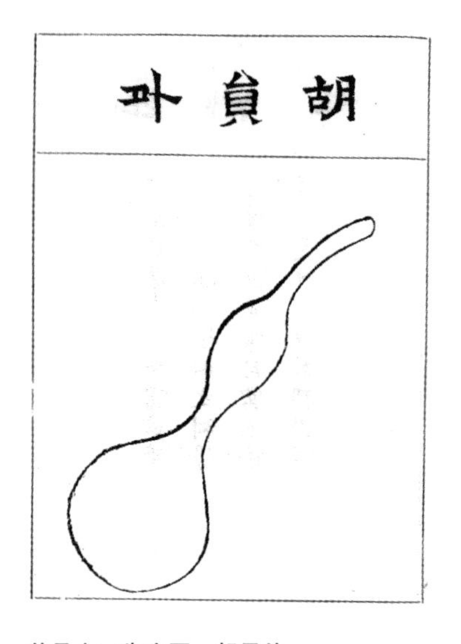

茶具十二先生图・胡员外

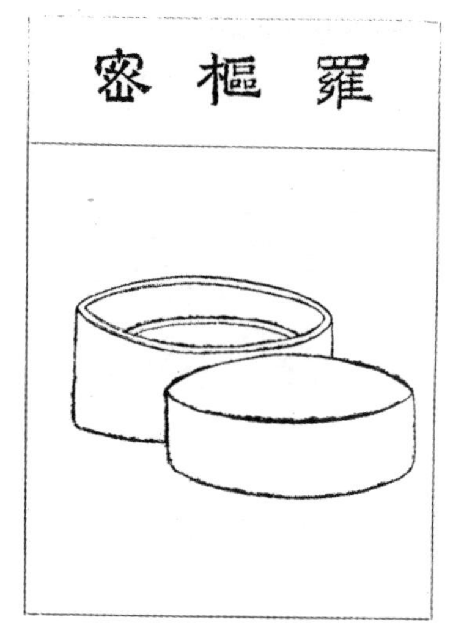

茶具十二先生图・罗枢密

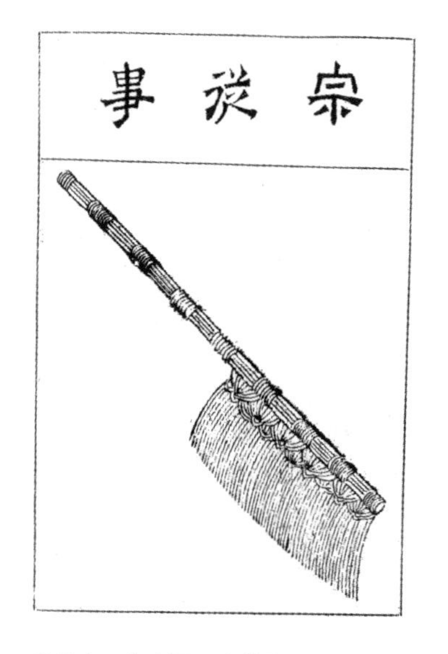

茶具十二先生图・宗从事

茶具十二先生图・漆雕秘阁

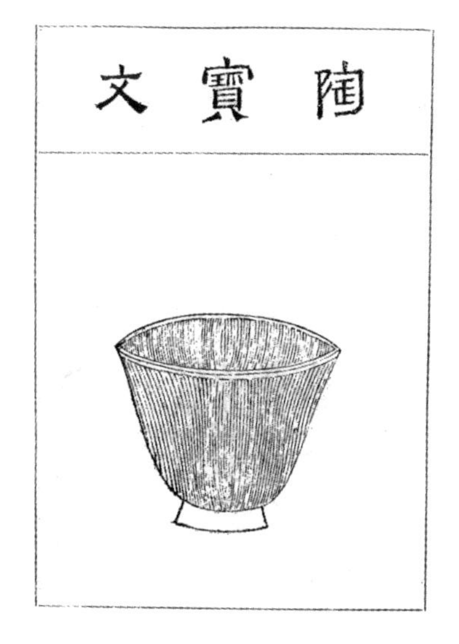

茶具十二先生图·陶宝文

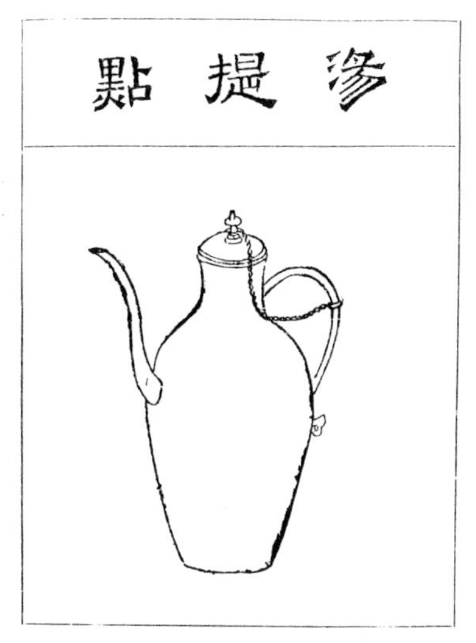

茶具十二先生图·汤提点

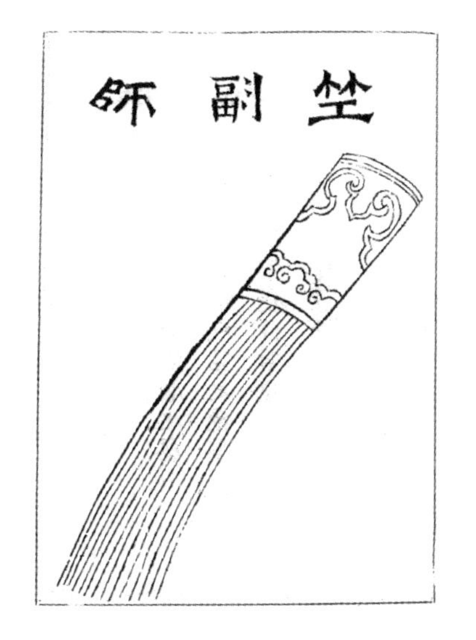

茶具十二先生图·竺副帅

茶具十二先生图·司职方

宗从事

孔门高弟，当洒扫应对事之末者，亦所不弃，又况能萃其既散、拾其已遗，运寸毫而使边尘不飞，功亦善哉！

漆雕秘阁

危而不持，颠而不扶，则吾斯之未能信。以其弭执热之患，无坳堂之覆，故宜辅以宝文，而亲近君子。

陶宝文

出河滨而无苦窳，经纬之象，刚柔之理，炳其绷中，虚己待物，不饰外貌。位高秘阁，宜无愧焉。

汤提点

养浩然之气，发沸腾之声，以执中之能，辅成汤之德。斟酌宾主间，功迈仲叔圉。然未免外烁之忧，复有内热之患，奈何？

竺副帅

首阳饿夫，毅谏于兵沸之时。方金鼎扬汤，能探其沸者几希！子之清节，独以身试，非临难不顾者畴见尔。

司职方

互乡童子，圣人犹且与其进，况端方质素，经纬有理，终身涅而不缁者，此孔子之所以与洁也。

东溪试茶录

東溪試茶錄

宋建安朱子安著

建首七閩山川特異峻極迴環勢絶如甌其陽
多銀銅其陰孕鉛鐵厥土赤墳厥植惟茶會建
而上羣峰益秀迎抱相向草木叢條水多黃金
茶生其間氣味殊美豈非山川重複土地秀粹
之氣鍾於是而物得以宜歟北苑西距建安之
洄溪二十里而近東至東宮百里而遥溪名有三十六
東宮其一也過洄溪踰東宮則僅能成餅耳獨北苑

《东溪试茶录》书影（喻政《茶书》本）

《东溪试茶录》，一作《试茶录》《东溪茶录》，宋子安撰。

宋子安，《郡斋读书志》《文献通考·经籍考》等误作朱子安，生平事迹不详。据书中“近蔡公作《茶录》”，约当宋英宗治平元年（1064）前后在世。

此书有“序”及“总叙焙名”“北苑”“壑源”“佛岭”“沙溪”“茶名”“采茶”“茶病”八篇，以北苑为中心，介绍建茶产地的地理状况、茶焙分布，建茶的品类、采摘要领、选择加工规范等，“盖补丁谓、蔡襄两家《茶录》之所遗”，具有较高的文献价值。

此书有《百川学海》本、《说郛》本、喻政《茶书》本、朱祐槟《茶谱》本、《格致丛书》本、《四库全书》本等。今以喻政《茶书》本为底本进行整理。

宋代建窑黑釉兔毫茶盏

《备茶图》(河北宣化辽代张匡正墓壁画)

序

建首七闽，山川特异，峻极回环，势绝如瓯。其阳多银铜，其阴孕铅铁。厥土赤坟，厥植惟茶。会建而上，群峰益秀，迎抱相向，草木丛条，水多黄金，茶生其间，气味殊美。岂非山川重复，土地秀粹之气钟于是，而物得以宜欤？

北苑西距建安之洄溪二十里而近，东至东宫百里而遥。[**焙名有三十六，东宫其一也。**] 过洄溪，逾东宫，则仅能成饼耳，独北苑连属诸山者最胜。北苑前枕溪流，北涉数里，茶皆气弇然，色浊，味尤薄恶，况其远者乎？亦犹橘过淮为枳也。近蔡公作《茶录》，亦云隔溪诸山，虽及时加意制造，色味皆重矣。

今北苑焙，风气亦殊。先春朝隮常雨，霁则雾露昏蒸，昼午犹寒，故茶宜之。茶宜高山之阴，而喜日阳之早。自北苑凤山南，直苦竹园头东南，属张坑头，皆高远先阳处，岁发常早，芽极肥乳，非民间所比。次出壑源岭，高土沃地，茶味甲于诸焙。丁谓亦云：凤山高不百丈，无危峰绝崦，而岗阜环抱，气势柔秀，宜乎嘉植灵卉之所发也。又以建安茶品甲于天下，疑山川至灵之卉，天地始和之气，尽此茶矣。又论石乳出壑岭断崖缺石之间，盖草木之仙骨。丁谓之记，录建溪茶事详备矣。至于品载，止云北苑壑源岭，及总记官私诸焙千三百三十六耳。近蔡公亦云：唯北苑凤凰山连属诸焙所产者味佳。故四方以建茶为首，皆曰北苑。

建人以近山所得，故谓之壑源。好者亦取壑源口南诸叶，皆云弥珍绝。传致之间，识者以色味品第，反以壑源为疑。

今书所异者，从二公纪土地胜绝之目，具疏园陇百名之异，香味精粗之别，庶知茶于草木，为灵最矣。去亩步之间，别移其性。又以佛岭、叶源、沙溪附见，以质二焙之美，故曰《东溪试茶录》。自东宫、西溪、南焙、北苑皆不足品第，今略而不论。

[译解]

建州（治今福建建瓯）为福建各州军之首（福建路转运司设置于此），山川灵秀特异他处，高峰险峻回环往复，山川走势绝妙异常，犹如一个金瓯。其南面蕴藏着丰富的银、铜等矿产，其北面则蕴藏着丰富的铅、铁等矿产。那里的土地红色而隆起，适宜种植的物产只有茶叶。汇合建州诸山蜿蜒而上，这里的群峰更加秀丽，在各个山峰迎送、环抱之间，草木丛生茂盛，水中蕴藏黄金，生长于其间的茶叶，气味更为清香和美，与众不同，这一切难道不是山重水复、土地灵秀之气集中于此，而生长于其间的物产与此相适应吗？

北苑是建茶生产的核心区（遗址位于今建瓯市东峰镇、小桥镇境内），西边距离建安的洄溪（即西溪）不足二十里，东边距离东宫（东山十四焙之第九焙，位于今政和县东平镇一带）一百里以上。[这一带的茶焙共有三十六个，东宫是其中之一。] 洄溪以西，东宫以东，所产的茶叶只是能够加工成茶饼罢了。只有北苑相连的各个山峰所产茶叶最好。北苑这个地方，前面枕着溪流，向北边延伸数里，所产茶叶就都气味深重，色泽浑浊，香味微薄粗恶，何况更远的地方呢？这也像橘过了淮河就变异成了枳一样。近来蔡襄先生编撰《茶录》，也说隔溪对岸各山所产的茶叶，即便及时采摘、精心制作，其颜色也比较浑浊，味道也比较厚重，比不上北苑茶。

如今北苑茶焙，风气也与其他地方不一样。早春季节，清晨山谷间云气氤氲，经常下雨，雨过天晴则露水蒸发雾气蒙蒙，中午时分尚有寒意，因而适宜茶树生长。茶树适合高山的阴坡，喜欢阳光普照的早晨。从北园凤凰山南麓，一直到苦竹园头的东南地方，属于张坑头，这里地势高远，是阳光最早照到的地方，每年发芽生长常常比别处要早，茶芽汁液非常丰富，养分十分充足，不是民间普通茶叶可比拟的。其次，处于壑源岭，这里山势高耸，土地肥沃，所产茶叶是各个茶焙中最好的。丁谓《北苑茶录》也说过：凤凰山高不过百丈，也没有险峰绝壁，而是高岗土山环抱，气势阴柔秀美，适宜嘉木灵卉的生长发育。又说：建安茶叶的品质，甲于天下，使人怀疑山川至灵的草木、天地中和的气韵，全都集中到茶叶上了。他还论述道：石乳出产于壑源岭的断崖缺石之间，堪称草木的仙骨。丁谓的记录，对于建溪的茶事搜罗已经很详备了。至于说到茶叶的品类，只是说“北苑壑源岭”，并概括性地说“官私茶焙一千三百三十六”罢了。近来蔡襄先生也说：只有北苑凤凰山附近各个茶焙所产的茶叶味道很好。因此，各地建茶的首品，都称作北苑。建州当地人以附近山间所产茶叶，称为壑源，其中质量上乘的也是采取壑源口南所产茶叶，都弥足珍贵。在转运流播之间，有行家以其色香味品评高下，反而怀疑壑源茶不是真正的北苑茶。

如今本书所记不同的，按照丁谓、蔡襄两位先生所记录的各个地点所产茶品优劣的情况，梳理茶园茶焙各种名目的变化，以及茶叶香味、精粗的区别，差不多可以知晓茶叶在草木之中是最为灵异的。仅仅相距一亩甚至几步，茶叶的品性就大不相同。另外以佛岭、叶源、沙溪所产附录于后，以

《童嬉图》（河北宣化辽代张文藻墓壁画）

便比较评判北苑、壑源二茶焙的品质优良，所以书名就叫作《东溪试茶录》。东宫、西溪、南焙、北苑四周以外的地方，所产茶叶都不足以品评高下，因而略而不论。

总叙焙名

［**北苑诸焙，或还民间，或隶北苑，前书未尽，今始终其事。**］

旧记建安郡官焙三十有八，自南唐岁率六县民采造，大为民间所苦。我宋建隆已来，环北苑近焙，岁取上供，外焙俱还民间而裁税之。至道年中，始分游坑、临江、汾常西、濛洲西、小丰、大熟六焙，隶南剑。又免五县茶民，专以建安一县民力裁足之，而除其口率泉。

庆历中，取苏口、曾坑、石坑、重院，还属北苑焉。又丁氏旧录云“官私之焙千三百三十有六”，而独记官焙三十二。东山之焙十有四：北苑龙焙一，乳橘内焙二，乳橘外焙三，重院四，壑岭五，谓源六，范源七，苏口八，东宫九，石坑十，建溪十一，香口十二，火梨十三，开山十四。南溪之焙十有二：下瞿一，濛洲东二，汾东三，南溪四，斯源五，小香六，际会七，谢坑八，沙龙九，南乡十，中瞿十一，黄熟十二。西溪之焙四：慈善西一，慈善东二，慈惠三，船坑四。北山之焙二：慈善东一，丰乐二。

[译解]

北苑各个茶园、茶焙，有的归还民间经营，有的隶属于北苑官焙，以前文献记载未能详尽，如今我历数其沿革变化，加以整理，完整记录其源流始终如下：

以前文献记载建安郡（即建州）共有官焙三十八个，从南唐开始每年督率六县人民采摘制造，成为当地民间的一项沉重负担。我朝太祖建隆年间（960—963）以来，邻近北苑周围的茶焙，每年采取上贡朝廷，以外的茶焙全部归还民间经营，征收茶税。宋太宗至道年间（995—997），才划分出游坑、临江、汾常西、濛洲西、小丰、大熟六个茶焙，隶属于南剑州（治今福建南平）。同时免除其余五县茶民的贡赋，专以建安一个县的民力进行采制上贡，并免除建安县茶民的口率钱（人头税）。

宋仁宗庆历年间（1041—1048），将苏口、曾坑、石坑、重院四个茶焙重新隶属于北苑官焙。丁谓《北苑茶录》所说的“官私茶焙一千三百三十六个”，这里仅仅记录其中的官焙三十二个。东山的官焙共有十四个，分布于今建瓯东峰镇、小桥镇境内的凤凰山一带，依次是北苑龙焙（即焙前茶焙，今东峰镇裴桥村焙前自然村）第一，乳橘内焙第二，乳橘外焙第三，重院官焙第四，壑岭官焙第五，谓源（一作渭源）官焙第六，范源官焙第七，苏口官焙第八，东宫官焙（今政和县东平镇一带）第九，石坑官焙第十，建溪官焙第十一，香口官焙第十二，火梨官焙第十三，开山官焙第十四。南溪的官焙共有十二个，分布于今建瓯西南和南平东北一带，依次是下瞿官焙第一，濛洲东官焙第二，汾东官焙第三，南溪官焙第四，斯源官焙第五，小香官焙第六，际会官焙第七，谢坑官焙第八，沙龙官焙第九，南乡官焙第十，中瞿官焙第十一，黄熟官焙第十二。西溪的官焙共有四个，分布于流经建瓯的洄溪区域内，依次是慈善西官焙第一，慈善东官焙第二，慈惠官焙第三，船坑官焙第四。北山的官焙共有二个，分布于建瓯吉阳、徐墩、丰乐和建阳小湖一带，依次是慈善东（与西溪官焙第二重复，“东”字当为误衍）官焙第一，丰乐官焙第二。

北苑

[曾坑、石坑附。]

建溪之焙三十有二，北苑首其一，而园别为二十五，苦竹园头甲之，鼯鼠窠次之，张坑头又次之。

苦竹园头连属窠坑，在大山之北，园植北山之阳，大山多修木丛林，郁荫相及。自焙口达源头五里，地远而益高。以园多苦竹，故名曰苦竹，以高远居众山之首，故曰园头。直西定山之隈，土石回向如窠然，南挟泉流，积阴之处而多飞鼠，故曰鼯鼠窠。其下曰小苦竹园。又西至于大园，绝山尾，疏竹蓊翳，昔多飞雉，故曰雉薮窠。又南出壤园、麦园，言其土壤沃，宜𪎊麦也。自青山曲折而北，岭势属如贯鱼，凡十有二，又隈曲如窠巢者九，其地利，为九窠十二垅。隈深绝数里，曰庙坑，坑有山神祠焉。又焙南直东，岭极高峻，曰教练垅。东入张坑，南距苦竹带北，冈势横直，故曰坑。坑又北出凤凰山，其势中跱，如凤之首，两山相向，如凤之翼，因取象焉。凤凰山东南至于袁云垅，又南至于张坑，又南最高处曰张坑头，言昔有袁氏、张氏居于此，因名其地焉。出袁云之北，平下，故曰平园。绝岭之表，曰西际。其东为东际。焙东之山，萦纡如带，故曰带园。其中曰中历坑，东又曰马鞍山，又东黄淡窠，谓山多黄淡也。绝东为林园，又南曰柢园。

又有苏口焙，与北苑不相属，昔有苏氏居之，其园别为四：其最高处曰曾坑，际上又曰尼园，又北曰官坑上园、下坑园。庆历中，始入北苑。岁贡有曾坑上品一斤，丛出于此。曾坑山浅土薄，苗发多紫，复不肥乳，气味殊薄。今岁贡以苦竹园茶充之，而蔡公《茶录》亦不云曾坑者佳。又石坑者，涉溪东北，距焙仅一舍，诸焙绝下。庆历中，分属北苑。园之别有十：一曰大番，二曰石鸡望，三曰黄园，四曰石坑古焙，五曰重院，六曰彭坑，七曰莲湖，八曰严历，九曰乌石高，十曰高尾。山多古木修林，今为本焙取材之所。园焙岁久，今废不开。二焙非产茶之所，今附见之。

[译解]

建溪的官焙共有三十二个，北苑是最重要的一个，其御茶园则分为二十五个，苦竹园头是最重要的一个，其次是鼯鼯窠，再次是张坑头。

苦竹园头周围的茶叶产地（窠坑），在大山的北面，而御茶园则在北山的阳坡，大山之中分布着修木丛林，绿荫浓郁，覆盖率很高。从焙口到源头五里许，地势辽阔，更加高耸。因为园中多长苦竹，故名苦竹园，又因为地势高远，居于众山之首，故名园头。一直向西是定山逶迤迂回的地方，其间土石回环像窝一样，南边泉水溪流积阴之处，有很多飞鼠出没，所以叫作鼯鼠窠。其下叫作小苦竹园。又向西到达大园，位于山脚之下，竹园苍翠而阴暗，以前有很多雉鸡飞翔其间,所以叫作雉薮窠（一作鸡薮窠）。再向南是壤园、麦园，是说其土壤肥沃，适宜于大麦的生长。从青山曲折向北，山岭走势犹如一串贯穿起来的鱼儿，共有十二条岭，又有九个像窝巢一样的地方，这就是所谓的九窠十二垅。其中有山窝深达数里的，叫作庙坑，其间有供奉山神的祠庙。官焙南边一直向东，山岭极其高峻，叫作教练垅。向东进入张坑，南边与苦竹园北边相邻，山冈走势横直，所以叫作坑。张坑又北出凤凰山，其地势居中而高耸，好像凤凰的头，又有两山相向而立，好像凤凰的羽翼，于是依照其形象取名叫作凤凰山。从凤凰山向东南到达袁云垅，再向南到达张坑，南边最高处叫作张坑头，这是说从前有袁姓、张姓人家居住在这里，因此命名其地为袁云垅、张坑。出袁云垅的北面，地势低平，所以叫作平园。山岭的尽头，叫作西际，其东叫作东际。官焙东边的山脉，曲折回环如带，所以叫作带园。其中间的地方叫作中历坑，东边叫作马鞍山，再往东叫作黄淡窠，是说其山中生长有很多黄淡（一种类似小橘、色褐、微酸而甜的果实）。最东边是林园，再往南叫作柢园。

又有苏口官焙（今东峰镇杨梅村苏口自然村），与北苑不相连属，从前有苏姓人家居住于此。其茶园又分为四：最高处叫作曾坑，边缘叫作尼园，再往北则叫作官坑，上园、下坑园。仁宗庆历年间（1041—1048），才并入北苑。每年贡额有曾坑上品一斤，就是丛生于此。曾坑山势较浅，土地贫瘠，茶苗发芽多呈紫色，又不肥嫩，茶味不够醇厚。今年的贡茶就是用苦竹园茶充数，蔡襄先生《茶录》也没有说曾坑所产茶叶为佳。又有石坑官焙，涉过建溪向东北方向，相距只有一舍（三十里），这里的各个茶焙所产品质较低。庆历年间，分属于北苑官焙。其茶园又分为十：第一个叫作大番，第二个叫作石鸡望，第三个叫作黄园，第四个叫作石坑古焙，第五个叫作重院，第六个叫作彭坑，第七个叫作莲湖，第八个叫作严历，第九个叫作乌石高，第十个叫作高尾。山中生长着很多原始森林，如今成为本地茶焙取材的地方。茶园、茶焙年深岁久，如今已经废弃不开了。曾坑、石坑二处官焙并非产茶的地方，附录于此。

壑源

［叶源附。］

建安郡东望北苑之南山，丛然而秀，高峙数百丈，如郛郭焉。[民间所谓捍火山也。]其绝顶西南，下视建之地邑。[民间谓之望州山。]山起壑源口而西，周抱北苑之群山，迤逦南绝，其尾岿然，山阜高者为壑源头，言壑源岭山自此首也。大山南北，以限沙溪。其东曰壑，水之所出。水出山之南，东北合为建溪。壑源口者，在北苑之东北。南径数里，有僧居曰承天，有园陇，北税官山。其茶甘香，特胜近焙，受水则浑然色重，粥面无泽。道山之南，又西至于章历。章历西曰后坑，西曰连焙，南曰焙山，又南曰新宅；又西曰岭根，言北山之根也。

茶多植山之阳，其土赤埴，其茶香少而黄白。岭根有流泉，清浅可涉。涉泉而南，山势回曲，东去如钩，故其地谓之壑岭坑头，茶为胜绝处。又东，别为大窠坑头，至大窠为正壑岭，实为南山。土皆黑埴，茶生山阴，厥味甘香，厥色青白，及受水，则淳淳光泽。[民间谓之冷粥面。]视其面，涣散如粟。虽去社，芽叶过老，色益青明，气益郁然，其止，则苦去而甘至。[民间谓之草木大而味大是也。]他焙芽叶过老，色益青浊，气益勃然，其至，则味去而苦留，为异矣。大窠之东，山势平尽，曰壑岭尾。茶生其间，色黑而味多土气。绝大窠南山，其阳曰林坑，又西南曰壑岭根，其西曰壑岭头。道南山而东，曰穿栏焙，又东曰黄际。其北曰李坑，山渐平下，茶色黄而味短。自壑岭尾之东南，溪流缭绕，冈阜不相连附。极南坞中曰长坑，逾岭为叶源。又东为梁坑，而尽于下湖。

叶源者，土赤多石，茶生其中，色多黄青，无粥面粟纹而颇明爽，复性重喜沉，为次也。

[译解]

壑源（一作郝源，位于今建瓯市东峰镇裴桥村福源自然村）与北苑官焙一山之隔，是著名的民间私焙，为北苑御茶上贡的附纲。

建安郡（又称建宁府）东望北苑的南山，这里群峰攒聚，风景秀美，高耸数百丈，好像城郭的外墙，也就是当地民间所说的捍火山。其最高峰从西南方向俯瞰建州地面上的村落，民间称之为望州山。山势缘起壑源口，向西方延伸，环抱北苑的群山，连绵不断，一直向南突然断绝，其山的尾部呈高耸的样子，山峰的头部高耸叫作壑源头，是说壑源岭诸山从此起首。大山以沙溪为分界，形成南北两部分。其东边叫作壑源，是溪水的发源地。其水从山的南麓流出，向东北合流为建溪。壑源口在北苑的东北部，向南经过数里远，有一个僧侣居住地叫作承天寺，这里有茶园，其北为税官山，其地所产茶叶甘香醇厚，在附近茶焙中特别突出，但受水之后色泽浑浊，茶汤表面凝结的沫饽没有光泽。取道山之南麓，再向西到达章历。章历的西边叫作后坑，再往西叫作连焙；往南叫作焙山，再往南叫作新宅；再向西叫作岭根，是说这里已经到了北山的脚下了。

茶叶多种植于山坡的南面，这里的土壤是红褐色的黏性土壤，所产茶叶甘香不足，色呈黄白。山脚下有清泉流淌，泉水清浅，人们可以涉水而过。涉过流泉向南方，山势回环曲折，向东延伸，其形如钩，所以其地称为壑岭坑头，所产茶叶超过其他地方很多。再往东，另有其名，叫作大窠坑头，到大窠就是正壑岭，其实就是南山，这里的土壤都是黑色的黏性土壤。茶叶生长在山坡的北面，其味甘香醇厚，其色泽青白，到了受水之后，则呈现出光泽温润的样子，民间称之为冷粥面，观察其表面的沫饽，好像粟米一样涣散开来。即使过了春社（立春以后的第五个戊日）这一最佳采摘时节，芽叶过老，茶的色泽更加青明，气味更加浓烈，品饮之后其余味苦去而甘来。这就是民间所谓的草木大而味亦大。其他的茶焙所产芽叶过老，就会色泽更加青浊，气味更加勃然，香气不柔和，不耐久，品饮之后其余味甘去而苦留，这就是其间的差别了。大窠以东，山势平坦，这里叫作壑岭尾，茶叶生长其间，色泽黑黄而味多土气。经过大窠南山，其南面叫作林坑，再往西南叫作壑岭根，其西边叫作壑岭头。取道南山往东，叫作穿栏焙，再往东叫作黄际。其北边叫作李坑，山势逐渐平坦低下，所产茶叶色泽发黄，味道淡薄。从壑岭尾向东南走，溪流纵横缭绕，山冈不相连接。深入南坞之中，叫作长坑，越过壑岭就是叶源。再往东是梁坑，其尽头叫作下湖。

叶源，其地是红色土壤，且多乱石，茶叶生长于其间，色泽多呈黄青色，受水之后茶汤表面沫饽没有粟米纹饰，颇为清洁爽口，而且茶性重浊，易于沉至盏底，所以说其质量就又次一等了。

佛岭

佛岭，连接叶源、下湖之东，而在北苑之东南。隔壑源溪水，道自章阪东际为丘坑，坑口西对壑源，亦曰壑口。其茶黄白而味短。东南曰曾坑，[**今属北苑**。]其正东曰后历。曾坑之阳曰佛岭，又东至于张坑，又东曰李坑，又有硬头、后洋、苏池、苏源、郭源、南源、毕源、苦竹坑、岐头、槎头，皆周环佛岭之东南。茶少甘而多苦，色亦重浊。又有篢源[**篢，音胆，未详此字**。]、石门、江源、白沙，皆在佛岭之东北。茶泛然缥尘色而不鲜明，味短而香少，为劣耳。

[译解]

佛岭，连接着叶源和下湖以东，位于北苑的东南方向。隔着壑源溪水，从章阪取道往东，其边缘就是丘坑，坑口西边与壑源相对，也叫作壑口。这里生长的茶叶色泽黄白，味道淡薄。其东南叫作曾坑，现在属于北苑；其正东方向叫作后历。曾坑的南面叫作佛岭，再往东就达到张坑，继续向东叫作李坑，另外还有硬头、后洋、苏池、苏源、郭源、南源、毕源、苦竹坑、岐头、槎头等地名，都是环绕在佛岭的东南方向。这里所产的茶叶味道缺乏甘香，而多苦涩，色泽也较为重浊。又有篢源［篢，读音为“胆”（不准确，当为“工”），这个字的含义不详。]、石门、江源、白沙，这四个地方都在佛岭的东北方向。这里所产的茶叶受水之后，色泽带有土气，不够鲜明，味道淡薄，甘香不足，品质较差。

沙溪

沙溪去北苑西十里，山浅土薄，茶生则叶细，芽不肥乳。自溪口诸焙，色黄而土气。自龚潨南曰挺头，又西曰章坑，又南曰永安，西南曰南坑潨，其西曰砰溪。又有周坑、范源、温汤潨、厄源、黄坑、石龟、李坑、章坑、章村、小梨，皆属沙溪。茶大率气味全薄，其轻而浮浡，浡如土色，制造亦殊壑源者，不多留膏，盖以去膏尽，则味少而无泽也，［茶之面无光泽也。］故多苦而少甘。

［译解］

沙溪（发源于黄栀峰下，历建瓯市小桥镇上屯村，出东峰镇东溪口村，汇入东溪）是外焙，距离北苑西边十里，山势较浅，土壤贫瘠，茶叶生长其间，芽叶细小，汁液较少。从溪口开始各个茶焙所产，色泽发黄，带有土气。从龚潨往南叫作挺头，再向西叫作章坑，再向南叫作永安，向西南叫作南坑潨，其西边叫作砰溪。另有周坑、范源、温汤潨、厄源、黄坑、石龟、李坑、章坑、章村、小梨等地名，都属于沙溪。这里所产的茶叶大多气味淡薄，受水后沫饽浮于茶汤表面，看上去犹如土色，其加工方法也与壑源不同，很少保留茶叶的水分，大概是因为茶叶水分榨尽，就会使得茶味淡薄而没有光泽，也就是茶汤的表面沫饽缺乏光泽，所以品尝起来味道多苦涩而少甘香。

茶名

[茶之名类殊别，故录之。]

茶之名有七：

一曰白叶茶，民间大重，出于近岁，园焙时有之。地不以山川远近，发不以社之先后，芽叶如纸，民间以为茶瑞，取其第一者为斗茶。而气味殊薄，非食茶之比。今出壑源之大窠者六，[叶仲元、叶世万、叶世荣、叶勇、叶世积、叶相。]壑源岩下一，[叶务滋。]源头二，[叶团、叶肱。]壑源后坑一，[叶久。]壑源岭根三，[叶公、叶品、叶居。]林坑黄漈一，[游容。]丘坑一，[游用章。]毕源一，[王大照。]佛岭尾一，[游道生。]沙溪之大梨漈上一，[谢汀。]高石岩一，[云擦院。]大梨一，[吕演。]砰溪岭根一。[任道者。]

次有柑叶茶，树高丈余，径头七八寸，叶厚而圆，状类柑橘之叶。其芽发即肥乳，长二寸许，为食茶之上品。

三曰早茶，亦类柑叶，发常先春，民间采制为试焙者。

四曰细叶茶，叶比柑叶细薄，树高者五六尺，芽短而不乳。今生沙溪山中，盖土薄而不茂也。

五曰稽茶，叶细而厚密，芽晚而青黄。

六曰晚茶，盖稽茶之类，发比诸茶晚，生于社后。

七曰丛茶，亦曰蘖茶，丛生，高不数尺，一岁之间，发者数四，贫民取以为利。

[译解]

建茶的名目、分类各不相同，大体可以分为如下七类：

第一类叫作白叶茶，民间特别重视，出现于近年，各个茶园、茶焙时时都有生产。其产地不论山川远近，发芽也不论春社（立春以后的第五个戊日）的前后，其芽叶像纸一样鲜白，民间认为这是茶中之祥瑞，采取其中最好者作为斗茶之用。但白叶茶的气味非常淡薄，不是一般的食茶所可比拟的。现在出产于壑源大窠的白叶茶有六家，园户的姓名分别是叶仲元、叶世万、叶世荣、叶勇、叶世积、叶相；出产于壑源岩下的有一家，园户叫作叶务滋；出产于源头的有两家，园户的姓名分别是叶团、叶肱；出产于壑源后坑的有一家，园户叫作叶久；出产于壑源岭根的有三家，园户的姓名分别是叶公、叶品、叶居；出产于林坑黄漈的有一家，园户叫作游容；出产于丘坑的有一家，园户叫作游用章；出产于毕源的有一家，园户叫作王大照；出产于佛岭脚下的有一家，园户叫作游道生；出产于沙溪之大梨漈上的有一家，园户叫作谢汀；出产于高石岭的有一家，园户叫作云擦院，出产于大梨的有一家，园户叫作吕演；出产于砰溪岭根的有一家，园户叫作任道者。

第二类叫作柑叶茶，茶树高达一丈有余，树干直径达七八寸，芽叶肥厚而圆，形状好像柑橘的叶子。其茶芽刚刚生发就汁液丰富养分充足，长到两寸左右时就可以采摘，加工后作为食茶中的上品。

第三类叫作早茶，其芽叶也类似于柑橘的叶子，常常在早春发芽，民间采制加工作为试焙的品种。

第四类叫作细叶茶，其芽叶比柑橘的叶子细薄，茶树高的五六尺，茶芽较短，汁液较少。现在生长于沙溪的山中，大概是因为土壤贫瘠，茶树生长也不够茂盛。

第五类叫作稽茶，其芽叶较细，也不够厚密，一般发芽较晚，色呈青黄。

第六类叫作晚茶，大体属于稽茶之类，发芽一般比其他茶较晚，生长在春社（立春以后的第五个戊日）之后。

第七类叫作丛茶，也叫作蘖茶，茶树丛生，高者也不过数尺，一年之间多次发芽，贫民多采摘加工作为生财之道。

采茶

［辨茶须知制造之始，故次。］

建溪茶，比他郡最先，北苑、壑源者尤早。岁多暖，则先惊蛰十日即芽；岁多寒，则后惊蛰五日始发。先芽者，气味俱不佳，唯过惊蛰者最为第一。民间常以惊蛰为候。诸焙后北苑者半月，去远则益晚。

凡采茶，必以晨兴，不以日出。日出露晞，为阳所薄，则使芽之膏腴立耗于内，茶及受水而不鲜明，故常以早为最。凡断芽，必以甲，不以指。以甲则速断不柔，以指则多温易损。择之必精，濯之必洁，蒸之必香，火之必良，一失其度，俱为茶病。[**民间常以春阴为采茶得时，日出而采，则芽叶易损，建人谓之采摘不鲜是也。**]

[译解]

要辨别茶叶的好坏，必须从了解其采摘加工开始，因而将建茶的采摘工艺要点罗列如下：

建溪所产的茶叶，与其他地方相比是最早的，其中北苑、壑源所产尤其早。如果年岁气候温暖，一般在惊蛰前十日就发芽；如果年岁气候寒冷，则在惊蛰后五日才发芽。惊蛰前发芽的，加工制作的茶气味都不好，只有惊蛰过后的最好。因此当地民间常常以惊蛰作为采茶的时节。其他各个茶焙要比北苑官焙晚半个月左右，距离北苑越远，采茶的时节就越晚。

大凡采茶，一定要在清晨动身，不要等到日出之后。日出之后露水蒸发，茶叶就会被阳光近距离照射，从而使得茶芽的汁液营养从内部损耗，烹点时就会色泽不鲜明，所以采茶以早晨为最佳。一般来说，采茶时要用指甲掐断茶芽，不要用手指揉搓。用指甲就能使茶芽很快掐断，不至于损伤嫩芽，用手指则会带有体温或汗味，容易使茶芽受损。采摘的芽叶拣择一定要精心，洗濯一定要清洁，蒸芽一定要把握时机使茶味最香，焙茶一定要火力均匀，不烈不烟，一旦失去最佳的标准，都称为茶病。民间常常认为春日阴天是采茶的最佳时节，日出之后采茶，就会导致芽叶容易受损，建州人称之为采摘不鲜，就是这个道理。

茶病

［试茶辨味，必须知茶之病，故又次之。］

芽择肥乳，则甘香而粥面着盏而不散。土瘠而芽短，则云脚涣乱，去盏而易散。叶梗半，则受水鲜白；叶梗短，则色黄而泛。［梗，谓芽之身除去白合处，茶民以茶之色味俱在梗中。］乌蒂、白合，茶之大病。不去乌蒂，则色黄黑而恶。不去白合，则味苦涩。［丁谓之论备矣。］蒸芽必熟，去膏必尽。蒸芽未熟，则草木气存；［适口则知。］去膏未尽，则色浊而味重。受烟则香夺，压黄则味失，此皆茶之病也。［受烟，谓过黄时火中有烟，使茶香尽而烟臭不去也。压黄，谓去膏之时，久留茶黄未造，使黄经宿，香味俱失，弇然气如假鸡卵臭也。］

［译解］

烹茶试茗，辨别茶味，必须了解茶叶采摘加工过程中的弊病，因此将各种采茶、制茶的弊病罗列如下：

采茶之时，首先要选择汁液丰富、营养充足的茶芽，这样制成的茶就甘香醇厚，烹点时茶汤表面沫饽则着盏而不涣散。如果土地贫瘠，茶芽短瘦，烹点时茶汤表面沫饽则会涣乱，不会着盏且容易消散。采茶时留在芽叶上的茶梗较长，烹点时色泽就会鲜白；茶梗较短，烹点时色泽就会泛黄。所谓茶梗，是指茶芽生长的枝头除去白合的地方，当地茶农认为茶的色泽香味都在茶梗之中。乌蒂（茶芽摘离茶树时的蒂头部分）、白合（茶树梢上萌发的对生两叶抱一小芽的茶叶），都是茶叶的弊病。如果不去掉乌蒂，就会使得茶色黄黑，质量低劣；如果不去掉白合，就会使得茶味苦涩。关于这些，丁谓的论述已经很详备了。另外，在蒸芽这个环节，一定要把握刚好蒸熟的时机，不能太生或太熟；在过黄这个环节，一定要把握茶中膏汁榨尽的火候。如果蒸芽不熟，就会使得草木之气存留，品尝时就会感到味道浓烈；如果茶中膏汁未能榨尽，就会使得茶色浑浊，茶味苦涩。如果制茶过程中受到烟火气的熏染，就会使得香味消散；如果过黄太久，就会使得香味流失——这些都是制茶的弊病。受到烟火气的熏染，是说过黄时火中带有烟气，使得茶香消尽而烟味不散。压黄过久，是说榨去膏汁时，过久保留茶黄不做进一步加工，使得茶黄过夜，香味全部消失，气味就好像坏鸡蛋的味道。

品茶要录

羅樞密

品茶要錄

宋建安黃儒道父著

總論

說者常怪陸公茶經不第建安之品蓋前此茶事未甚興靈芽真笋往往委翳消腐而人不知惜自國初以來士大夫沐浴膏澤詠歌昇平之日久矣夫體態灑落神觀冲淡惟兹茗飲爲可喜園林亦相與摘英誇異制捲鬻新而移時之好故殊絕之品始得自出於蓁莽之間而其名

品茶要錄　二　刻

《品茶要录》书影（喻政《茶书》本）

《品茶要录》十篇，前有“总论”，后有“后论”，北宋黄儒撰。

黄儒字道辅，建安（今福建建瓯）人，神宗熙宁六年（1073）进士，苏轼《书黄道辅〈品茶要录〉后》称其“博学能文，淡然精深，有道之士也”，“不幸早亡，独此书传于世”。

此书视角新颖，针对茶叶采制加工不当而导致的十种弊病，分别指出其成因和危害，介绍辨别真伪的方法，“与他家茶录惟论地产、品目及烹试器具者，用意稍别”（《四库全书总目提要》），是一部从反面论述茶叶生产、制造技术的重要著作。

此书宋本久佚，传世有明代喻政《茶书》本、程百二《程氏丛刻》本、《夷门广牍》本、《说郛》本、《五朝小说大观》本、《四库全书》本等。今以喻政《茶书》本为底本，参校诸本整理。

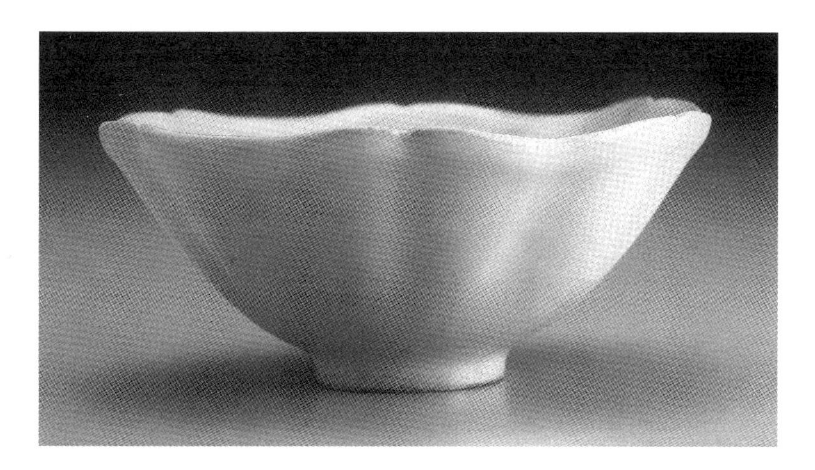

南宋官窑天青葵口小茶盏

[宋] 刘松年《十八学士图卷》(局部)

总论

说者常怪陆公《茶经》不第建安之品，盖前此茶事未甚兴，灵芽真笋，往往委翳消腐，而人不知惜。自国初以来，士大夫沐浴膏泽，咏歌升平之日久矣。夫体态洒落，神观冲淡，惟兹茗饮为可喜。园林亦相与摘英夸异，制卷鬻新而移时之好，故殊绝之品始得自出于蓁莽之间，而其名遂冠天下。借使陆羽复起，阅其金饼，味其云腴，当爽然自失矣。

因念草木之材，一有负瑰伟绝特者，未尝不遇时而后兴，况于人乎！然士大夫间为珍藏精试之具，非会雅好真，未尝辄出。其好事者，又尝论其采制之出入，器用之宜否，较试之汤火，图于缣素，传玩于时，独未补于赏鉴之明尔。盖园民射利，膏油其面，香色品味易辨而难详。予因阅收之暇，为原采造之得失，较试之低昂，次为十说，以中其病，题曰《品茶要录》云。

[译解]

谈论茶史的人常常责备陆羽《茶经》没有论列建安茶品，这大概是因为在这以前茶事还不很兴盛，上好的茶叶往往任其枯萎腐败，自然消逝，而人们却不知道珍惜。自宋初以来，士大夫承蒙皇上的恩泽，歌咏升平盛世，已经很久了。他们风度潇洒脱俗，精神清静淡泊，只有品茶这种生活艺术与之相契合，成了他们修身养性的赏心乐事。生产茶叶的园户也争相采摘上好的茶叶，不断发现新奇的品种，精心加工制造出新茶珍品，以迎合士大夫的好尚。所以，茶叶之中的珍稀绝品才得以从杂乱从生的草木中被发现和开发出来,从此就名冠天下。假使“茶圣”陆羽能够从地下复生，观赏到那色泽金黄的茶饼，品味那清香馥郁的茶汤，恐怕也会感到神清气爽，进而感叹《茶经》对建茶记载的疏失。

由此使人想到，在普通的草木之中，一旦出现了瑰玮独特、新奇殊绝的名优品种，没有不遇到时机而后兴起盛行的，更何况是人呢？然而，士大夫间或有人珍藏着精致的茶具，如果不是遇到风雅之会、真茶好水，就不会轻易拿出来。而其中那些好事的人，也曾一起讨论茶叶采摘制造过程中的成败得失，饮茶器具运用得合适与否，评论烹煮的技艺与火候，并且把这些图画于白绢之上，供世人传看赏玩，只可惜缺乏关于茶叶品质的评鉴，对于提高人们的茶艺欣赏能力没有什么帮助。因为生产茶叶的园户急功近利，加工不精，甚至掺杂使假，然后用膏油涂于茶饼的表面，使其香气、成色、品级、味道有失纯正，虽易于辨别，却难以详加品评。于是，我在收集和阅览有关资料的闲暇之时，为了探讨茶叶采摘制造过程中的成败得失，比较品评茶叶烹制工艺的高低，把相关问题归纳为十个方面，以求切中茶叶生产和品饮的弊病，书名就叫作《品茶要录》。

一　采造过时

茶事起于惊蛰前，其采芽如鹰爪，初造曰试焙，又曰一火，其次曰二火。二火之茶，已次一火矣。其次曰三火。故市茶芽者，惟伺出于三火之前者为最佳。尤喜薄寒气候，阴不至于冻，[**芽茶尤畏霜寒，有造于一火二火皆遇霜，而三火霜霁，则三火之茶胜矣。**]曝不至于暄，则谷芽含养而滋长有渐，采工亦优为矣。凡试时泛色鲜白，隐于薄雾者，得于佳时而然也。有造于积雨者，其色昏黄；或气候暴暄，茶芽蒸发；采工汗手熏渍，拣摘不给，则制造虽多，皆为常品矣。试时色非鲜白，水脚微红者，过时之病也。

[译解]

每年的茶事活动开始于惊蛰之前，这时所采摘的茶树上初生的嫩芽就像鹰爪般大小。第一次制造茶叶叫作“试焙”，又叫作“一火”；其次叫作“二火”。“二火”所制的茶叶，已经比第一次所制的次一等了。再次叫作“三火”。所以，购买茶叶的人，只认准出于三火之前的茶叶是最好的。尤其喜欢在微寒的气候下所采的茶叶，那时天气虽然阴冷，却还达不到冰冻的程度[初生的茶芽特别怕霜冻，有时在一火、二火制造的茶都遇上了霜冻，而三火时霜寒已经消散，因而三火所制的茶就是最好的了]；天气虽然晴朗，阳光直射，还达不到暴晒的程度，这样像谷粒般的幼芽蕴含着长期积存的养分，循序渐进地滋长开来，而对采制茶叶的人来说，也是最佳的工作时机了。凡是在烹试时泛出鲜白色泽、隐隐约约好像处于薄雾之中的茶叶，都是在最佳时节采制的好茶。有的茶叶在采制时正好遇到阴雨连绵的天气，其色泽昏暗发黄；有的茶叶在采制时遇到阳光暴晒的天气，茶芽上的水分蒸发；采茶人的汗手沾染，采来的茶叶也来不及拣择，这样采制的茶叶虽然很多，但全都是平常的品级。烹试的时候，如果茶汤不能呈现出鲜白的色泽，茶汤表面沫饽消退时在茶碗壁上留下的水痕也就是水脚微微泛红，这就是茶叶采制错过了适当时机的弊病。

二　白合盗叶

茶之精绝者曰斗，曰亚斗，其次拣芽。茶芽，斗品虽最上，园户或止一株，盖天材间有特异，非能皆然也。且物之变势无穷，而人之耳目有尽，故造斗品之家，有昔优而今劣、前负而后胜者。虽人工有至有不至，亦造化推移，不可得而擅也。其造，一火曰斗，二火曰亚斗，不过十数銙而已。拣芽则不然，遍园陇中择其精英者尔。其或贪多务得，又滋色泽，往往以白合盗叶间之。试时色虽鲜白，其味涩淡者，间白合盗叶之病也。[一鹰爪之芽，有两小叶抱而生者，白合也。新条叶之细而色白者，盗叶也。]造拣芽常剔取鹰爪，而白合不用，况盗叶乎？

[译解]

茶叶之中的精品、绝品叫作斗品，叫作亚斗，其次叫作拣芽。在茶芽之中，斗品虽然最为上乘，但是生产茶叶的园户有的只有一株。这大概是天然茶树中非常稀有的特殊品种，不是所有的茶树都能生长出这样的茶芽。况且事物的变化是无穷无尽的，而人们的目见耳闻却是十分有限的，所以能够制造斗品的园户，有的从前产品优质而如今变得粗劣、有的从前产品质量低劣而如今质量优胜。这虽然有人为的技艺到家和不到家的差别，可也是因为大自然的发展变化、时光的转换推移，不可能使某个人得以专有和垄断。茶叶的制造，一火叫作“斗”，二火叫作“亚斗”，每年仅仅生产十多銙罢了。而“拣芽”却不是这样，遍寻茶园山陇之间，只要选择其中上好的茶芽就可以了。有的茶农为了更多地获得茶叶，又要滋润所产茶叶的色泽，往往就把白合、盗叶也掺杂进拣芽之中。这样的茶叶，在烹试时虽然颜色鲜白，味道却很苦涩而淡薄，这就是其中掺杂了白合、盗叶的弊病。[有一个鹰爪的茶芽，有两片小叶合抱而生，就叫作白合；茶树新枝条上的叶芽初生细小，而颜色又发白的，就叫作盗叶。]采制拣芽时，常常要剔取鹰爪，去掉白合而不用，更何况是盗叶呢？

三 入杂

物固不可以容伪，况饮食之物，尤不可也。故茶有入他草者，建人号为“入杂”。銙列入柿叶，常品入桴槛叶。

二叶易致，又滋色泽，园民欺售直而为之。试时无粟纹甘香，盏面浮散，隐如微毛，或星星如纤絮者，入杂之病也。善茶品者，侧盏视之，所入之多寡，从可知矣。向上下品有之，近虽銙列，亦或勾使。

［译解］

人们日常所用的物品，当然都不能够容忍假冒伪劣，何况是饮食的物品，尤其不可以容忍假冒伪劣产品。所以茶叶之中如果掺杂进其他植物叶子，建州人就把它叫作“入杂”。通常的情况是，上等的銙茶中掺杂进柿子树叶，普通的茶中加进桴槛树叶。这两种叶子很容易搞得到，又可以增加茶叶的色泽，是茶农为了欺骗客商从而卖得高价才这样做的。这种茶叶在烹试时没有粟纹和甘香的味道，盏中的茶汤表面浮散而不能凝聚，隐隐好像细细的毛发，有的则星星点点好像纤细的丝絮一般，这就是茶中入杂的弊病。善于品茶的人遇到这种情况，就把茶盏侧起来进行观察，那么茶中掺进杂叶的多少，就可以一目了然。从前，通常是上品、下品茶叶中有入杂的情况，近来即使是极品的銙茶之中也有假冒伪劣、掺进杂叶的现象。

四　蒸不熟

谷芽初采，不过盈掬而已，趋时争新之势然也。既采而蒸，既蒸而研。蒸有不熟之病，有过熟之病。蒸而不熟者，虽精芽，所损已多。试时色青易沉，味为核桃之气者，蒸不熟之病也。惟正熟者，味甘香。

［译解］

茶树枝头所发的如谷粒般的嫩芽，初次采摘，也不过采满一捧罢了。这是人们追求时尚、争竞新鲜的趋势所造成的。茶芽采摘之后就要蒸，蒸好了榨去水分（即压黄、去膏）就要进行研磨，使之成胶和状态。蒸茶时会出现火候欠缺而不熟的弊病，也会出现超越火候而过熟的弊病。如果茶叶蒸而不熟，即使是精选出来的优质茶芽，其成色也会因此而损失很多。烹试时茶色泛青且容易下沉，茶味之中杂有核桃的气味，这就是没有把茶叶蒸熟所带来的弊病。只有蒸得恰到火候的茶，其味道才是甘甜清香、非常纯正的。

五　过熟

茶芽方蒸，以气为候，视之不可以不谨也。试时叶黄而粟纹大者，过熟之病也。然虽过熟，愈于不熟，甘香之味胜也。故君谟论色，则以青白胜黄白；余论味，则以黄白胜青白。

［译解］

把茶芽放入甑中蒸的时候，可以根据蒸气来判断火候，所以观测蒸气的大小变化，是不可以不谨慎的。烹试时茶叶泛黄且粟纹较大的，就是蒸得过熟的弊病。然而，即使是蒸得过熟，还是要胜过蒸得不熟的茶叶，因为甘甜清香的味道要胜过没有蒸熟的茶。所以，蔡襄（字君谟）评论茶的色泽，就认为青白色（指没有蒸熟的茶）要胜过黄白色（指蒸得过熟的茶）；而我论茶的味道，就认为黄白色要胜过青白色。

六　焦釜

茶，蒸不可以逾久，久而过熟，过熟又久则汤干，而焦釜之气上升。茶工有泛新汤以益之，是致熏损而茶黄。试时色多昏红，气焦味恶者，焦釜之病也。［建人号为热锅气。］

［译解］

采摘来的茶芽，放入甑内蒸的时间不能过久，如果时间久了，超过了一定火候就会过熟，熟的时间再久了，其中的水分就会烤干，从而发出锅底焦煳的气味。有的茶工这时就往里面加进新水，这样做必然会导致烟熏之气损坏茶色，使之变黄。烹试时茶色多为暗红，气味焦煳难闻的，正是这种锅底焦煳的弊病。［建州人把这种气味称为热锅气。］

七　压黄

茶已蒸者为黄，黄细，则已入卷模制之矣。盖清洁鲜明，则香色如之。故采佳品者，常于半晓间冲蒙云雾，或以罐汲新泉悬胸间，得必投其中，盖欲鲜也。其或日气烘烁，茶芽暴长，工力不及，其采芽已陈而不及蒸，蒸而不及研，研或出宿而后制，试时色不鲜明，薄如坏卵气者，压黄久之病也。

［译解］

茶叶蒸过之后就叫作黄，茶黄研磨成细末后就可以放入模具制作成茶饼了。一般来说，茶色清洁鲜明，那么香气、色泽和味道就会很好。因此，茶农为了采摘到上好的佳茶，常常要在拂晓的时候顶着云雾出去工作，有的人还用罐汲上新鲜的泉水挂在胸间，采摘到上佳的茶芽，一定投入罐中，这大概是为了保持茶的新鲜。有时遇到太阳光很好，晒得热气烘烘的，茶芽疯长，而采茶的工力跟不上，他们采摘的茶芽已经放得不新鲜了，还来不及蒸，蒸过之后却来不及研磨，研磨成细末之后，有时要经过一夜才能放入模具制作茶饼。这样制成的茶在烹试时色泽不鲜明，味道也稍微带有坏鸡蛋的气味，这就是所谓压黄过久带来的弊病。

八　渍膏

茶饼光黄，又如荫润者，榨不干也。榨欲尽去其膏，膏尽则有如干竹叶之状。惟夫饰首面者，故榨不欲干，以利易售。试时色虽鲜白，其味带苦者，渍膏之病也。

［译解］

加工制作出来的茶饼，如果光亮发黄，又好像潮湿润泽的样子，就是蒸过的茶黄没有榨干膏油和水分的缘故。榨茶，就是要把其中的膏油清除干净，膏油除尽之后，茶叶就好像干竹叶的样子。只有那些为了装饰茶饼表面色泽的人，才故意不把茶叶中的膏油榨尽，以使茶饼显得色泽光莹、精致华丽，便于销售。这样制成的茶在烹试时色泽虽然鲜白，其味道却带有苦味，这就是渍膏之病，即茶叶中含有膏油所带来的弊病。

九　伤焙

夫茶，本以芽叶之物就之卷模，既出卷，上笪焙之。用火务令通熟，即以灰覆之，虚其中，以透火气。然茶民不喜用实炭，号为冷火，以茶饼新湿，欲速干以见售，故用火常带烟焰。烟焰既多，稍失看候，以故熏损茶饼。试时其色昏红，气味带焦者，伤焙之病也。

［译解］

茶叶，本来是芽叶形状的东西，采摘加工之后放入卷模之中，压制成团饼后取出，放在用粗竹篾编成的状如竹席的笪上，用炭火烘烤。用火烘烤时，一定要用文火把茶饼烤得均匀透彻，通熟为度。烤好之后，随即用灰把炭火覆盖，炭火的中间要虚，从而使炭火充分燃烧，保持火温，以养茶之色香味。可是，茶农不喜欢用实炭，称之为冷火。因为刚刚制成的茶饼很潮湿，茶农都希望迅速烘烤干燥，以便于早日出售，所以烘烤时用的火都比较大，并常冒着烟和带着火焰。这样烟雾和火焰既然很多，烘烤时稍微不留意看护守候，就会熏坏和烤煳茶饼，使得茶品的质量严重受损。烹试时，茶色昏暗发红，味道带有焦煳之气，这就是伤焙之病，即烘烤时茶饼受熏烤过重所导致的弊病。

十 辨壑源、沙溪

壑源、沙溪，其地相背，而中隔一岭，其去无数里之远，然茶产顿殊。有能出力移栽植之，亦为土气所化。窃尝怪茶之为草，一物尔，其势必犹得地而后异，岂水络地脉，偏钟粹于壑源？岂御焙占此大冈巍陇，神物伏护，得其余荫耶？何其甘芳精至而独擅天下也。观乎春雷一惊，筠笼才起，售者已担簦挈橐于其门，或先期而散留金钱，或茶才入笪而争酬所直，故壑源之茶常不足客所求。间其有黠猾之园民，阴取沙溪茶黄，杂而制之，人徒趋其名，睨其规模之相若，不能原其实者，盖有之矣。凡壑源之茶售以十，则沙溪之茶售以五，其直大率仿此。然沙溪之园民，亦勇于为利，或杂以松黄，饰其首面。凡肉理怯薄，体轻而色黄，试时虽鲜白，不能久，香薄而味短者，沙溪之品也。凡肉理实厚，体坚而色紫，试时泛杯凝久，香滑而味长者，壑源之品也。

[译解]

壑源和沙溪这两个地方，地理条件正好相背，中间隔着一道山岭，其所处位置相距也不过几里远，然而所出产的茶叶却迥然不同。有人能出力把茶树从壑源移栽到沙溪，其茶性也会被当地的地理环境所同化。我也曾暗自奇怪，茶叶这种草木，不过是普通的一种植物，可是其生长之势还要得到适宜的生长环境而后有所变异，难道上好的水络地脉单单集中汇粹于壑源一地？难道是由于皇家的茶园和茶焙建在这里的高山峻岭之中，得到隐藏山中的神灵的庇护和保佑，这里的茶叶都得其余荫庇护？不然的话，这里的茶叶怎么会如此甘甜芳香、精美至极而独擅天下第一的美名呢？君不见，每年一到惊蛰时节，茶农们刚刚拿起竹筐、竹笼上山采茶，茶商们已经扛着竹担、拿着口袋，来到茶农的门口，等待收购茶叶了。有的商人甚至预先给各个茶农支付了订金，有的茶叶刚经过加工放在竹编的笪席上烘烤，茶商们就争着按货付酬抢购，所以壑源的茶叶常常是供不应求。于是，就有一些奸诈狡猾的茶农，暗中取来沙溪出产的茶叶蒸过的茶黄，混杂其中，放进卷模中制成茶饼，假冒壑源茶。人们只贪图壑源茶的盛名，观察茶饼表面样子相像，而不能考究其实质和真相，不免要上当受骗而不觉，这种情况也是不少的。一般来说，壑源茶的售价为十，那么沙溪茶的售价为五，其间的价格差别大体上就是这样。然而沙溪的茶农，也勇于图谋利润，有的往茶中掺杂松黄，以便于装饰美化茶饼的外表。一般来说，分辨鉴别壑源茶和沙溪茶的方法是：大凡茶饼肉质纹理虚薄，重量轻而色泽黄，烹试时色泽虽然鲜白，却不能持久，香气淡薄而味道较短，就是沙溪出产的茶；大凡茶饼肉质纹理厚实，茶饼坚实而色泽发紫，烹试时浮在茶汤表面凝重而持久，香气醇正甘滑而味道绵长，就是壑源出产的茶。

后论

余尝论茶之精绝者，其白合未开，其细如麦，盖得青阳之清轻者也。又其山多带砂石而号嘉品者，皆在山南，盖得朝阳之和者也。余尝事闲，乘晷景之明净，适轩亭之潇洒，一取佳品尝试。既而神水生于华池，愈甘而新，其有助乎！然建安之茶，散天下者不为少，而得建安之精品不为多。盖有得之者，亦不能辨；能辨矣，或不善于烹试；善烹试矣，或非其时，犹不善也，况非其宾乎？然未有主贤而宾愚也。夫惟知此，然后尽茶之事。昔者陆羽号为知茶，然羽之所知者，皆今之所谓草茶也。何哉？如鸿渐所论“蒸芽笋并叶，畏流其膏”，盖草茶味短而淡，故常恐去膏；建茶力厚而甘，故惟欲去膏。又论福建为“未详，往往得之，其味极佳”。由是观之，鸿渐未尝到建安欤？

[译解]

我曾经论述过茶中最称精华的绝品，是当茶芽合抱的两片小叶也就是白合还没有打开时，其外形细小得如同麦粒，这是因为它沐浴着春天清新的空气和温暖的阳光。另外，这些茶树生长在有许多沙石的山坡上，被称为上好佳品的茶叶，都是生长在山的南面，因为那里能够得到朝阳的清和之气。我曾经在闲暇的时候，乘着明净的日影，潇洒地来到轩亭台阁之间，取来好茶一一烹试品尝。一会儿，就觉得好似有神奇之水生于舌下，越发感到甘甜而清新，难道是有神奇的力量在佑助吗？然而，建安的茶叶，分散行销天下四方的的确不少，可是真正能够得到建茶精品的并不为多。这是因为有人即使得到了建茶的精品，也往往分辨不出来；能够分辨出精品的，有的又往往不善于烹试；掌握了烹试的方法，有的又往往把握不好恰当的火候时宜，这样仍旧达不到最佳的效果，何况又遇到了不懂品茶的宾客呢？然而，从来就没有主人贤能而宾客愚蒙的。只有知晓了这些道理，才算完全掌握了品茶的知识。从前陆羽号称通晓茶事，但是陆羽所了解的都是今天所谓的草茶。为什么这样说呢？比如陆羽《茶经·二之具》中有“蒸好后的茶芽、嫩叶要分散摊开，以防止汁液流失”的说法，这大概就是因为草茶味道短、香气淡，所以常恐怕其中的膏油流失；而建安茶的味道醇厚、甘甜，所以必须去除其中的膏油。此外，陆羽论述建安茶时非常简略，只是说“未能详尽，往往得到建安的茶，其味道非常好”。从这些方面来看，陆羽生前大概不曾到过建安吧！

大观茶论

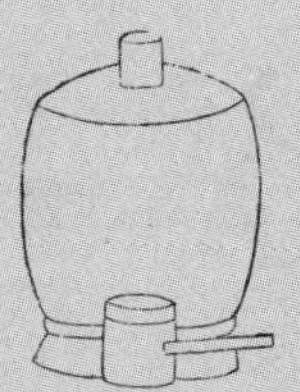

說郛卷五十二　十一

大觀茶論　一卷全　宋徽宗

嘗謂首地而倒生所以供人之求者其類不一穀粟之于飢絲枲之于寒雖庸人孺子皆知常須而日用不以歲時之遑遽而可以興廢也至若茶之爲物擅甌閩之秀氣鍾山川之靈稟祛襟滌滯致清導和則非庸人孺子之可得而知矣沖澹簡潔韻高致靜則非遑遽之時而好尚矣本朝之興歲修建溪之貢龍團鳳餅名冠天下癸源之品亦自此盛延及于今百廢俱舉海内晏然垂拱密勿俱致無爲薦紳之士韋布之流沐浴膏澤薰陶德化咸以高雅相從事茗飲故近歲以來采擇之精製作之工品第之勝烹點之妙莫不咸造其極且物之興廢固自有然亦係乎時之汙隆時或遑遽人懷勞悴則向所謂常須而日用猶且汲汲營求惟恐不獲飲茶何暇議哉世既累洽人恬物熙則常須而日用者因而厭飫狼藉而天下之士厲志清白競爲閑暇修索之玩莫不碎玉鏘金

《大观茶论》书影（《说郛》本）

《大观茶论》一卷，二十篇，一作《茶论》，宋徽宗赵佶（1082—1135）撰，宋代茶书代表作之一。

赵佶，北宋第八位皇帝，神宗第十一子。多才多艺，尤以书画知名，却治国无术，即位后骄奢淫逸，崇奉道教，任用奸佞，劳民伤财，成为北宋的亡国之君。宣和七年（1125）金兵南下，他于年底传位于赵桓，称太上皇。靖康二年（1127）东京失守，他与儿子赵桓被俘，绍兴五年（1135）四月死于五国城（今黑龙江依兰），后被追谥为圣文仁德显孝皇帝，庙号徽宗。著作有《御注老子》《黄钟徵角调》《圣济经》《御制崇观宸奎集》等，多已散佚。在位期间（1100—1125），正当宋代茶业的鼎盛时期，他本人也精通茶事，曾经“亲手调茶，分赐左右”。该书分二十目，对于茶之生长、栽培、采制、品质、烹点，尤其是点茶茶艺、茶具做了系统论述，体现了宋代茶文化发展的水平。

《大观茶论》，《宋史·艺文志》及其他文献未见著录，唯南宋晁公武《郡斋读书志》著录：“右圣宗茶论一卷，徽宗御制。”《文献通考·经籍考》沿用此名。熊蕃《宣和北苑贡茶录》称：“至大观初，今上亲制《茶论》二十篇。”元陶宗仪《说郛》始收录全文，定名《大观茶论》，即今之《说郛》二本：宛委山堂本、涵芬楼本。今以宛委山堂《说郛》本为底本，而以涵芬楼本作参校。

宋徽宗像

［宋］赵佶《文会图》

序

尝谓首地而倒生，所以供人之求者，其类不一。谷粟之于饥，丝枲之于寒，虽庸人孺子皆知。常须而日用，不以岁时之舒迫而可以兴废也。至若茶之为物，擅瓯闽之秀气，钟山川之灵禀。祛襟涤滞，致清导和，则非庸人孺子可得而知矣。冲澹间洁，韵高致静，则非遑遽之时可得而好尚矣。

本朝之兴，岁修建溪之贡，龙团凤饼，名冠天下，而壑源之品，亦自此而盛。延及于今，百废俱举，海内晏然，垂拱密勿，幸致无为。缙绅之士，韦布之流，沐浴膏泽，熏陶德化，咸以雅尚相推，从事茗饮。故近岁以来，采择之精，制作之工，品第之胜，烹点之妙，莫不咸造其极。且物之兴废，固自有时，然亦系乎时之污隆。时或遑遽，人怀劳悴，则向所谓常须而日用，犹且汲汲营求，惟恐不获，饮茶何暇议哉！世既累洽，人恬物熙，则常须而日用者，固久厌饫狼藉。而天下之士，励志清白，竞为闲暇修索之玩，莫不碎玉锵金，啜英咀华，较筐筥之精，争鉴裁之妙，虽下士于此时不以蓄茶为羞，可谓盛世之清尚也。

呜呼！至治之世，岂惟人得以尽其材，而草木之灵者，亦得以尽其用矣。偶因暇日，研究精微，所得之妙，后人有不自知为利害者，叙本末，列于二十篇，号曰《茶论》。

[译解]

我曾经认为植物的根株从地下往上生长于天地之间，就是用来满足人们的各种生存需要的，所以其种类也各不相同。稻谷之类的粮食作物是供人们充饥用的，丝麻之类的经济作物是供人们御寒用的，即使是庸人和孩子也都懂得吃饭穿衣的道理。这些日常生活必需而又须臾不可或离的事物，是不会因为年景的好与坏、世道的和平和动乱而可以兴废的。至于说到茶叶这种植物，它占有浙江、福建一带地方的秀美之气，集中了山岭川流之间自然之灵性，饮茶可以使人开阔胸襟、涤除郁闷，进而精神清爽、心境平和，其中的韵味却不是庸人和孩子所能体会得到的；品饮之中那种淡泊高洁、雅致宁静的幽趣，也是无法在生计窘迫、兵荒马乱的岁月中体味和崇尚的。

自从宋朝建立以来，每年都要把福建建溪所产的茶叶作为贡品，这里所出产的龙团凤饼，美名甲于天下，而建安壑源的茶品也从此日负盛名。发展到了今天（北宋大观年间，1107—1110 年），我们的国家百废俱兴，海内晏然风清，朝廷之上，君臣勤勉治国，幸而达到了无为而治、国泰民安的境地。这时，无论是缙绅之家，还是平民百姓，都承蒙天地的恩泽，受到道德教化的熏陶，盛行高雅的生活风尚，竞相从事品茗斗茶之事。所以，近年以来，人们采摘和挑选茶叶之精心，制作茶叶之工巧，讲究茶叶品级之优秀，烹点品饮技巧之高妙，无不达到登峰造极的地步。况且事物的兴废，固然有其自身发展的时令和周期，但是也不可避免地受到当时世道盛衰的影响。时局如果动荡不安，人们的身心劳苦忧惧，那么从前所谓日常生活必需而又须臾不可或离的东西，还要疲于奔命地汲汲营求，而且唯恐谋求不得，哪里有闲暇去议论品茶之事呢？如今天下太平已久，人心平静安闲，物质生活丰富，所以那些日常生活必需而又须臾不可或离的东西早已丰足有余，甚至散乱不整，到处丢弃。而天下的士人也都砥砺志趣，刻意追求清静高雅，竞相在休闲生活中寻求精神愉悦和娱乐享受，无不用金银制成的茶碾来碾碎似美玉状的茶饼，点汤击拂，品茗斗茶，比较茶叶包装加工的精巧，争论鉴赏和裁定品级高下的奥妙。在这个时候，即使是地位低下的士人，也不把蓄茶品饮作为羞耻之事，饮茶真可谓当今太平盛世清雅的风尚啊！

天下升平的至治之世，不仅仅是人们得以充分发挥其才能，就是像茶叶这样本性通灵的草木之类，也得以充分展示其功用。我偶然借着闲暇的日子，潜心研究茶道的精微，领悟到了其中的奥妙，考虑到后世之人不一定能自然通晓品饮的利害，所以我在这里详细地叙述了茶事的本末，共分为二十篇，取名为《茶论》。

地产

植产之地，崖必阳，圃必阴。盖石之性寒，其叶抑以瘠，其味疏以薄，必资阳和以发之。土之性敷，其叶疏以暴，其味强以肆，必资阴荫以节之。[今圃家皆植木，以资茶之阴。]阴阳相济，则茶之滋长得其宜。

[译解]

种植茶树出产茶叶的地方，如果是在山崖之上，必定是朝阳的南坡；如果是在园圃之中，则必定是遮阴凉爽之处。这是因为，石头的本性寒冷，植于石崖之上的茶叶生长受到抑制，显得又瘦又小，茶叶的味道也很清淡寡薄，这就必须借助和暖的阳光加以催发。而园圃之中的土地开阔，土质肥沃，茶树的芽叶生长受到催发，显得非常茂盛，茶叶的味道也很馥烈厚重，这就必须借助阴凉的树荫加以节制。[如今经营茶园的人家都在园中植树，借以给茶树遮阴。]这样，阴阳之气相互补充，茶树的生长才能得天地之宜，茶叶的味道才能得自然之平，从而得以收获上好的佳茗。

天时

茶工作于惊蛰，尤以得天时为急。轻寒，英华渐长，条达而不迫;茶工从容致力，故其色味两全。若或时旸郁燠，芽奋甲暴，促工暴力随槁。晷刻所迫，有蒸而未及压，压而未及研，研而未及制，茶黄留渍，其色味所失已半。故焙人得茶天为庆。

[译解]

茶叶的采摘和加工制作开始于每年的惊蛰时节，尤其要把得天时之利，也就是把根据气候寒暖、阴晴变化安排茶事作为最急迫的事情。如果天气还稍微有些寒冷，茶树的芽叶便逐渐开始生长，枝条伸展得比较缓慢，茶农可以从容不迫地投入劳动，所以采制而成的茶叶，其颜色和味道两全而兼美。如果天气晴朗，比较闷热，茶树的芽叶一齐疯长，这就促使茶农在工作时奋力采摘，制作粗糙。由于时间的紧迫，有的茶叶蒸过了却来不及压黄，有的压黄了却来不及研末，有的研末了却来不及制作成型。这样，茶黄留下污渍来不及处理，使得茶叶的颜色和味道损失大半。所以，采制茶叶的人都把得到天时之利作为最可庆幸的事情。

采择

撷茶以黎明，见日则止。用爪断芽，不以指揉，虑气污熏渍，茶不鲜洁。故茶工多以新汲水自随，得芽则投诸水。凡芽如雀舌、谷粒者为斗品，一枪一旗为拣芽，一枪二旗为次之，余斯为下。茶之始芽萌，则有白合；既撷，则有乌蒂。白合不去，害茶味；乌蒂不去，害茶色。

[译解]

采茶要在黎明时分进行，等到旭日东升就要停止。采摘的时候，要用指甲掐断茶芽，而不要用手指揉搓，以免手上的汗气和污渍熏染，使得茶叶不新鲜、不洁净。所以，采茶的人多把新汲来的清水带在身边，采到茶芽后就把它投进水里，以保持其新鲜清洁。一般来说，采下的茶芽如果像雀舌、谷粒般大小，便可以称为斗品，也就是可以用于斗茶的上品茶；一芽带一叶，也就是所谓一枪一旗，称为拣芽；一芽带二叶，也就是所谓一枪二旗，称为中芽，质量次之；其余的质量就更等而下之了。茶叶刚开始萌芽的时候，会出现一个小芽而外包较大二叶的情形，称为白合；采摘之后，则会出现带有蒂头的情形，称为乌蒂。如果不去掉白合，就会过于苦涩，损害茶味；如果不去掉乌蒂，就会过于黄黑，损害茶色。

蒸压

茶之美恶，尤系于蒸芽、压黄之得失。蒸太生，则芽滑，故色清而味烈；过熟，则芽烂，故茶色赤而不胶。压久，则气竭味漓；不及，则色暗味涩。蒸芽，欲及熟而香；压黄，欲膏尽亟止。如此，则制造之功十已得七八矣。

[译解]

茶叶品质的优劣高下，尤其取决于蒸芽、压黄这两道工序操作的得失成败。如果蒸得太生，茶芽就会显得过滑，因而茶的颜色发青，味道浓烈；如果蒸得太熟，茶芽就会显得过烂，因而茶的颜色发红，味道也缺乏醇厚绵长。至于说到压黄，如果压得过久，就会使得茶的香气消尽，味道流失；如果压得不到火候，就会使得茶的颜色发暗，味道苦涩。蒸芽这一工序的关键，就是要把握好刚好蒸熟的时机，茶味最香；压黄这一工序的关键，就是要把握好膏汁榨尽的火候，便果断停止。能够做到这样，那么制造茶叶的功夫，十分之中已经掌握七八分了。

制造

涤芽惟洁，濯器惟净，蒸压惟其宜，研膏惟熟，焙火惟良。饮而有少砂者，涤濯之不精也；文理燥赤者，焙火之过熟也。夫造茶，先度日晷之短长，均工力之众寡，会采择之多少，使一日造成。恐茶过宿，则害色味。

[译解]

制茶工艺要求相当严格，洗涤茶叶唯求清洁，清洗茶具唯求干净，蒸茶和压黄唯求火候掌握得当，研膏唯求水干茶熟，烘焙茶饼唯求火力均匀，不烟不烈。如果品饮时感到茶水中稍有沙尘之味，就是因为洗涤茶芽、茶具还不够精心；如果看到茶饼上的纹理干燥而发红，就是因为焙茶时火力太大而过熟。在制茶的时候，首先要考虑时间的长短，平均所用劳动力的多少，合计采摘来的茶叶的多少，从而计划在一天之内将这些茶叶制造完成。恐怕采摘下来而没有经过加工的茶叶，在那里存放一夜，将会损害其颜色和香味。

鉴辨

茶之范度不同，如人之有首面也。膏稀者，其肤蹙以文；膏稠者，其理敛以实。即日成者，其色则青紫；越宿制造者，其色则惨黑。有肥凝如赤蜡者，末虽白，受汤则黄；有缜密如苍玉者，末虽灰，受汤愈白。有光华外暴而中暗者，有明白内备而表质者，其首面之异同，难以概论。要之，色莹彻而不驳，质缜绎而不浮，举之则凝结，碾之则铿然，可验其为精品也。有得于言意之表者，可以心解。又有贪利之民，购求外焙已采之芽，假以制造；研碎已成之饼，易以范模；虽名氏采制似之，其肤理色泽，何所逃于鉴赏哉！

[译解]

由于制茶的范模的大小、形状、纹饰、风格不同，加上制作工艺和制作人员操作的区别，所以制成的茶饼就像人各有其独特的面容一样。如果研磨出的茶膏比较稀，那么制成的茶饼的表面就显得收缩褶皱而有纹路；如果研磨出的茶膏比较稠，那么制成的茶饼的表面纹理就显得密集而质地厚实。当日采摘、加工完成的，茶饼的表面颜色为青紫色；如果是隔了一夜才加工制成的，茶饼的表面颜色就发暗发黑。还有的茶饼看起来丰满光凝，像红蜡一样，碾出的茶末虽然很白，但一加入沸水点茶就变成黄色；有的茶饼看起来细密厚实，像苍玉一样，碾出的茶末虽然呈灰色，但一加入沸水点茶就越来越白。还有的茶饼表面看起来光洁漂亮，中间却非常灰暗；有的茶饼里面鲜明光洁，表面却显得很质朴。由此可见，茶饼表面形态各不相同，很难一概而论。择要而言之，茶饼的表面颜色晶莹剔透而不杂乱，质地细密厚实而不浮漂，举在手中就会感到凝结得很坚固，用茶碾碾时就会铿然有声，这样就可以验证为茶中上品了。有时可以从上述言论中得出结论，有时则不得而知，需要用心去体味。近来又有一些贪图暴利之人，购买外焙已经采摘的茶芽，借以加工制造；有的则捣碎他处已经制成的茶饼，换上上品名茶的范模进行制造。虽然这些茶饼的名称和采制方法与上品名茶相似，但其表面的纹理、色泽仍然不同，这又怎么能逃过那些善于鉴赏的茶人的锐利目光呢？

白茶

白茶自为一种，与常茶不同。其条敷阐，其叶莹薄。崖林之间，偶然生出，非人力所可致。正焙之有者不过四五家，生者不过一二株，所造止于二三銙而已。芽英不多，尤难蒸焙；汤火一失，则已变而为常品。须制造精微，运度得宜，则表里昭彻，如玉之在璞，它无与伦也。浅焙亦有之，但品格不及。

[译解]

白茶风格独特，自成一种，与一般的茶叶不同。它的枝条舒展，芽叶晶莹剔透。这种茶树是在山崖丛林之中偶然生长出来的珍稀品种，并不是通过人工种植可以得到的。在官方的正焙之中，拥有这种茶树的不过四五家，每家也不过一两棵，所制造出来的白茶茶饼也不过二三銙罢了。这种白茶的芽叶不多，尤其难以进行蒸芽和焙制；汤与火的火候稍微掌握不好，就会使得这种上好的白茶一降而为平常的茶品。因此，白茶的制作必须做到精致入微，运作把握得恰到好处，这样才会使得茶叶的表里鲜明透彻，如同美玉蕴含于璞石之中，其品质是无与伦比的。浅山的民间茶焙中，偶尔也有白茶，但其品质级别都不可同日而语。

罗碾

碾以银为上，熟铁次之，生铁者，非淘炼槌磨所成，间有黑屑藏于隙穴，害茶之色尤甚。凡碾为制，槽欲深而峻，轮欲锐而薄。槽深而峻，则底有准而茶常聚；轮锐而薄，则运边中而槽不戛。罗欲细而面紧，则绢不泥而常透。碾必力而速，不欲久，恐铁之害色。罗必轻而平，手不厌数，庶几细者不耗。惟再罗，则入汤轻泛，粥面光凝，尽茶之色。

[译解]

茶碾以银质的为最好，熟铁制成的次之。如果是生铁制成的茶碾，因为没有经过淘洗、锻炼、锤打、磨制而成，所以其中的缝隙和坑坑点点之处偶尔就会夹杂着一些黑铁屑，从而严重地损害茶的色泽。一般来说，制作茶碾的规范，是槽要做得又深又陡，轮要做得又锐又薄。槽做得又深又陡，碾茶的时候槽底才会有准，捶碎的茶饼才会集中在槽底；轮做得又锐又薄，运行在槽中就会比较自如，而且不会和槽撞击而发出声响。而制作茶罗的规范，是罗底经纬网线要细密，罗面要拉紧，这样在罗茶的时候才能使绢底不被茶泥糊住，而可以经常透气。碾茶时一定要用力，而且操作迅速，不能时间过长，以免时间一久，茶碾上的铁气会损害茶叶的色泽。罗茶时则要动作轻缓，罗面要掌握水平，不怕反复过罗多次，这样茶的细末几乎不会有什么损耗；只有经过两次过罗的茶末，入水之后会轻轻漂起，在茶汤的表面有光泽凝聚，从而充分显现出好茶所应有的色泽。

盏

盏色贵青黑，玉毫条达者为上，取其焕发茶采色也。底必差深而微宽，底深，则茶宜立而易于取乳；宽则运筅旋彻，不碍击拂。然须度茶之多少，用盏之大小。盏高茶少，则掩蔽茶色；茶多盏小，则受汤不尽。盏惟热，则茶发立耐久。

[译解]

茶盏的颜色以青黑色为最好，以其表面纹路通达、光彩四射为上品，因为用这样的茶盏饮茶可以焕发出茶叶的色泽。茶盏的底部一定要比较深，而且稍微宽些为好。茶盏底部较深，茶就适宜于充分交融，而且便于茶汤的表面结成汤花；茶盏底部稍宽，就便于用茶筅旋转搅动茶汤，而不妨碍击拂。虽然这样，还必须度量茶叶的多少，从而决定所用茶盏的大小。如果茶盏高大而茶叶较少，就会遮盖住茶的色泽；如果茶叶较多而茶盏较小，就会使水量不足而难以充分融化茶末，尽现茶之真味。茶盏只有在加热的情况下，才会使茶叶充分发其色香味，而且持续时间较长。

筅

茶筅以筋竹老者为之，身欲厚重，筅欲疏劲，本欲壮而末必眇，当如剑脊之状。盖身厚重，则操之有力而易于运用。筅疏劲如剑脊，则击拂虽过而浮沫不生。

[译解]

茶筅，用高大粗壮的筋竹中的老竹加工而成。筅身也就是筅把要厚重，筅头也就是前端的竹帚则要稀疏有力。茶筅根部要粗壮，而末梢一定要纤细，应当像剑脊般的形状。这是因为，筅身厚重，就能在操作时感到有力，便于运用；而筅头稀疏有力，根粗末细如剑脊的形状，就会使得在击拂时即便用力过猛也不会产生浮沫。

瓶

瓶宜金银，小大之制，惟所裁给。注汤利害，独瓶之口嘴而已。瓶之口，欲差大而宛直，则注汤力紧而不散。嘴之末，欲圆小而峻削，则用汤有节而不滴沥。盖汤力紧，则发速；有节而不滴沥，则茶面不破。

[译解]

茶瓶的质地适合用金银，所煎水称为富贵汤；至于其大小规格，只有按具体需要来裁定。一般来说，茶瓶宜小，这样易于候汤，且点茶注汤有准。注汤的关键，只是取决于茶瓶口嘴的大小和形状罢了。茶瓶的口，要稍微大些，并且曲度要小些也即直一些，那么在注汤时力量就比较集中，水流不会分散；茶瓶嘴之末端，要圆小且尖削，那么在注汤时就会有所节制，水流不会形成滴沥。这是因为，注汤时力量集中，茶叶的色香味就能迅速发挥出来；注汤时有所节制而不形成滴沥，茶盏表层的粥面就不会被破坏。

杓

杓之大小，当以可受一盏茶为量。过一盏，则必归其有余；不及，则必取其不足。倾杓烦数，茶必冰矣。

[译解]

茶勺的大小规格，应当以可盛下一盏茶水为适量标准。如果盛水超过了一盏，就一定要把剩余的水倒回去；如果盛水不足一盏，又必须再舀一次加以补充。这样茶水倾倒数次，那么盏中的茶的确要凉了。

水

水以清轻甘洁为美。轻甘，乃水之自然，独为难得。古人品水，虽曰中泠、惠山为上，然人相去之远近，似不常得。但当取山泉之清洁者，其次，则井水之常汲者为可用。若江河之水，则鱼鳖之腥，泥泞之污，虽轻甘无取。凡用汤以鱼目、蟹眼连绎迸跃为度，过老，则以少新水投之，就火顷刻而后用。

［译解］

品评水之高下，以清澈、量轻、甘甜、洁净为美。量轻、甘甜是水的自然属性，能达到这一标准就非常难得。古人品评水，虽然说以中泠泉、惠山泉作为水中的上品，然而人们距离那里或远或近，似乎不可能经常得到这些泉水。因此，对于一般人而言，只是应当取用清澈洁净的山泉；其次，就是经常汲取日用的井水，也可以用于品茶。至于说到江河里的水，就会有鱼鳖的腥味，泥沙的污染，即使量轻、甘甜也不能取用。一般来说，煎水以水刚烧开沸腾起泡如鱼目、蟹眼般接连不断地迸发跳跃的程度为最好。如果水开得时间过长，就把少量的新水加进去，放在火上烧一会儿，然后再用。

点

点茶不一，而调膏继刻，以汤注之。手重筅轻，无粟文蟹眼者，谓之静面点。盖击拂无力，茶不发立，水乳未浃，又复增汤，色泽不尽，英华沦散，茶无立作矣。有随汤击拂，手筅俱重，立文泛泛，谓之一发点。盖用汤已过，指腕不圆，粥面未凝，茶力已尽，云雾虽泛，水脚易生。妙于此者，量茶受汤，调如融胶，环注盏畔，勿使侵茶。势不欲猛，先须搅动茶膏，渐加击拂。手轻筅重，指绕腕旋，上下透彻，如酵蘖之起面，疏星皎月，灿然而生，则茶之根本立矣。

第二汤自茶面注之，周回一线，急注急止。茶面不动，击拂既力，色泽渐开，珠玑磊落。

三汤多寡如前，击拂渐贵轻匀，周环旋复，表里洞彻，粟文蟹眼，泛结杂起，茶之色，十已得其六七。

四汤尚啬，筅欲转稍，宽而勿速，其清真华彩，既已焕发，云雾渐生。

五汤乃可少纵筅，欲轻匀而透达，如发立未尽，则击以作之。发立已过，则拂以敛之。然后结浚霭，结凝雪，茶色尽矣。

六汤以观立作，乳点勃结，则以筅著居，缓绕拂动而已。

七汤以分轻清重浊，相稀稠得中，可欲则止。乳雾汹涌，溢盏而起，周回凝而不动，谓之咬盏。宜匀其轻清浮合者饮之。《桐君录》曰："茗有饽，饮之宜人。"虽多不为过也。

[译解]

点茶的方法各不相同，但都是首先调好茶膏，延续片刻，然后再把煎好的水注进茶盏。在注汤点茶的同时，要用茶筅旋转击打和拂动茶汤，使之泛起汤花，称作击拂。如果击拂时手重而筅轻，茶汤中不起粟纹、没有蟹眼的，就叫作静面点。这是因为击拂力量不足，茶叶的色香味没有发挥出来，水与茶膏未能充分融合，这时再加入水，使得茶的色泽不能全部显现出来，而茶中的精华均已消散，这样点茶就无法达到应有的效果。还有一种情况，是随着加入沸水进行击拂，手的用力和茶筅用力都很重，使得茶汤中泛起层层波纹，这就叫作一发点。这是因为点茶用水过多，击拂时手指和手腕旋转得不圆，茶汤中粥面未能凝结，茶力已经发挥尽了。茶汤表面虽然有云雾泛起，但也容易在茶盏壁上留下水痕。精通点茶之法的茶人，都是根据茶末的多少加入开水，调成糊状，如同融化的胶；然后环绕茶盏的四壁往里倒水，而不要使水直接浇到茶膏；点茶时用力不可太猛，首先要轻轻搅动茶膏，然后逐渐加以击拂。击拂时要把握手轻而筅重的原则，手指随着手腕旋转，使得茶、水充分融合，上下透彻，就像用酵母发面一样，又如晴朗的夜空中稀疏的星星点缀其间，皎洁的月光照耀四方，那么茶叶的根本属性也就发挥出来了。

第二汤，水要从茶面上加进去，往返要保持在一条线上，快速倾注且快速停下来。这样茶汤的表面不动，击拂又非常有力，茶的色泽就会逐渐显现出来，犹如美丽的珍珠在水中排列堆积。

第三汤，加水要和先前一样，击拂则要渐渐转向轻匀，四周环绕着旋转搅动，使得茶汤表里清爽透彻，粟纹、蟹眼般的汤花在其中不断泛起，这样茶的色泽十成也已经达到六七成了。

第四汤，加水要少，击拂时茶筅要转用梢部，幅度较大而轻缓，这时茶的清香之味和华美之色已经完全焕发出来，云雾也渐次生成。

第五汤，加水就可以稍微多些，击拂时茶筅要轻匀而透达，如果茶的色香味还没有完全发挥出来，就搅动加以促成；如果已经发挥出来了，就旋转拂动加以收敛，从而使得茶面上结成浓雾、凝成雪花，茶的色泽已经完全显现出来。

第六汤，加水以便观察点茶的效果，如果茶面上乳点相连并凝结起来，就将茶筅置于茶盏之中，缓慢地环绕拂动就可以了。

第七汤，加水以便观察和区分茶汤中的轻重清浊，如果看到茶汤稀稠适宜，就可以停止搅动。这时的茶汤好像云雾汹涌，泡沫腾起，几乎溢出茶盏，而在茶盏的四周凝结不动，这就叫作咬盏。在这种情况下，就应该把其中轻清浮合的沫饽匀给众人饮用。《桐君录》上说："茶汤上有一层浮沫，喝了它对人很有益处。"即使多喝也不为过量。

味

夫茶以味为上，香甘重滑为味之全，惟北苑壑源之品兼之。其味醇而乏风骨者，蒸压太过也。茶枪，乃条之始萌者，木性酸；枪过长，则初甘重而终微涩。茶旗，乃叶之方敷者，叶味苦；旗过老，则初虽留舌而饮彻反甘矣。此则芽銙有之，若夫卓绝之品，真香灵味，自然不同。

[译解]

茶的优劣高下，以味道最为重要。清香、甘甜、厚重、润滑四个方面，包括了茶味的全部内涵，只有北苑壑源的茶品可以兼而有之。那种味道醇香却缺乏劲力的茶，是因为在加工时蒸压太过了。茶枪，是茶树枝条上最早萌发出的嫩芽，树木有酸性，所以嫩芽过长，品饮起来就会初始甘甜厚重而最后微微发涩。茶旗，是茶树刚刚长出的嫩叶，茶之叶味苦，所以茶旗过老，品饮起来就会开始感到味苦而最后反觉甘甜。这种情况，普通的茶銙有时会出现，至于那些优秀的珍品茶饼，具有醇正的真香灵味，自然就不同了。

香

茶有真香，非龙麝可拟。要须蒸及熟而压之，及干而研，研细而造，则和美具足。入盏，则馨香四达，秋爽洒然。或蒸气如桃仁夹杂，则其气酸烈而恶。

[译解]

茶叶自有其真正的香味，不是龙脑、麝香等高级香料所可比拟的。而要使茶叶具备这种真香，就必须在制茶的每一个环节都精益求精，茶芽蒸到刚好熟的程度时进行压黄；待茶中的水分和膏汁去除干净之后，再把它研磨成细末；研磨成细末之后，将呈胶糊状态的茶膏注入各式各样的茶模内，制造成茶饼——这样制造的茶就会平和味美、真香具足。放入茶盏之后，就会馨香四溢，像秋天的气候一样清爽宜人。有的茶叶在蒸芽时气味像夹杂着桃仁似的混淆不纯，那么在品饮时味道就会酸烈而难闻。

色

点茶之色，以纯白为上，真青白为次，灰白次之，黄白又次之。天时得于上，人力尽于下，茶必纯白。天时暴暄，芽萌狂长，采造留积，虽白而黄矣。青白者，蒸压微生。灰白者，蒸压过熟。压膏不尽则色青暗，焙火太烈则色昏赤。

[译解]

点茶所形成的汤色，以纯白为最好，青白色为次一等，灰白色又次一等，黄白色再次一等。采摘茶叶时，要上得天时，而在制作加工时，则要下尽人力，这样制成的茶就一定是纯白色的上品。如果惊蛰前后天气暴热，茶芽萌发后就疯长，采茶和制茶的过程中又有滞留和积压，那么即使茶的本色是白的，也会变黄了。汤色呈青白色，是因为在蒸芽、压黄时稍欠火候，生了一点儿；汤色呈灰白色，是因为在蒸芽、压黄时过了火候，熟了一些。如果在压黄、去膏时茶中的水分和膏汁没有去除干净，点茶时汤色就会发青发暗；如果在焙茶时火力过大，点茶时汤色就会发昏发红。

藏焙

数焙则首面干而香减，失焙则杂色剥而味散。要当新芽初生，即焙以去水陆风湿之气。焙用熟火置炉中，以静灰拥合七分，露火三分，亦以轻灰糁覆。良久，即置焙篓上，以逼散焙中润气，然后列茶于其中，尽展角焙之，未可蒙蔽，候火速彻覆之。火之多少，以焙之大小增减。探手炉中，火气虽热而不至逼人手者为良。时以手挼茶，体虽甚热而无害，欲其火力通彻茶体尔。或曰：焙火如人体温，但能燥茶皮肤而已，内之湿润未尽，则复蒸暍矣。焙毕，即以用久竹漆器中缄藏之；阴润勿开，如此终年再焙，色常如新。

[译解]

如果烘焙次数过多，就会使茶饼表面干燥且香味减少；如果烘焙不足，就会使茶饼表面颜色驳杂且香味消散。正确的烘焙方法，是要在每年茶叶新芽初生的时候就烘焙一次，以除去水中或陆上的风湿潮气。烘焙时把烧红的炭火放到炉中，用火灰掩盖住七分，留三分露出炭火，也要用轻灰撒落在上面。经过一段时间，就把焙篓置于火炉之上，以便驱散焙篓中的潮气。然后再把茶饼平铺在焙篓中，尽量让烘焙达到每一个角落，不可让部分茶饼被遮蔽而烘烤不到，等到一定火候就把炭火彻底覆盖住。用火的大小多少，根据焙篓的大小决定增减。焙茶时，把手探进焙炉中，以火气虽然很热却不至于烫手的程度为正好。烘焙中不时地用手搓摩茶饼，其表面即使很热也不会有什么害处，只是要让火力把整个茶饼内外都烘烤透彻罢了。有人说：焙茶的火力如同人的体温，只能烘干茶饼的表面罢了，茶饼内部的湿润之气未能去尽，就需要再次烘焙。焙茶完毕之后，当即把茶饼放进已使用过很久的竹器或漆器中，密封收藏起来；阴冷潮湿的天气不要打开，这样满一年就再烘焙一次，使茶饼的颜色保持常新。

品名

名茶，各以所产之地。如叶耕之平园、台星岩，叶刚之高峰、青凤髓，叶思纯之大岚，叶屿之眉山，叶五崇林之罗汉山、水桑芽，叶坚之碎石窠、石臼窠［**一作穴窠**］，叶琼、叶辉之秀皮林，叶师复、师贶之虎岩，叶椿之无双岩芽，叶懋之老窠园，诸叶各擅其美，未尝混淆，不可概举。后相争相鬻，互为剥窃，参错无据，不知茶之美恶者，在于制造之工拙而已，岂岗地之虚名所能增减哉！焙人之茶，固有前优而后劣者，昔负而今胜者，是亦园地之不常也。

[译解]

茶叶的命名，各按其所产之地而取。例如建安北苑园户叶耕的平园、台星岩，叶刚的高峰、青凤髓，叶思纯的大岚，叶屿的屑山，叶五崇林的罗汉山、水桑芽，叶坚的碎石窠、石臼窠［也叫作穴窠］，叶琼、叶辉的秀皮林，叶师复、叶师贶的虎岩，叶椿的无双岩芽，叶懋的老窠园。这些叶姓园户所产的名茶各自有其独具的美味，总称为叶家白，简称叶白，别称叶团，享有盛名，不曾混淆，这里无法一一列举出来。后来各地不同品种的茶叶争相出售,有的还互相窃用其名，交相混杂，真假难辨，岂不知茶叶的名声好坏，只是在于制茶时加工的精巧与拙劣罢了，难道是凭借产茶的山冈和地区的虚名就能增减的吗？制茶工人生产出来的茶，本来就有先前品质优良而后来品质低劣的，或者是先前品质低劣而后来品质提高的，这也就是说仅靠产茶园地本身是不能保持名茶品质一成不变的啊！

外焙

世称外焙之茶脔小而色驳，体耗而味淡，方之正焙，昭然可别。近之好事者，箧笥之中，往往半之蓄外焙之品。盖外焙之家,久而益工;制造之妙,咸取则于壑源。效像规模，摹外为正。殊不知其脔虽等而蔑风骨，色泽虽润而无藏畜，体虽实而缜密乏理，味虽重而涩滞乏香，何所逃乎外焙哉！虽然，有外焙者，有浅焙者，盖浅焙之茶，去壑源为未远，制之能工，则色亦莹白；击拂有度，则体亦立汤，惟甘重香滑之味，稍远于正焙耳。至于外焙，则迥然可辨。其有甚者，又至于采柿叶、桴榄之萌，相杂而造。味虽与茶相类，点时隐隐如轻絮泛然，茶面粟文不生，乃其验也。桑苎翁曰："杂以卉莽，饮之成病。"可不细鉴而熟辨之？

［译解］

世人所称的外焙制造的团茶，茶块较小且茶色不纯，茶饼昏暗且味道很淡，比起北苑正焙制造的龙凤团茶，差别非常明显，完全可以分辨和鉴别。近年来有一些好事的人，他们盛茶的容器之中，往往贮藏有一半外焙所制造的茶。这是因为外焙之家，仿制正焙的茶时间长了，制法越来越精巧；制作方法的奥妙，都是取法于壑源的官焙。他们仿效正焙的制度规模，从而使得外焙的产品模拟接近于正焙的制品。可是，殊不知茶饼的外形虽然一样，却没有正焙茶的风骨；色泽虽然滋润，却没有内在蕴含的韵味；茶饼本身虽然结实，却没有缜密的纹理；味道虽然很厚重，却滞留有涩味而缺乏清香。有以上这些差异，又怎么能掩盖外焙所制的事实呢？虽然这样，其中还有不同，有外焙制造的，也有浅焙制造的。因为浅焙所产的茶，与壑源官焙茶园相距不远，如果制作能够工巧，那么茶色也可以达到晶莹洁白；如果击拂得当，那么也能在茶汤中形成沫饽。只是甘甜厚重、清香润滑的味道，比起正焙所制的茶稍逊一筹罢了。至于外焙所制造的茶，就相差很远，可以明显地分辨出来。更有甚者，有的外焙还制造假冒伪劣产品，采集柿树叶和桴树、榄树的嫩芽，掺杂在一起制成茶饼。味道虽然与茶叶相似，点茶时隐隐约约好像轻絮漂浮在茶汤表面，没有粟纹生成，这就是检验茶叶真假的证据。桑苎翁陆羽说过："茶叶之中掺杂草木叶子，人们饮用之后就会生病。"怎么可以不仔细地加以鉴别和反复认真地进行辨识呢？

宣和北苑贡茶录

漆雕秘阁

宣和北苑貢茶錄

建安 熊蕃 撰

陸羽茶經裴汶茶述皆不第建品說者但謂二子未嘗至閩繼壕按說郛閩作建曹學佺輿地名勝志甌寧縣雲際山在鐵獅山左上有永慶寺後有陸羽泉相傳唐陸羽所鑿宋楊億詩云陸羽不到此標名慕昔賢是也而不知物之發也固自有時蓋昔者山川尚閟靈芽未露至于唐末然後北苑出爲之最繼壕按張舜民畫墁錄云有唐茶品以陽羨爲上供建溪北苑未著也貞元中常袞爲建州刺史始蒸焙而研之謂研膏茶顧祖禹方輿紀要云鳳凰山之麓名北苑廣二十里舊經云僞閩龍啟中里

《宣和北苑贡茶录》书影（《读画斋丛书》本）

《宣和北苑贡茶录》，一作《宣和贡茶经》，北宋熊蕃撰，其子熊克增补，是关于北苑贡茶历史、名目、数量等的一部重要著作，并附有三十八幅图，展现贡茶名称、形态、尺寸。

熊蕃，字叔茂，福建建阳人，世称独善先生。亲历宋徽宗宣和年间（1119—1125）北苑贡茶盛况，遂成此书。其子熊克，字子复，宋高宗绍兴二十八年（1158）摄事北苑，孝宗时官至起居郎，兼直学士院，出知台州，著有《中兴小记》四十卷，事具《宋史·文苑传》。

此书刊本有明喻政《茶书》本、宛委山堂《说郛》本、《古今图书集成》本、《四库全书》本、《读画斋丛书辛集》本、涵芬楼《说郛》本等。本书以汪继壕按校之《读画斋丛书》本为底本，参校他本。需要说明的是，汪校本虽搜罗甚广，颇有价值，然夹注过多，篇幅超过原书，影响阅读，故删而不取，只保留熊氏补注。

另援旧例，附《北苑别录》于后。

《北苑别录》，南宋赵汝砺撰，是为补充《宣和北苑贡茶录》而作。赵汝砺，生平不详，南宋孝宗（1162—1189年在位）时曾作为福建转运使主管帐司的属官，熊克增补其父《宣和北苑贡茶录》并于淳熙九年（1182）刊行后，他建议另作一书，互为补充，于淳熙十三年（1186）成书。此书综述北苑茶焙的地址、方位、名称，贡茶的采制方法与注意事项，以及南宋初年上贡茶纲的纲次、品名、数量，是前书的必要补充。《四库全书总目提要》卷一一五称“所言水数赢缩，火候淹亟，纲次先后，品目多寡，尤极该晰”。

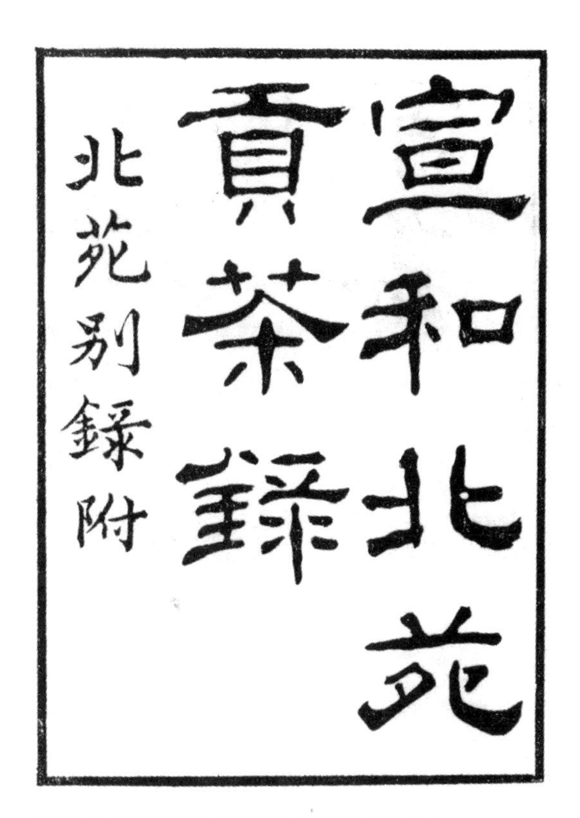
宣和北苑
貢茶錄
北苑別錄附

《宣和北苑贡茶录》书影（《读画斋丛书》本）

陆羽《茶经》、裴汶《茶述》，皆不第建品。说者但谓二子未尝至闽，而不知物之发也，固自有时。盖昔者山川尚闷，灵芽未露。至于唐末，然后北苑出为之最。是时，伪蜀词臣毛文锡作《茶谱》，亦第言建有紫笋，而腊（一作“蜡”）面乃产于福。五代之季，建属南唐，［南唐保大三年，俘王延政而得其地。］岁率诸县民，采茶北苑，初造研膏，继造腊面。［丁晋公《茶录》载：泉南老僧清锡，年八十四，尝视以所得李国主书寄研膏茶，隔两岁，方得蜡面。此其实也。至景祐中，监察御史丘荷撰《御泉亭记》，乃云：唐季敕福建罢贡橄榄，但赞蜡面茶，即蜡面产于建安明矣。荷不知蜡面之号始于福，其后建安始为之。按《唐地理志》福州贡茶及橄榄，建州惟贡练练，未尝贡茶。前所谓罢贡橄榄，惟赞蜡面茶，皆为福也。庆历初，林世程作《闽中记》言，福茶所产在闽县十里，且言往时建茶未盛，本土有之，今则土人皆食建茶。世程之说，盖得其实。而晋公所记蜡面起于南唐，乃建茶也。］既又制其佳者，号曰京铤。［其状如贡神金、白金之铤。］圣朝开宝末，下南唐。太平兴国初，特置龙凤模，遣使即北苑造团茶，以别庶饮，龙凤茶盖始于此。

又一种茶，丛生石崖，枝叶尤茂。至道初，有诏造之，别号石乳。又一种号的乳。又一种号白乳。盖自龙凤与京、石、的、白四种继出，而腊面降为下矣。［杨文公亿《谈苑》所记，龙茶以供乘舆及赐执政、亲王、长主，其余皇族、学士、将帅皆得凤茶，舍人、近臣赐京铤、的乳，而白乳赐馆阁，惟蜡面不在赐品。]

[译解]

唐代陆羽的《茶经》、裴汶的《茶述》都不曾品第建州的茶品。评论者只是说两位先贤未曾到过福建，却不知道万物的生发，本来都有其一定的时节。大概从前建州山川比较偏远闭塞，灵草仙芽尚未显露其风采而显名于世。到了唐代末年之后，建州北苑茶品方为世所知，成为茶中极品。当时，蜀国文臣毛文锡撰写的《茶谱》，也只是说建州有紫笋茶，而腊面茶乃出产于福州地区。五代末年，建州地区属于南唐，[南唐中主李璟保大三年（945），乘闽国内乱出兵俘虏闽主王延政，据有建、汀、漳三州之地。]南唐每年派官员督率诸县民众，到北苑采茶，起初制造研膏茶，继而制造腊面茶。[晋国公丁谓《北苑茶录》记载："泉州老和尚清锡，已经八十四岁高龄，曾经以其所得南唐国主李璟所寄的研膏茶让我看，相隔两年后才得到腊面茶，这就是实证。到了宋仁宗景祐年间（1034—1038），监察御史丘荷撰《御泉亭记》则说：'唐末诏令福建停止进贡橄榄，只保留进贡腊面茶，可见腊面茶出产于建州，是很清楚的。'丘荷不知道腊面的称号始于福州，其后建州才开始制造。按诸《唐书·地理志》的记载，福州进贡的贡品有茶叶及橄榄，建州只进贡丝绸，未曾进贡茶叶。可见前面所说的停止进贡橄榄，只保留进贡腊面茶，都是指的福州。”宋仁宗庆历（1041—1048）初年，林世程撰《闽中记》，说福州茶叶出产于闽县十里，而且说道从前建州茶叶尚未兴盛，只有建州本地有人饮用，如今则福建当地人民都饮用建州茶叶。林世程的说法，大体符合当时的实际情况。而丁谓所记载的，腊面茶起源于南唐，就是指的建州茶叶。］不久以后，又制造上品腊面茶，称为京铤。［以其形状如上贡的神金白金的模型。］故宋太祖开宝（968—976）末年，宋朝收复南唐。宋太宗太平兴国（976—984）初年，特别制成龙凤形状的茶模，派遣使臣前往北苑制作团茶，以别于民间的茶品，这大概就是龙凤御茶的开始。

另有一种茶丛生于石崖之上，枝叶特别茂盛。宋太宗至道（995—997）初年，有诏令采制，另外命名为石乳。还有一种叫作的乳，此外还有一种叫作白乳。大约从龙凤茶与京铤、石乳、的乳、白乳四种茶品相继推出之后，腊面茶的地位就下降了，成为下品。［杨亿《杨文公谈苑》记载：龙茶是专供天子品饮以及赏赐执政大臣、亲王、长公主，其余的皇族、学士、将帅则获赐凤茶，舍人、近臣则获赐京铤、的乳，而白乳则赏赐馆阁臣僚，只有腊面不在赐品之列。］

盖龙凤等茶，皆太宗朝所制。至咸平初，丁晋公漕闽，始载之于《茶录》。［**人多言龙凤团起于晋公，故张氏《画墁录》云：晋公漕闽，始创为龙凤团。此说得于传闻，非其实也。**］庆历中，蔡君谟将漕，创造小龙团以进，被旨仍岁贡之。［**君**

谟《北苑造茶诗》自序云：其年改造上品龙茶，二十八片才一斤，尤极精妙，被旨仍岁贡之。欧阳文忠公《归田录》云：茶之品，莫贵于龙凤，谓之小团，凡二十八片，重一斤，其价直金二两。然金可有，而茶不可得。尝南郊致斋，两府共赐一饼。四人分之。宫人往往镂金花其上，盖贵重如此。］自小团出，而龙凤遂为次矣。元丰间，有旨造密云龙，其品又加于小团之上。［昔人诗云："小壁云龙不入香，元丰龙焙承诏作。"盖谓此也。］绍圣间，改为瑞云翔龙。

至大观初，今上亲制《茶论》二十篇，以白茶与常茶不同，偶然生出，非人力可致，于是白茶遂为第一。［庆历初，吴兴刘异为《北苑拾遗》云：官园中有白茶五六株，而壅培不甚至，茶户唯有王免者家一巨株，向春常造浮屋，以障风日。其后，有宋子安者，作《东溪试茶录》亦言：白茶，民间大重，出于近岁，芽叶如纸，建人以为茶瑞。则知白茶可贵，自庆历始，至大观而盛也。］既又制三色细芽，及试新銙、［大观二年，造御园玉芽、万寿龙芽；四年，又造无比寿芽及试新膀。］贡新銙。［政和三年造贡新銙式，新贡皆创为此献，在岁额之外。］自三色细芽出，而瑞云翔龙顾居下矣。

［译解］

以上所说的龙凤茶及京铤、石乳、的乳、白乳等茶品，大抵都是宋太宗朝所制造的。到宋真宗咸平（998—1003）初年，晋国公丁谓出任福建路转运使时，才记录到所著的《北苑茶录》一书中。[人们大多认为龙凤茶源于丁谓，所以张舜民《画墁录》上说：晋国公丁谓任福建路转运使，开始创制龙凤团茶。这种说法得之于传闻，并非历史事实。]宋仁宗庆历年间（1041—1048），蔡襄任福建路转运使，创制小龙团茶上贡朝廷，因甚得皇帝喜爱，奉旨此后年年贡奉。[蔡襄《北苑造茶诗》自序说：当年改造上品龙茶，二十八片才重一斤，尤为精妙，奉旨仍每岁上贡。欧阳修《归田录》也说：茶中上品，没有比龙凤团饼更珍贵的了，称为小团。二十八片才重一斤，价值黄金二两。然而黄金易得，而龙凤团饼不易得到。我曾经参加南郊的斋祭活动，中书门下和枢密院两府共同获赐一饼，宰相和枢密使四人分享。宫人往往雕刻镂金花纹装饰于龙凤团饼上。其贵重可见一斑。]自从小龙团茶出世，龙凤团茶地位下降，屈居其次。宋神宗元丰年间（1078—1085），圣旨命造密云龙茶，其品质又居于小龙团之上。[从前黄山谷有《和答梅子明王杨休点密云龙》诗，咏道："小璧云龙不入香，元丰龙焙承诏作。"说的就是这种情况。]宋哲宗绍圣年间（1094—1098），改为瑞云翔龙。

到宋徽宗大观（1107—1110）初年，当今皇上亲自编撰《茶论》二十篇，认为白茶与平常的茶品不一样，乃偶然所得，不是人力所能成就，从此白茶成为茶中第一佳品。[宋仁宗庆历初年，吴兴刘异撰《北苑拾遗》记载：御茶园中有白茶五六株，可是栽培管理不很到位，茶户中只有王免家有一株大白茶树，快到春天时常常要建一座浮屋，以遮蔽风日。其后，宋子安作《东溪试茶录》，也说：白茶，民间特别重视，出现于近年，其芽叶像纸一样鲜白，建州人认为是茶中祥瑞。由此可知白茶之可贵，是从庆历年间开始的，到大观年间盛行开来。］不久又制造出三色细芽，以及试新銙，［大观二年（1108），始制御苑玉芽、万寿龙芽。大观四年，又制造无比寿芽和试新銙。］贡新銙。［政和三年（1113）开始创制贡新銙，此后新的贡茶都以此为式进行贡献，而且在原有的岁额之外。］自从三色细芽制成之后，瑞云翔龙就又居其下了。

凡茶芽数品，最上曰小芽，如雀舌、鹰爪，以其劲直纤锐，故号芽茶。次曰拣芽，乃一芽带一叶者，号一枪一旗。次曰中芽，乃一芽带两叶者，号一枪两旗。其带三叶四叶，皆渐老矣。芽茶早春极少。景德中，建守周绛为《补茶经》，言："芽茶只作早茶，驰奉万乘尝之可矣。如一枪一旗，可谓奇茶也。"故一枪一旗，号拣芽，最为挺特光正。舒王《送人官闽中》诗云"新茗斋中试一旗"，谓拣芽也。或者乃谓茶芽未展为枪，已展为旗，指舒王此诗为误，盖不知有所谓拣芽也。［**今上圣制《茶论》曰："一旗一枪为拣芽。"又见王岐公珪诗云："北苑和香品最精，绿芽未雨带旗新。"故相韩康公绛诗云："一枪已笑将成叶，百草皆羞未散花。"此皆咏拣芽，与舒王之意同。**］夫拣芽犹贵重如此，而况芽茶以供天子之新尝者乎，芽茶绝矣！

[译解]

茶叶采摘之后、蒸造之前还有一道拣茶的工序，起初是为了拣择出损害茶之色味的白合、乌蒂、盗叶及紫叶，后发展为对茶芽的等级区分。茶芽大体上分为数品，最上品的叫作小芽，犹如雀舌、鹰爪，因其形态劲直纤细而尖锐，所以称为芽茶；第二品的叫作拣芽，就是一芽带一叶，称作一枪一旗。第三品的叫作中芽，就是一芽带两叶，称作一枪两旗。至于一芽带三叶四叶的茶，都已经渐趋老了。芽茶在早春时节极为少见。宋真宗景德年间（1004—1007），建安知州周绛著《补茶经》，说："芽茶只制作早春茶，驰驿供奉皇帝尝新就可以了。因此像一枪一旗的拣芽，可以称得上奇茶了。"因此一枪一旗，称作拣芽，最为精致光正。曾被追封舒王的王安石《送人官闽中》一诗中所咏"新茗斋中试一旗"，说的就是拣芽。有人说茶芽未展开的为枪，已展开的为旗，从而指摘王安石这首诗中所咏错误，这大概是尚不知道有所谓拣芽的缘故。[当今皇上御制《茶论》说：一旗一枪为拣芽。又见岐国公王珪《和公仪饮茶》诗：北苑（一作北焙）和香品最精（一作饮最真），绿芽未雨带旗新。原任宰相、康国公韩绛诗云：一枪已笑将成叶，百草皆羞未散花。这两首诗都是吟咏拣芽，与王安石诗意相同。] 拣芽已经如此贵重，何况供奉天子尝新的芽茶呢！芽茶的开发可以说达到了登峰造极的境界。

至于水芽，则旷古未之闻也。宣和庚子岁，漕臣郑公可简始创为银线水芽。盖将已拣熟芽再剔去，只取其心一缕，用珍器贮清泉渍之，光明莹洁，若银线然。其制方寸新銙，有小龙蜿蜒其上，号龙园胜雪。又废白、的、石三乳，鼎造花銙二十余色。初，贡茶皆入龙脑，[**蔡君谟《茶录》云：茶有真香，而入贡者微以龙脑和膏，欲助其香。**]至是虑夺真味，始不用焉。

盖茶之妙，至胜雪极矣，故合为首冠。然犹在白茶之次者，以白茶上之所好也。异时，郡人黄儒撰《品茶要录》，极称当时灵芽之富，谓使陆羽数子见之，必爽然自失。蕃亦谓使黄君而阅今日，则前乎此者，未足诧焉。

[译解]

至于极品的水芽，就更是旷古未闻的了。宣和二年（庚子，1120），福建路转运使郑可简创制银线水芽。将经过拣择的熟芽再剔除掉，只取小芽中心的一缕，置于珍贵器皿中，以清泉浸渍，使之光明莹洁，好像银线一样。用银丝水芽制作成一寸见方的新銙，茶饼表面有小龙蜿蜒其上，命名为龙团胜雪（也作“龙园胜雪”）。于是又废弃白乳、的乳、石乳等珍品，改造龙团胜雪花銙二十多个品种。起初，贡茶都要加入少量龙脑和膏，以助其香，[蔡襄《茶录》说：茶有着天然的香气，而进贡朝廷的贡茶，往往用少量的龙脑调和入茶膏之中，想以此增加茶的香气。]到这时恐怕龙脑夺茶之真味，才不再使用。

宋代团茶制作的精妙，到龙团胜雪时达到了顶点，因此堪称极品。但是龙团胜雪尚居白茶之下，因为白茶是皇上所喜爱的茶品。从前，建安人黄儒编撰《品茶要录》，极为称道当时仙品灵芽非常之多，并且说假使“茶圣”陆羽等人见到当今的芽茶，也一定会爽然自失。我也要说：假使黄儒先生看到今日的情况，那么此前的种种茶品就不足称道和惊诧了。

然龙焙初兴，贡数殊少，[**太平兴国初才贡五十片。**]累增至元符，以片计者一万八千，视初已加数倍，而犹未盛。今则为四万七千一百片有奇矣。[**此数皆见范逵所著《龙焙美成茶录》。逵，茶官也。**]

[译解]

北苑龙焙采制贡茶的初期，入贡的数额很少。[宋太宗太平兴国（976—984）初年才上贡五十片。]后来逐渐增加，到宋哲宗元符年间（1098—1100），已达到一万八千片，比较当初已增加数倍，但尚未达到极盛。如今已达四万七千一百多片了。[这些数据都记载在范逵所著的《龙焙美成茶录》一书中。范逵，是一名管理茶事的官员。]

自白茶、胜雪以次，厥名实繁，今列于左，使好事者得以观焉。

贡新銙。[**大观二年造。**]试新銙。[**政和二年造。**]白茶。

[政和三年造。]龙园胜雪。[宣和二年造。]御苑玉芽。[大观二年造。]万寿龙芽。[大观二年造。]上林第一。[宣和二年造。]乙夜清供。[宣和二年造。]承平雅玩。[宣和二年造。]龙凤英华。[宣和二年造。]玉除清赏。[宣和二年造。]启沃承恩。[宣和二年造。]雪英。[宣和三年造。]云叶。[宣和三年造。]蜀葵。[宣和三年造。]金钱。[宣和三年造。]玉华。[宣和三年造。]寸金。[宣和三年造。]无比寿芽。[大观四年造。]万春银叶。[宣和二年造。]玉叶长春。[宣和四年造。]宜年宝玉。[宣和二年造。]玉清庆云。[宣和二年造。]无疆寿龙。[宣和二年造。]瑞云翔龙。[绍圣二年造。]长寿玉圭。[政和二年造。]兴国岩銙。香口焙銙。上品拣芽。[绍圣二年造。]新收拣芽。太平嘉瑞。[政和二年造。]龙苑报春。[宣和四年造。]南山应瑞。[宣和四年造。]兴国岩拣芽。兴国岩小龙。兴国岩小凤。[已上号细色。]拣芽。小龙。小凤。大龙。大凤。[已上号粗色。]

又有琼林毓粹、浴雪呈祥、壑源拱秀、贡篚推先、价倍南金、旸谷先春、寿岩都胜、延平石乳、清白可鉴、风韵甚高，凡十色，皆宣和二年所制，越五岁省去。

右岁分十余纲。惟白茶与胜雪自惊蛰前兴役，浃日乃成。飞骑疾驰，不出中春，已至京师，号为头纲。玉芽以下，即先后以次发。逮贡足时，夏过半矣。欧阳文忠公诗曰："建安三千五百里，京师三月尝新茶。"盖异时如此。以今较昔，又为最早。

因念草木之微，有瑰奇卓异，亦必逢时而后出，而况为士者哉？昔昌黎先生感二鸟之蒙采擢，而自悼其不如，今蕃于是茶也，焉敢效昌黎之感赋，姑务自警，而坚其守，以待时而已。

[译解]

自极品贡茶白茶、龙团胜雪以下，名目繁多，现在我列举如下，供喜爱茶事的读者阅读参考：

其中包括细色三十六种、粗色五种，分别为:贡新銙。[大观二年(1108)造。]试新銙。[政和二年(1112)造。]白茶。[政和三年造,《说郛》本作“二年”。]龙园胜雪。[宣和二年(1120)造。]御苑玉芽。[大观二年造。]万寿龙芽。[大观二年造。]上林第一。[宣和二年造。]乙夜清供。[宣和二年造。]承平雅玩。[宣和二年造。]龙凤英华。[宣和二年造。]玉除清赏。[宣和二年造。]启沃承恩。[宣和二年造。]雪英。[宣和三年造。《说郛》本作“二年”。《天中记》,“雪”作“云”。]云叶。[宣和三年造。《说郛》本作“二年”。]蜀葵。[宣和三年造。《说郛》本作“二年”。]金钱。[宣和三年造。]玉华。[宣和三年造。《说郛》本作“二年”。]寸金。[宣和三年造。《西溪丛语》作“千金”。]无比寿芽。[大观四年造。]万春银叶。[宣和二年造。]玉叶长春。[宣和四年造。《说郛》《广群芳谱》此条俱在无疆寿龙下。]宜年宝玉。[宣和二年造。《说郛》本作“三年”。]玉清庆云。[宣和二年造。]无疆寿龙。[宣和二年造。]瑞云翔龙。[绍圣二年(1095)

造。《西溪丛语》及下图目并作“瑞雪翔龙”，当误。] 长寿玉圭。[政和二年造。] 兴国岩銙。香口焙銙。上品拣芽。[绍圣二年造。《说郛》本“绍圣”误“绍兴”。] 新收拣芽。太平嘉瑞。[政和二年造。]龙苑报春。[宣和四年造。]南山应瑞。[宣和四年造。《天中记》，“宣和”作“绍圣”。] 兴国岩拣芽。兴国岩小龙。兴国岩小凤。[以上称为细色。]拣芽。小龙。小凤。大龙。大凤。[以上称为粗色。]

另外，还有琼林毓粹、浴雪呈祥、壑源拱秀、贡篚推先、价倍南金、旸谷先春、寿岩都胜、延平石乳、清白可鉴、风韵甚高，共十种名色，都是在宣和二年所制造，但仅仅过了五年就中止了。

上列上贡朝廷的茶每年分为十余纲。只有白茶与龙团胜雪两个极品，从惊蛰前开始采制，十日完工。派遣快马飞驰，在仲春之前就已经到达京师（今河南开封），因此称为头纲。玉芽以下各品，按照先后次序顺次发送。等到贡事完毕，夏季已经过半了。欧阳修先生有诗写道：“建安三千五百里，京师三月尝新茶。”这大概是欧阳修所处时代的情况。以今日贡茶的情况与当时相比，又是最早的。

由此我生发感慨，茶以细微之草木，虽有珍奇卓异的禀赋，也必须时节到来方可彰显，更何况是士人君子呢？从前韩昌黎先生作《感二鸟赋》，以途中所见一只白鸟和一只白鹦鹉承蒙采擢要进献朝廷，感慨自己进士及第尚未获任用，还不如两只鸟儿。如今我面对这贡奉朝廷的茶品，怎么敢效仿韩愈

北苑贡茶图三十八幅

貢新銙　竹圈　銀模　方一寸二分

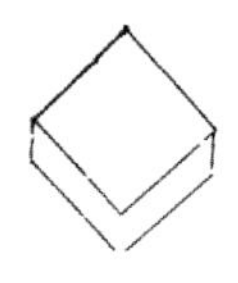

試新銙　竹圈　銀模　方一寸二分

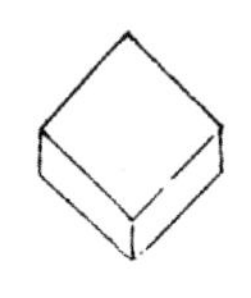

龍團勝雪　竹圈　銀模　方一寸二分

白茶　銀圈　銀模　徑一寸五分

御苑玉芽　銀圈　銀模　徑一寸五分

萬壽龍芽　銀圈　銀模　徑一寸五分

上林第一　圈　模　方一寸二分

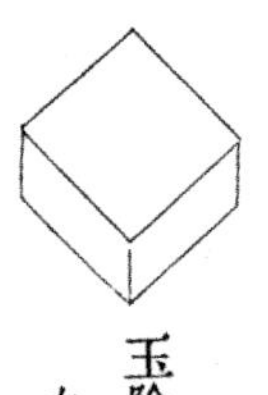

乙夜清供　竹圈　模　方一寸二分

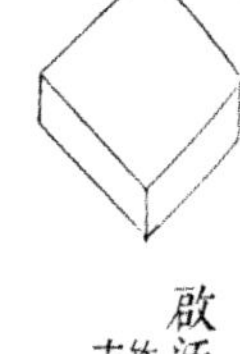

承平雅玩　竹圈　模　方一寸二分

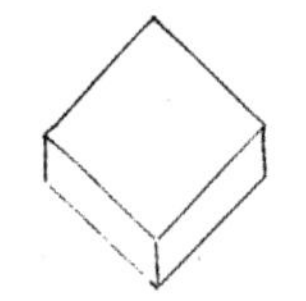

龍鳳英華　圈　模　方寸分

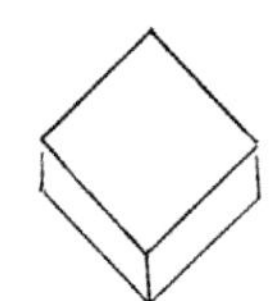

玉除清賞　圈　模　方寸分

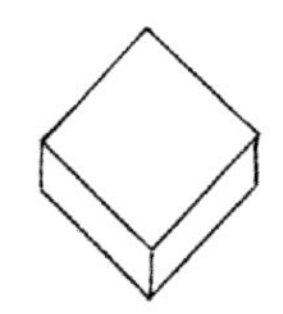

啟沃承恩　竹圈　模　方一寸二分

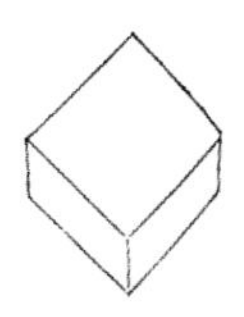

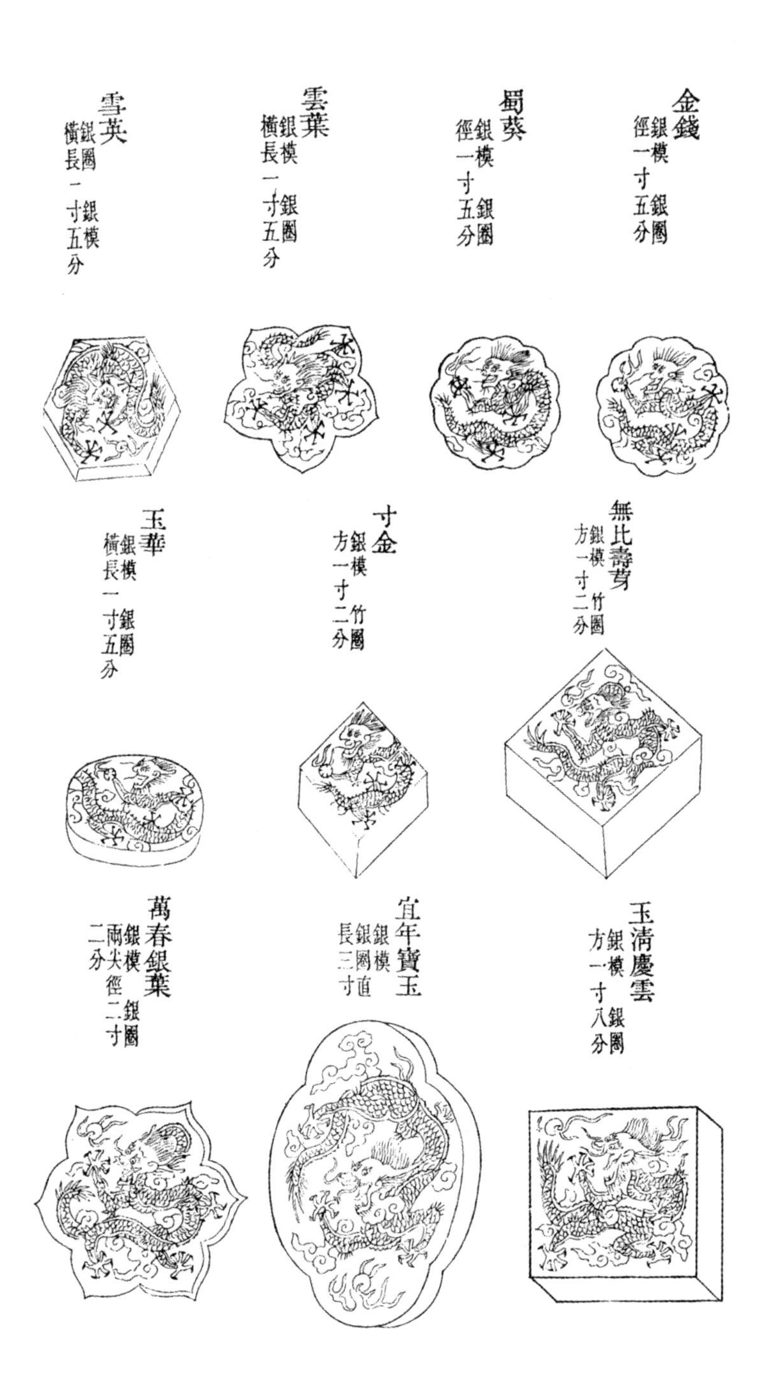
金錢
銀模 徑一寸五分
銀圈
蜀葵
銀模 徑一寸五分
銀圈
雲葉
銀模 橫長一寸五分
銀圈
雪英
銀圈 橫長一寸五分
銀模
無比壽芽
銀模 方一寸二分
竹圈
寸金
銀模 方一寸二分
竹圈
玉華
銀模 橫長一寸五分
銀圈
玉淸慶雲
銀模 方一寸八分
銀圈
宜年寶玉
銀模 長三寸
銀圈 直
萬春銀葉
銀模 兩尖徑二寸二分
銀圈

瑞雲翔龍

銀模　銅圈
徑二寸五分

玉葉長春

銀模　竹圈
直長一寸

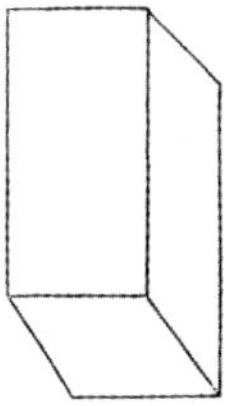

無疆壽龍

竹圈　銀模
直長三寸
六分

香口焙銙

竹圈　模
方一寸二分

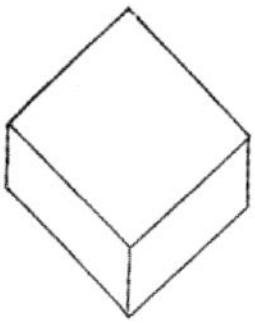

興國巖銙

竹圈　模
方一寸二分

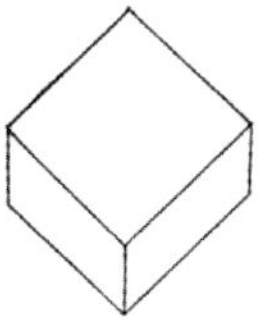

長壽玉圭

銀模
銅圈
直長三寸

太平嘉瑞

銀模　銅圈
徑一寸五分

新收揀芽

銀模　銅圈
繼壤按說郛
此條脫分寸

上品揀芽

銀模　銅圈
繼壤按說郛
此條脫分寸

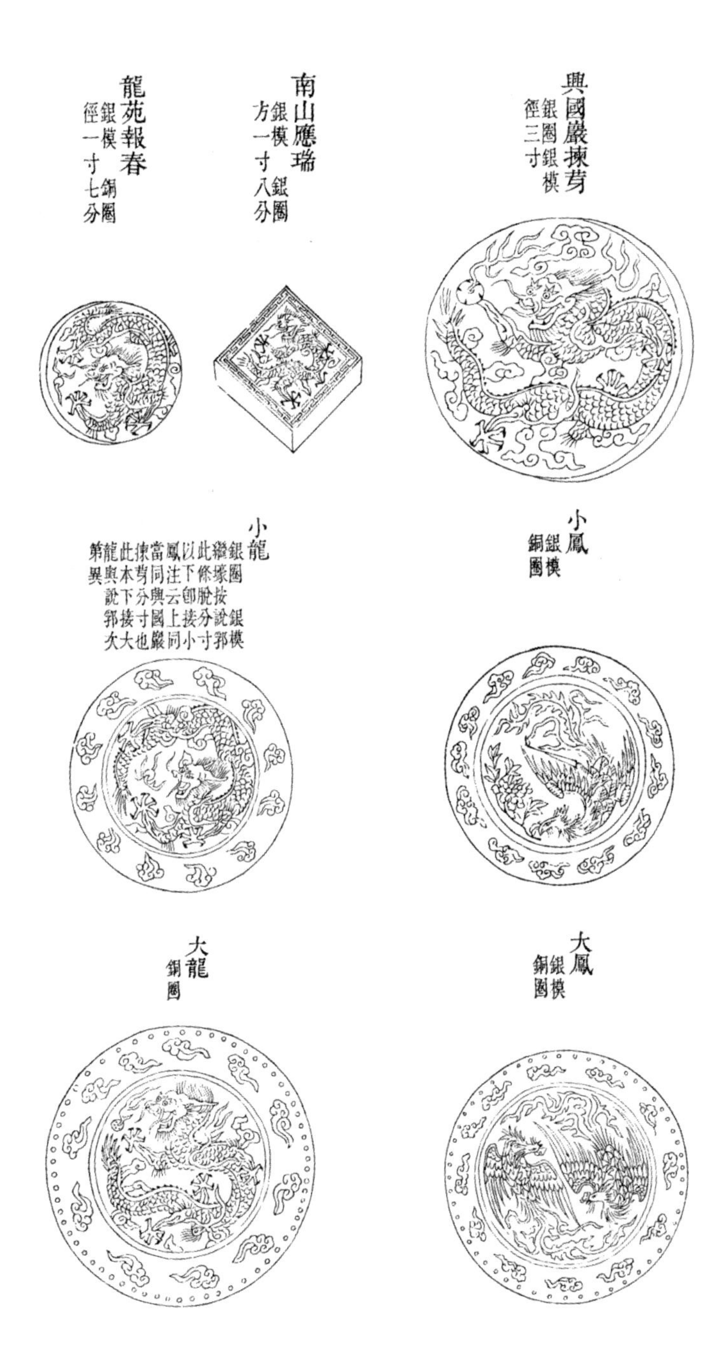
龍苑報春
銀模銅圈
徑一寸七分
南山應瑞
銀模銀圈
方一寸八分
興國巖揀芽
銀圈銀模
徑三寸
小龍
第龍此揀當鳳以此繼銀
異輿本芽同注下條緣圈
說下分輿云郎脫按
郛接寸圖上接分說銀
次大也巖同小寸郛模
小鳳
銀模
銅圈
大龍
銅圈
大鳳
銀模
銅圈

有感作赋？姑且更加自我警醒，坚守士人的节操，以等待时机的到来罢了。

御苑采茶歌十首（并序）

先朝漕司封修睦，自号退士，尝作《御苑采茶歌》十首，传在人口。今龙园所制，视昔尤盛，惜乎退士不见也。蕃谨摭故事，亦赋十首，献之漕使。仍用退士元韵，以见仰慕前修之意。

雪腴贡使手亲调，旋放春天采玉条。伐鼓危亭惊晓梦，啸呼齐上苑东桥。

采采东方尚未明，玉芽同护见心诚。时歌一曲青山里，便是春风陌上声。

共抽灵草报天恩，贡令分明［龙焙造茶依御厨法。］使指尊。逻卒日循云堑绕，山灵亦守御园门。

纷纶争径蹂新苔，回首龙园晓色开。一尉鸣钲三令趋，急持烟笼下山来。［采茶不许见日出。］

红日新升气转和，翠篮相逐下层坡。茶官正要龙芽润，不管新来带露多。［采新芽不折水。］

翠虬新范绛纱笼，看罢人生玉节风。叶气云蒸千嶂绿，欢声雷震万山红。

凤山日日滃非烟，剩得三春雨露天。棠坼浅红酣一笑，柳垂淡绿困三眠。［红云岛上多海棠，两堤宫柳最盛。］

龙焙夕薰凝紫雾，凤池晓濯带苍烟。水芽只是宣和有，一洗枪旗二百年。

修贡年年采万株，只今胜雪与初殊。宣和殿里春风好，喜动天颜是玉腴。

外台庆历有仙官，龙凤才闻制小团。争得似金模寸璧，春风第一荐宸餐。

[译解]

前朝转运使司封修睦，自号退士，曾经撰写《御苑采茶歌》十首，人们争相传诵。如今北苑龙焙所制造的茶品，与昔日相比更加兴盛，可惜的是退士无法见到了。我恭谨地搜集当今贡茶的事例，也撰写了十首《御苑采茶歌》，献给转运使，仍然沿用退士的原韵，以表达我仰慕前贤的心意。

（下略）

后序

先人作《茶录》，当贡品极盛之时，凡有四十余色。绍兴戊寅岁，克摄事北苑，阅近所贡皆仍旧，其先后之序亦同，惟跻龙园胜雪于白茶之上，及无兴国岩小龙、小凤。盖建炎南渡，有旨罢贡三之一而省去也。先人但著其名号，克今更写其形制，庶览之者无遗恨焉。先是，壬子春，漕司再葺茶政，越十三载，仍复旧额。且用政和故事，补种茶二万株。次年益虔贡职，遂有创增之目。仍改京铤为大龙团，由是大龙多于大凤之数。凡此皆近事，或者犹未之知也。先人又尝作《贡茶歌》十首，读之可想见异时之事，故并取以附于末。三月初吉男克北苑寓舍书。

［译解］

先父熊蕃编撰《宣和北苑贡茶录》一书，正当贡茶极盛的时期，共记载四十余种茶品。高宗绍兴二十八年（戊寅，1158），我因兼掌北苑贡茶之事，得知近来所贡奉的茶品都是一仍其旧，先后次序也相同，唯一的改变是龙团胜雪的地位已跃居白茶之上，而且没有了兴国岩小龙、小凤的名目。这大概是高宗建炎年间（1127—1130）国都南迁临安（今浙江杭州）之后，有诏令取消贡茶三分之一，兴国岩小龙、小凤等因而被省去。先父在书中只是著录茶品的名称，现在我又画出这些贡茶的图形，以便读者没有遗憾。此前，绍兴二年（壬子，1132），转运使司再次整顿茶政，过了十三年，仍旧恢复以前的贡茶数额，并且按照宋徽宗政和年间（1111—1118）的旧例，补种茶树两万株。近年来，转运使司更加强化贡茶的职能，于是又有创制和新增的品种名目。又改京铤为大龙团，从此大龙团的数额较大凤团为多。这里所说的都是近来的事，或许仍有我所不知道的。先父又曾创作《贡茶歌》十首，读来可以使人想见当时的情形，因此我一并拿来附录于书后。三月初三吉日，子熊克书于北苑寓舍。

北苑贡茶最盛，然前辈所录，止于庆历以上。自元丰之密云龙、绍圣之瑞云龙相继挺出，制精于旧，而未有好事者记焉，但见于诗人句中。及大观以来，增创新銙，亦犹用拣芽。盖水芽至宣和始有，故龙园胜雪与白茶角立，岁充首贡。复自御苑玉芽以下，厥名实繁。先子亲见时事，悉能记之，成编俱存。今闽中漕台新刊《茶录》，未备此书，庶几补其阙云。

淳熙九年冬十二月四日，朝散郎行秘书郎兼国史编修官学士院权直熊克谨记

［译解］

北苑贡茶最为兴盛。然而前辈所记载的，只限于宋仁宗庆历年间（1041—1048）以前的贡茶之事。从宋神宗元丰年间（1078—1085）的密云龙茶、宋哲宗绍圣年间（1094—1098）的瑞云翔龙茶相继出现之后，贡茶的制法比以前更加精致，但还没有有心的人加以详细记录，只是散见于文人的诗句之中。到宋徽宗大观年间（1107—1110）以来，创制增加许多新的茶品，也还是沿用拣芽的名目。因为水芽到宣和年间（1119—1125）才创制入贡，所以龙团胜雪与白茶并立，每年充当首要的贡品。另外，从御苑玉芽以下各种茶品，其名目更加繁多。先父目睹当时的贡茶之事，都能一一记录下来，汇编成书，完整无缺地保存下来。如今福建路转运使司新刊的《茶录》，遗漏了这部书，于是我加以校补，希望能够弥补其中的遗漏。

淳熙九年冬十二月四日，朝散郎行秘书郎兼国史编修官学士院权直熊克谨记

附：北苑别录 ［南宋］赵汝砺撰

建安之东三十里，有山曰凤凰。其下直北苑，旁联诸焙，厥土赤壤，厥茶惟上上。太平兴国中，初为御焙，岁模龙凤，以羞贡篚，益表珍异。庆历中，漕台益重其事，品数日增，制度日精。厥今茶自北苑上者，独冠天下，非人间所可得也。方其春虫震蛰，千夫雷动，一时之盛，诚为伟观。故建人谓至建安而不诣北苑，与不至者同。仆因摄事，遂得研究其始末。姑摭其大概，条为十余类目，曰《北苑别录》云。

御园

九窠十二陇。麦窠，壤园，龙游窠，小苦竹，苦竹里，鸡薮窠，苦竹，苦竹源，鼯鼠窠；教炼陇，凤凰山，大小焊，横坑，猿游陇，张坑，带园，焙东，中历，东际，西际，官平。上下官坑，石碎窠，虎膝窠，楼陇，蕉窠，新园，大楼基，阮坑，曾坑，黄际，马鞍山，林园，和尚园，黄淡窠，吴彦山，罗汉山，水桑窠，铜场，师姑园，灵滋，苑马园，高畲，大窠头，小山。

右四十六所，广袤三十余里。自官平而上为内园，官坑而下为外园。方春灵芽莩坼，常先民焙十余日，如九窠、

十二陇、龙游窠、小苦竹、张坑、西际，又为禁园之先也。

开焙

惊蛰节，万物始萌，每岁常以前三日开焙，遇闰则反之。以其气候少迟故也。

采茶

采茶之法，须是侵晨，不可见日。晨则夜露未晞，茶芽肥润。见日则为阳气所薄，使芽之膏腴内耗，至受水而不鲜明。故每日常以五更挝鼓，集群夫于凤凰山，［**山有打鼓亭。**］监采官人给一牌入山，至辰刻，则复鸣锣以聚之，恐其逾时，贪多务得也。

大抵采茶亦须习熟，募夫之际，必择土著及谙晓之人，非特识茶发早晚所在，而于采摘亦知其指要。盖以指而不以甲，则多温而易损；以甲而不以指，则速断而不柔。［**从旧说也。**］故采夫欲其习熟，政为是耳。［**采夫日役二百二十五人。**］

拣茶

茶有小芽，有中芽，有紫芽，有白合，有乌蒂，此不可不辨。小芽者，其小如鹰爪。初造龙团胜雪、白茶，以其芽先次蒸熟，置之水盆中，剔取其精英，仅如针小，谓之水芽，是芽中之最精者也。中芽，古谓之一枪二旗是也。

紫芽，叶之紫者是也。白合，乃小芽有两叶抱而生者是也。乌蒂，茶之蒂头是也。凡茶，以水芽为上，小芽次之，中芽又次之。紫芽、白合、乌蒂，皆在所不取。使其择焉而精，则茶之色味无不佳。万一杂之以所不取，则首面不匀，色浊而味重也。

蒸茶

茶芽再四洗涤，取令洁净，然后入甑，俟汤沸蒸之。然蒸有过熟之患，有不熟之患。过熟，则色黄而味淡；不熟，则色青易沉，而有草木之气。唯在得中之为当也。

榨茶

茶既熟，谓茶黄。须淋洗数过，[**欲其冷也。**]方入小榨，以去其水；又入大榨，出其膏。[**水芽以马榨压之，以其芽嫩故也。**]先是，包以布帛，束以竹皮，然后入大榨压之。至中夜，取出揉匀，复如前入榨，谓之翻榨。彻晓奋击，必至于干净而后已。盖建茶味远而力厚，非江茶之比。江茶畏流其膏，建茶惟恐其膏之不尽。膏不尽，则色味重浊矣。

研茶

研茶之具，以柯为杵，以瓦为盆。分团酌水，亦皆有数。上而胜雪、白茶，以十六水，下而拣芽之水六，小龙、凤四，大龙、凤二，其余皆一十二焉。自十二水以上，日研一团；

自六水而下，日研三团至七团。每水研之，必至于水干茶熟而后已。水不干，则茶不熟；茶不熟，则首面不匀，煎试易沉，故研夫尤贵于强而有力者也。

尝谓天下之理，未有不相须而成者。有北苑之芽，而后有龙井之水。龙井之水，其深不以丈尺，清而且甘，昼夜酌之而不竭。凡茶，自北苑上者皆资焉。亦犹锦之于蜀江，胶之于阿井，讵不信然？

造茶

造茶，旧分四局。匠者起好胜之心，彼此相夸，不能无弊，遂并而为二焉。故茶堂有东局、西局之名，茶銙有东作、西作之号。

凡茶之初出研盆，荡之欲其匀，揉之于其腻，然后入圈制銙，随笪过黄。有方銙，有花銙，有大龙，有小龙，品色不同，其名亦异。随纲系之于贡茶云。

过黄

茶之过黄，初入烈火焙之，次过沸汤爁之，凡如是者三。而后宿一火，至翌日，遂过烟焙焉。然烟焙之火不欲烈，烈则面炮而色黑；又不欲烟，烟则香尽而味焦，但取其温温而已。凡火数之多寡，皆视其銙之厚薄。銙之厚者，有十火至于十五火；銙之薄者，亦七八火至于十火。火数既足，然后过汤上出色。出色之后，当置之密室，急以扇扇之，则色泽自然光莹矣。

纲次

细色第一纲

龙焙贡新：水芽，十二水，十宿火。正贡三十銙，创添二十銙。

细色第二纲

龙焙试新：水芽，十二水，十宿火。正贡一百銙，创添五十銙。

细色第三纲

龙园胜雪：水芽，十六水，十二宿火。正贡三十銙，续添三十銙，创添六十銙。

白茶：水芽，十六水，七宿火。正贡三十銙，续添五十銙，创添八十銙。

御苑玉芽：小芽，十二水，八宿火。正贡一百片。

万寿龙芽：小芽，十二水，八宿火。正贡一百片。

上林第一：小芽，十二水，十宿火。正贡一百銙。

乙夜清供：小芽，十二水，十宿火。正贡一百銙。

承平雅玩：小芽，十二水，十宿火。正贡一百銙。

龙凤英华：小芽，十二水，十宿火。正贡一百銙。

玉除清赏：小芽，十二水，十宿火。正贡一百銙。

启沃承恩：小芽，十二水，十宿火。正贡一百銙。

雪英：小芽，十二水，七宿火。正贡一百片。

云叶：小芽，十二水，七宿火。正贡一百片。

蜀葵：小芽，十二水，七宿火。正贡一百片。

金钱：小芽，十二水，七宿火。正贡一百片。

玉华：小芽，十二水，七宿火。正贡一百片。

寸金：小芽，十二水，九宿火。正贡一百銙。

细色第四纲

龙园胜雪：正贡一百五十銙。

无比寿芽：小芽，十二水，十五宿火。正贡五十銙，创添五十銙。

万春银叶：小芽，十二水，十宿火。正贡四十片，创添六十片。

宜年宝玉：小芽，十二水，十二宿火。正贡四十片，创添六十片。

玉清庆云：小芽，十二水，九宿火。正贡四十片，创添六十片。

无疆寿龙：小芽，十二水，十五宿火。正贡四十片，创添六十片。

玉叶长春：小芽，十二水，七宿火。正贡一百片。

瑞云翔龙：小芽，十二水，九宿火。正贡一百八片。

长寿玉圭：小芽，十二水，九宿火。正贡二百片。

兴国岩銙：中芽，十二水，十宿火。正贡二百七十銙。

香口焙銙：中芽，十二水，十宿火。正贡五百銙。

上品拣芽：小芽，十二水，十宿火。正贡一百片。

新收拣芽：中芽，十二水，十宿火。正贡六百片。

细色第五纲

太平嘉瑞：小芽，十二水，九宿火。正贡三百片。

龙苑报春：小芽，十二水，九宿火。正贡六百片，创添六十片。

南山应瑞：小芽，十二水，十五宿火。正贡六十銙，创添六十銙。

兴国岩拣芽：中芽，十二水，十宿火。正贡五百一十片。

兴国岩小龙：中芽，十二水，十五宿火。正贡七百五十片。

兴国岩小凤：中芽，十二水，十五宿火。正贡五十片。

先春两色

太平嘉瑞：正贡二百片。

长春玉圭：正贡一百片。

续入额四色

御苑玉芽：正贡一百片。

万寿龙芽：正贡一百片。

无比寿芽：正贡一百片。

瑞云翔龙：正贡一百片。

粗色第一纲

正贡：不入脑子上品拣芽小龙，一千二百片，六水，十宿火。入脑子小龙，七百片，四水，十五宿火。

增添：不入脑子上品拣芽小龙，一千二百片。入脑子小龙，七百片。

建宁府附发：小龙茶，八百四十片。

粗色第二纲

正贡：不入脑子上品拣芽小龙，六百四十片。入脑子小龙，六百七十二片。入脑子小凤，一千三百四十四片。四水，十五宿火。入脑子大龙，七百二十片。二水，十五宿火。入脑子大凤，七百二十片。二水，十五宿火。

增添：不入脑子上品拣芽小龙，一千二百片。入脑子小龙，七百片。

建宁府附发：小凤茶，一千二百片。

粗色第三纲

正贡：不入脑子上品拣芽小龙，六百四十片。入脑子小龙，六百四十四片。入脑子小凤，六百七十二片。入脑子大龙，一千八片。入脑子大凤，一千八片。

增添：不入脑子上品拣芽小龙，一千二百片。入脑子小龙，七百片。

建宁府附发：大龙茶，四百片。大凤茶，四百片。

粗色第四纲

正贡：不入脑子上品拣芽小龙，六百片。入脑子小龙，三百三十六片。入脑子小凤，三百三十六片。入脑子大龙，一千二百四十片。入脑子大凤，一千二百四十片。

建宁府附发：大龙茶，四百片。大凤茶，四百片。

粗色第五纲

正贡：入脑子大龙，一千三百六十八片。入脑子大凤，一千三百六十八片。京铤改造大龙，一千六片。

建宁府附发：大龙茶，八百片。大凤茶，八百片。

粗色第六纲

正贡：入脑子大龙，一千三百六十片。入脑子大凤，一千三百六十片。京铤改造大龙，一千六百片。

建宁府附发：大龙茶，八百片。大凤茶，八百片。京铤改造大龙，一千三百片。

粗色第七纲

正贡：入脑子大龙，一千二百四十片。入脑子大凤，一千二百四十片。京铤改造大龙，二千三百五十二片。

建宁府附发：大龙茶，二百四十片。大凤茶，二百四十片。京铤改造大龙，四百八十片。

细色五纲

贡新为最上，后开焙十日入贡。龙园胜雪为最精，而建人有“直四万钱”之语。夫茶之入贡，圈以箬叶，内以黄斗，盛以花箱，护以重篚，扃以银钥。花箱内外，又有黄罗幕之，可谓什袭之珍矣。

粗色七纲

拣芽以四十饼为角，小龙、小凤以二十饼为角，大龙、凤以八饼为角。圈以箬叶，束以红缕，包以红楮，缄以蒨绫。惟拣芽俱以黄焉。

开畬

草木至夏益盛，故欲导生长之气，以渗雨露之泽。每岁六月兴工，虚其本，培其土，滋蔓之草，遏郁之木，悉用除之，政所以导生长之气而渗雨露之泽也。此之谓开畬。惟桐木则留焉。桐木之性，与茶相宜。而又茶至冬则畏寒，桐木望秋而先落；茶至夏而畏日，桐木至春而渐茂。理亦然也。

外焙

石门、乳吉、香口，右三焙，常后北苑五七日兴工，每日采茶，蒸榨以过黄，悉送北苑并造。

舍人熊公，博古洽闻，尝于经史之暇，辑其先君所著《北苑贡茶录》，锓诸木以垂后。漕使侍讲王公，得其书而悦之，将命摹勒，以广其传。汝砺白之公曰："是书纪贡事之源委，与制作之更沿，固要且备矣。惟水数有赢缩、火候有淹亟、纲次有后先、品色有多寡，亦不可以或阙。"公曰然。遂摭书肆所刊《修贡录》，曰几水、曰火几宿、曰某纲、曰某品若干云者，条列之。又以所采择、制造诸说，并丽于编末，目曰《北苑别录》。俾开卷之顷，尽知其详，亦不为无补。

淳熙丙午孟夏望日门生从政郎福建路转运司主管帐司赵汝砺敬书

茶谱

石轉運

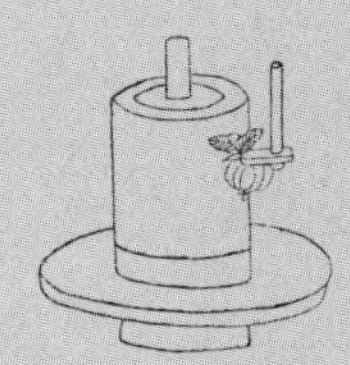

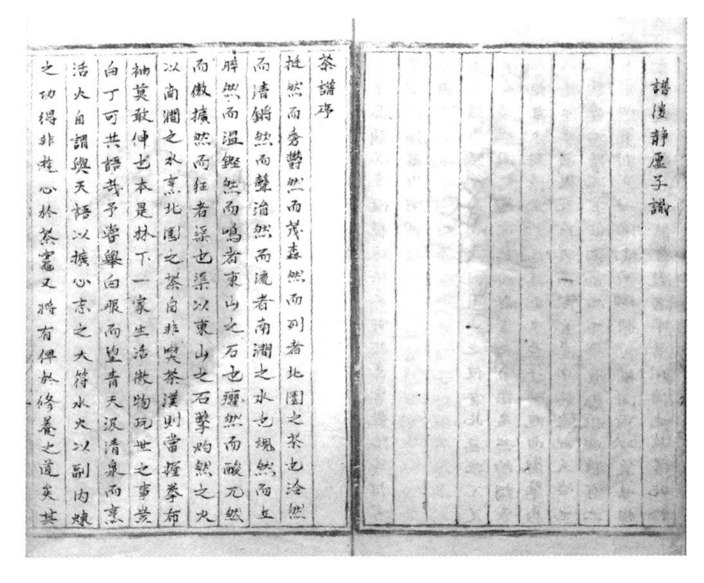

譜後靜廬子識

茶譜序

挺然而秀鬱然而茂森然而列者北園之茶也泠然而清鏘然而聲涓然而流者南澗之水也塊然而立晬然而溫鏗然而鳴者東山之石也癯然而酸兀然而傲擴然而狂者渠也渠以東山之石擊灼然之火以南澗之水烹北園之茶自非吳茶漢則當握拳布袖莫敢伸也本是林下一家生活傲物玩世之事豈白丁可共語哉予嘗舉白眼而望青天汲清泉而烹活火自謂與天語以擴心志之大符水火以副內煉之功得非遊心於茶竈又將有裨於修養之道矣其

《茶谱》书影（《艺海汇函》钞本）

《茶谱》一卷，亦作《臞仙茶谱》，明宁献王朱权（1378—1448）撰。

朱权是明太祖朱元璋第十七子，晚年自号臞仙、涵虚子、丹丘先生。洪武二十四年（1391）封宁王，两年后就藩大宁（今内蒙古宁城西）。成祖即位后改封南昌，从此韬光养晦，日与文人雅士相往还，读书鼓琴，修养身心，形成了宁藩好学博古的传统，卒谥献，世称宁献王。他一生著述等身，有《通鉴博论》《宁国仪范》《汉唐秘史》《史断》《文谱》《诗谱》《太和正音谱》《神奇秘谱》，以及《大罗天》等杂剧十二种，有着多方面的文化和艺术成就。

此书当系朱权晚年所著，万国鼎先生《茶书总目提要》推定为正统五年（1440）。除绪论外，共分十六则，多有其独创之处。黄虞稷《千顷堂书目》著录“宁献王臞仙茶谱一卷”。现存版本仅有《艺海汇函》钞本。

明成化青花折枝花果纹茶钟

[明] 唐寅《事茗图》

茶谱序

挺然而秀，郁然而茂，森然而列者，北园之茶也。泠然而清，锵然而声，涓然而流者，南涧之水也。块然而立，晬然而温，铿然而鸣者，东山之石也。癯然而酸，兀然而傲，扩然而狂者，渠也。渠以东山之石，击灼然之火。以南涧之水，烹北园之茶。自非吃茶汉，则当握拳布袖，莫敢伸也。本是林下一家生活，傲物玩世之事，岂白丁可共语哉！予尝举白眼而望青天，汲清泉而烹活火，自谓与天语以扩心志之大，符水火以副内炼之功。得非游心于茶灶，又将有裨于修养之道矣，其惟清哉！涵虚子臞仙书。

[译解]

生长得枝叶挺拔而秀丽，郁郁葱葱而茂盛，繁密森严而排列，这是北部园圃之中的茶叶。清凉而明净，铿锵而有声，水流细小而流动不居，这是南部山涧之中的泉水。浑然一体而安然不动，表面润泽而令人感到温和，敲击之下则会发出铿锵的声音，这是东部山头的奇石。骨相清癯而迂腐，茫然无知而孤傲，行事张扬而狂放，这就是那个所谓茶人的形象。这位茶人用东部山上的奇石击打生火，以星星之火点燃枯松枝之类的柴薪，然后汲取南部山涧之中的泉水，烹煮北部园圃之中出产的茶叶。这些自然是茶人所为，如果不是品茶的行家里手，就只能握起拳头把手缩进袖中，而不敢动手进行茶事活动。茶的烹试和品饮，本来是水边林下隐士居家文化生活的一个重要内容，是士人傲然物外、游离世间的一种精神寄托，怎么可以与庸俗之人一起讨论呢？我曾经举目向上现出白眼珠仰望青天，汲取清凉洁净的泉水，以活水烹煮新茶，自认为通过与青天的心灵沟通和对话可以开阔自己的胸襟、树立远大的志向，通过清泉与活火的相战和交融可以获得个人内心修炼的功效。这就不仅仅是游心于品茶之雅集，而且是有益于个人身心修养的方法，其境界就只能归结于“清”吧！涵虚子臞仙作。

绪论

茶之为物，可以助诗兴而云山顿色，可以伏睡魔而天地忘形，可以倍清谈而万象惊寒，茶之功大矣。其名有五：曰茶，曰槚，曰蔎，曰茗，曰荈。一云早取为茶，晚取为茗。食之能利大肠，去积热，化痰下气，醒睡，解酒，消食，除烦去腻，助兴爽神。得春阳之首，占万木之魁。始于晋，兴于宋。惟陆羽得品茶之妙，著《茶经》三篇。蔡襄著《茶录》二篇。盖羽多尚奇古，制之为末，以膏为饼。至仁宗时，而立龙团、凤团、月团之名，杂以诸香，饰以金彩，不无夺其真味。然天地生物，各遂其性，莫若叶茶，烹而啜之，以遂其自然之性也。予故取烹茶之法，末茶之具，崇新改易，自成一家，为云海餐霞服日之士，共乐斯事也。虽然，会茶而立器具，不过延客款话而已，大抵亦有其说焉。

凡鸾俦鹤侣，骚人羽客，皆能忘绝尘境，栖神物外，不伍于世流，不污于时俗，或会于泉石之间，或处于松竹之下，或对皓月清风，或坐明窗静牖，乃与客清谈款话，探玄虚而参造化，清心神而出尘表。命一童子设香案，携茶炉于前，一童子出茶具，以瓢汲清泉注于瓶而炊之。然后碾茶为末，置于磨令细，以罗罗之，候汤将如蟹眼，量客众寡，投数匕入于巨瓯。候茶出相宜，以茶筅摔令沫不浮，乃成云头雨脚，分于啜瓯，置于竹架，童子捧献于前。主起，举瓯奉客，曰:"为君以泻清臆。"客起接，举瓯，曰:"非此不足以破孤闷。"乃复坐。饮毕，童子接瓯而退。话久情长，礼陈再三，遂出琴棋，陈笔研。或庚歌，或鼓琴，或弈棋，寄形物外，与世相忘。斯则知茶之为物，可谓神矣。然而啜茶大忌白丁，故山谷曰:"著茶须是吃茶人。"更不宜花下啜，故山谷曰"金谷看花莫谩煎"是也。卢仝吃七碗，老苏不禁三碗，予以一瓯，足可通仙灵矣，使二老有知，亦为之大笑。其他闻之，莫不谓之迂阔。

[译解]

茶叶，作为一种上好的饮料，可以助人诗兴而使得云山黯然失色，可以降伏睡魔而使得天地失态忘形，可以倍增清谈而使得世间万象惊寒，茶的功效的确是大啊！茶有五种称谓，分别是:茶、槚、蔎、茗和荈。还有一种说法是早采的叫作茶，晚采的叫作茗。饮茶能有利于大肠消化，祛除积热，化痰通气，清醒昏睡，解酒消食，消除烦闷，化去油腻，助人清兴，爽人心神。作为一种瑞草、嘉木，茶叶独得春日阳光之首，占却万木百草之魁。饮茶的风尚开始于晋朝，经过唐朝的发展，至宋朝大为兴盛。只有“茶圣”陆羽悟得品茶的奥妙，撰写了《茶经》三篇。北宋的蔡襄则撰写了《茶录》两篇。因为陆羽过多地崇尚奇特古朴，将茶叶碾成细末，再以其膏脂做成茶饼，到了北宋仁宗时，还为这种饼茶设立了龙团、凤团、月团等繁多的名目，茶中还掺杂有各种香料，茶饼的表面则涂饰金银重彩，这些做法或多或少都侵夺了茶叶的自然真味。然而天地间所生的万物，都应各遂其自身的物性。就饮茶方法而言，没有比用散条形的叶茶直接烹煮而饮用更好的了，从而顺应了茶叶本身的自然之性。因此，我采用这种烹煮叶茶的方法，而利用末茶的器具，推崇新法，改易旧制，自成一家，与那些徜徉于云山雾海之间、餐霞饮露、服日养气的隐士们共同分享品饮的乐趣。虽然友朋相聚，摆设茶具，品茗清谈，只不过是接待宾客、会聚恳谈的一种方式罢了，但是大都有着各自不同的讲究和说法。

大凡与鸾鸟和仙鹤为伴的隐士，超凡脱俗的诗人、道士，都能够忘记和隔绝喧闹的尘世，栖息神志于物外，不与世间的庸俗之辈为伍，不受当时的世俗风气所沾染。他们有时会聚于泉石之间，有时共处于松竹之下，有时面对皓月清风，有时倚坐于明静窗边，乃与客人清谈款话，探究虚幻玄妙的天地物理，研讨大自然的创造化育，清心益神，超出尘世之外。

在这种氛围之中，命一童子摆设香案，并携来茶炉置于面前，另一童子端出茶具，用瓢轻轻汲取清澈的泉水，注入茶瓶之中，点火加热。然后把茶叶放在茶碾中细研成末，用茶罗罗过，等水即将烧开、水面呈现出蟹眼状时，根据客人的多少，放数匙茶末于大茶瓯中，待茶味激发得适宜之时，用茶筅击拂，不让茶沫浮起来，从而形成云头雨脚，再将茶水分到饮茶的盏中，放于竹架之上，童子捧着茶献于主人面前。主人站起来接住，举盏敬客，说道："为先生清泻胸臆。"客人起身，接过茶盏，高举还礼道："非茶不足以破除孤独和郁闷。"然后众人又坐下品饮。饮茶完毕，童子接过茶盏退下。交谈许久，情谊深长，这一茶礼进行过两次、三次，遂取出古琴和围棋，摆上笔墨纸砚。主客之间有的作诗相唱和，有的鼓琴相伴奏，有的则对弈手谈，寄形置身于世事之外，与尘世俗事两相忘却，这样才可以称得上深知茶为何物、得茶中之三昧，可谓玄妙神奇。然而，品茶非常忌讳不学无术、举止粗俗的人，所以宋代文学家黄庭坚诗中说"著茶须是吃茶人"；品茶更不可在花下对啜，所以黄庭坚（当为王安石）诗中又说"金谷看花莫谩煎"。唐代卢仝一气连饮七碗，宋代苏轼承受不住三碗，而我以一瓯清茗就可以通于仙灵了。卢仝、苏轼两位前辈地下有知，也会为之大笑。其他人听我如此说来，没有不说我迂阔的。

品茶

于谷雨前，采一枪一叶者制之为末，无得膏为饼，杂以诸香，失其自然之性，夺其真味。大抵味清甘而香，久而回味，能爽神者为上。独山东蒙山石藓茶，味入仙品，不入凡卉。虽世固不可无茶，然茶性凉，有疾者不宜多食。

[译解]

饮茶的方法，就是在谷雨之前，采摘一芽带一叶的新茶，研制成细末，然后煮水点茶，而不要再榨取膏脂做成茶饼，同时也不能掺杂其他香料，因为这样就会使得茶叶失去其自然本性，从而侵夺和破坏了茶的清香真味。大体说来，茶味清新甘甜，而又有香气，品饮之后能久久回味，令人神清气爽的，即为上品。唯独山东蒙山出产的石藓茶，味道独特，可入仙品，而不能等同于普通的草木花卉。虽然世上不能没有茶这种饮品，但是茶的本性是偏凉的，有病的人不宜多喝。

收茶

茶宜箬叶而收，喜温燥而忌湿冷，入于焙中。焙用木为之，上隔盛茶，下隔置火，仍用箬叶盖其上，以收火气。两三日一次，常如人体温，温则御湿润以养茶，若火多则茶焦。不入焙者，宜以箬笼密封之，盛置高处。或经年则香味皆陈，宜以沸汤渍之，而香味愈佳。凡收天香茶，于桂花盛开时，天色晴明，日午取收，不夺茶味。然收有法，非法则不宜。

[译解]

因为茶叶喜欢温暖干燥而忌怕潮湿寒冷，所以茶叶的收藏非常重要，适宜用箬叶包装起来，放置到茶焙之中。茶焙用木头做成，分上下两层，上面一层盛茶，下面一层放上炭火，茶焙上面仍用箬叶盖住，以收拢火气。两三日烘焙一次，使之经常保持如人体的温度。保持温热就能抵御湿润之气，从而滋养茶叶，如果火力过大，就会使茶焦煳。没有放入茶焙的茶叶，应该用箬笼密封起来，装好放到高处。有的茶存放一年之后，香气和味道都陈旧了，应该用沸水浇淋一过，其香气、味道会更好一些。大凡收藏天香茶，要在桂花盛开时，天气晴朗，中午阳光最好的时候收取封藏，这样不会侵夺茶的真味。然而收茶是有一定的方法的，不以正确的方法收藏是不好的。

点茶

凡欲点茶，先须熁盏。盏冷则茶沉，茶少则云脚散，汤少则粥面聚。以一匕投盏内，先注汤少许，调匀，旋添入，环回击拂。汤上盏可七分则止，着盏无水痕为妙。今人以果品为换茶，莫若梅、桂、茉莉三花最佳。可将蓓蕾数枚投于瓯内罨之。少顷，其花自开，瓯未至唇，香气盈鼻矣。

[译解]

大凡想要点茶，也就是煮水沏茶，首先必须用开水烫热茶盏。茶盏如果较凉，就会使茶末下沉。茶末少了，就会使得茶汤云脚涣散，而冲水少了，则会使得茶汤粥面凝聚。正确的方法是将一匙茶末放入茶盏中，首先要倾注少量的开水，把茶调和均匀。随即再添加开水，使用茶筅旋转搅动，待茶汤上升到茶盏的七分处就停下来，以点茶时盏壁上没有水痕为最好。今人以果品花卉作为调料入茶，来增益茶的馨香和味道，没有比梅花、桂花、茉莉花三种再好的了。可以将数枚花蕾放进茶瓯中盖上。不一会儿，茶瓯中的花蕾就自然绽开了，茶瓯尚未到嘴边，就已经香气盈鼻了。

熏香茶法

百花有香者皆可。当花盛开时，以纸糊竹笼两隔，上层置茶，下层置花。宜密封固，经宿开换旧花。如此数日，其茶自有香味可爱。有不用花，用龙脑熏者亦可。

[译解]

百花之中有香气的都可以用来熏制花茶。其具体制法是：每当百花盛开之时，用纸糊成一个上下两层的竹笼，上层放置茶叶，下层放置花卉，要密封得很牢固，经过一夜之后打开，取出旧花，放入新花；这样连续数日，茶叶就会兼有花的香味，令人喜爱。有的不用花进行熏制，而是用龙脑来熏，也可以达到这样的效果。

茶炉

与炼丹神鼎同制。通高七寸，径四寸，脚高三寸，风穴高一寸，上用铁隔，腹深三寸五分，泻铜为之。近世罕得。予以泻银坩埚瓷为之，尤妙。襻高一尺七寸半，把手用藤扎，两傍用钩，挂以茶帚、茶筅、炊筒、水滤于上。

[译解]

茶炉，与道士炼丹所用的神鼎的规制相同。上下通高七寸，内径四寸，炉脚高三寸，进出风的风穴高一寸，上面安装一个铁隔子，茶炉的腹部深三寸五分，整个茶炉用铜汁浇铸而成。近来已经很难得到这种茶炉了。我用瓷做坩埚，用银汁浇铸，这样制成的茶炉感觉更妙。茶炉上面两个用来攀手的炉耳高一尺七寸半，以藤条扎成把手，两边做成钩子，上面悬挂茶帚、茶筅、吹火筒、水滤等用具。

茶灶

古无此制，予于林下置之。烧成瓦器如灶样，下层高尺五为灶台，上层高九寸，长尺五，宽一尺，傍刊以诗词咏茶之语。前开二火门，灶面开二穴以置瓶。顽石置前，便炊者之坐。予得一翁，年八十犹童，痴憨奇古，不知其姓名，亦不知何许人也。衣以鹤氅，系以麻绦，履以草屦，背驼而颈跧，有双髻于顶，其形类一“菊”字，遂以菊翁名之。每令炊灶以供茶，其清致倍宜。

［译解］

茶灶，古时候没有这种规制，我在隐居林下时自己创制了一套方法。烧制成如同灶形的陶器，下层高一尺五寸，作为灶台，上层高九寸，长一尺五寸，宽一尺，旁边刊刻上吟咏茶的诗词名句，加以点缀。茶灶的前面开两个火门，灶面上挖两个灶口，用来放置茶瓶。灶前放置一块大石头，以便煮茶的人坐下。我曾经结识了一位老翁，年已八十岁，还像个孩子那样天真，憨态可掬，奇异古怪，不知道他的姓名，也不知道他是什么人。老翁身披鹤氅，腰系麻绳，脚穿草鞋，后背驼而脖颈缩，头顶上梳着双髻，其外形就像一个“菊”字，于是我称呼他为菊翁。每次我都让他炊灶供茶，其清雅的风致与茶倍加相宜。

茶磨

磨以青礞石为之，取其化痰去热故也。其他石则无益于茶。

[译解]

茶磨，要用青礞石雕凿而成，是取其具有化痰去热功用的缘故。其他石头做成的茶磨对茶没有什么益处，所以不宜选用。

茶碾

茶碾，古以金、银、铜、铁为之，皆能生鉎。今以青礞石最佳。

[译解]

茶碾，古人用金、银、铜、铁等金属做成，都会生锈。如今用青礞石制成的为最好。

茶罗

茶罗，径五寸，以纱为之。细则茶浮，粗则水浮。

[译解]

茶罗，直径有五寸，用经纬线极细的纱做成罗底。如果纱的网眼过细，筛出的茶末在冲点时就会漂浮在水面上；如果纱的网眼过粗，筛出的茶末在冲点时就会沉入杯底。

茶架

茶架，今人多用木，雕镂藻饰，尚于华丽。予制以斑竹、紫竹，最清。

[译解]

茶架是放置茶叶的器具，今人多用木头做成，雕刻上各式图案加以修饰，崇尚华丽。我则用斑竹、紫竹制作，最为清奇雅致。

茶匙

茶匙要用击拂有力，古人以黄金为上，今人以银、铜为之。竹者轻。予尝以椰壳为之，最佳。后得一瞽者，无双目，善能以竹为匙，凡数百枚，其大小则一，可以为奇。特取其异于凡匙，虽黄金亦不为贵也。

[译解]

茶匙，要选用击拂有力的材料，古人以黄金茶匙为最好，今人则以银和铜制作。用竹子做成的茶匙较轻。我曾经用椰壳制作茶匙，效果最好。后来，我结识了一个盲人，双目失明，却擅长用竹子制作茶匙，一共制作了几百枚，大小全都一样，可以称得上是一件奇迹。单取其不同于一般茶匙这一点来说，即便是黄金茶匙也不足为贵了。

茶筅

茶筅,截竹为之,广、赣制作最佳。长五寸许。匙茶入瓯,注汤筅之，候浪花浮成云头雨脚乃止。

[译解]

茶筅，截取竹竿制作而成，以广东、江西两地所产竹子制作的为最好。长五寸左右。用茶匙取茶放入茶瓯之后，在注入开水的同时，要用茶筅搅动，等到瓯中的茶沫浮起，形成云头雨脚，于是停止。

茶瓯

茶瓯，古人多用建安所出者，取其松纹兔毫为奇。今淦窑所出者，与建盏同，但注茶色不清亮，莫若饶瓷为上，注茶则清白可爱。

[译解]

茶瓯,古人多用建安所出产的瓷器,取其所独有的松纹、兔毫纹饰以为奇特。如今淦窑（故址在今江西新干县）所出产的茶盏，与建盏相同，但是注茶时色泽不甚清亮，不如饶瓷（今江西景德镇所产瓷器）为佳，在注茶时色泽清白可爱。

茶瓶

瓶要小者，易候汤，又点茶注汤有准。古人多用铁，谓之罂。罂，宋人恶其生鉎，以黄金为上，以银次之。今予以瓷石为之，通高五寸，腹高三寸，项长二寸，觜长七寸。凡候汤不可太过，未熟则沫浮，过熟则茶沉。

［译解］

茶瓶是煮水的器具，要小一些，以便于观察和把握水温变化的情况，并且在点茶注水时易于掌握尺度标准。古人多用铁做成，称作罂。宋朝人嫌其生锈，改以黄金制作的为上品，以银制作的次之。现在我用烧造瓷器的瓷石制成茶瓶，通高五寸，腹部高三寸，瓶颈长二寸，瓶嘴长七寸。大凡观察和把握水温的变化时，要注意煮水不可太过，用未煮熟的水点茶，就会使茶沫漂浮；用煮得太过的水点茶，就会使茶末下沉。

煎汤法

用炭之有焰者，谓之活火。当使汤无妄沸。初如鱼眼散布，中如泉涌连珠，终则腾波鼓浪，水气全消。此三沸之法，非活火不能成也。

［译解］

煮水，要用有火焰的炭，称作活火。煎煮时不应当让水随意沸腾。水初沸时水面如同鱼眼散布，中沸时水面则好像泉水涌出、珍珠成串，最后水面就会波浪翻滚，水汽完全消失。这就是煮水的三沸之法，不用活火是无法完成的。

品水

臞仙曰：青城山老人村杞泉水第一，钟山八功德水第二，洪崖丹潭水第三，竹根泉水第四。

或云：山水上，江水次，井水下。伯刍以扬子江心水第一，惠山石泉第二，虎丘石泉第三，丹阳井第四，大明井第五，松江第六，淮水第七。

又曰：庐山康王洞帘水第一，常州无锡惠山石泉第二，蕲州兰溪石下水第三，硖州扇子硖下石窟泄水第四，苏州虎丘山下水第五，庐山石桥潭水第六，扬子江中泠水第七，洪州西山瀑布第八，唐州桐柏山淮水源第九，庐山顶天地之水第十，润州丹阳井第十一，扬州大明井第十二，汉江金州上流中泠水第十三，归州玉虚洞香溪第十四，商州武关西谷水第十五，苏州吴松江第十六，天台西南峰瀑布水第十七，郴州圆泉第十八，严州桐庐江严陵滩水第十九，雪水第二十。

[译解]

臞仙认为：天下名泉众多，青城山（今四川都江堰市西南）老人村的杞泉水应当排名第一，钟山（今南京紫金山）灵谷寺的八功德水（佛教用语，指极乐世界中具有甘、冷、软、轻、清净、无臭、饮不伤喉、饮不伤腹等八种特质的水）排名第二，江西南昌新建区西山洪崖的丹潭水（一说今南昌梅岭洪崖丹井）排名第三，竹根滩（今四川乐山南岷江东岸）的泉水排名第四。

也有人说：山水为上，江水次之，井水为下。唐朝的刘伯刍认为：扬子江的江心水应当排名第一，无锡惠山的石泉水排名第二，苏州虎丘的石泉水排名第三，丹阳观音寺的井水排名第四，扬州大明寺的井水排名第五，吴淞江水排名第六，淮河水排名第七。

还有一种说法：庐山康王洞帘水排名第一，常州无锡惠山石泉水排名第二，蕲州（治今湖北蕲春）兰溪泉的石下水排名第三，硖州（治今湖北宜昌）扇子硖下石窟泄水排名第四，苏州虎丘山下水排名第五，庐山石桥潭水排名第六，扬子江的中泠水排名第七，洪州（治今南昌）西山的瀑布水排名第八，唐州（治今河南泌阳）桐柏山淮水源的水排名第九，庐山峰顶的天地水排名第十，润州（治今江苏镇江）丹阳的井水排名第十一，扬州大明寺的泉水排名第十二，汉江在金州（治今陕西安康）上游的中泠水排名第十三，归州（治今湖北秭归）玉虚洞的香溪水排名第十四，商州（今属陕西）武关的西谷水排名第十五，苏州吴淞江水排名第十六，天台山西南峰的瀑布水排名第十七，郴州（今属湖南）的圆泉水排名第十八，严州（治今浙江建德）桐庐江的严陵滩水排名第十九，雪水排名第二十。

茶录

司職方

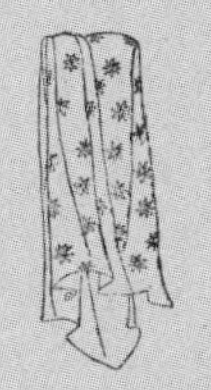

張伯淵茶錄

明包山張源伯淵著

採茶

採茶之候貴及其時太早則味不全遲則神散以穀雨前五日爲上後五日次之再五日又次之茶芽紫者爲上面皺者次之團葉又次之光面如篠葉者最下徹夜無雲浥露採者爲上日中採者次之陰雨中不宜採產谷中者爲上竹下者次之爛石中者又次之黃砂中者又次之

茶錄　二

《茶录》书影（喻政《茶书》本）

《茶录》一卷，明张源撰，明代茶书代表作之一。

张源字伯渊，号樵海山人，吴县包山（即洞庭西山，今属苏州吴中区）人。吴江顾大典《茶录引》称其“志甘恬澹，性合幽栖，号称隐君子。其隐于山谷间，无所事事，日习诵诸子百家言。每博览之暇，汲泉煮茗，以自愉快。无间寒暑，历三十年，疲精殚思，不究茶之指归不已，故所著《茶录》，得茶中三昧”。

此书约成书于万历中期（1595年前后），刊本仅见喻政《茶书》，目录题作《茶录》，而正文则题作《张伯渊茶录》。此书内容简明，大多是结合明代饮茶生活实际和作者个人的切身体会的论说，而非泛泛而谈或者因袭纂辑而成，所以顾大典《茶录引》称，“即王濛、卢仝复起，不能易也”。

苦节君（竹炉茶灶，顾元庆《茶谱》）

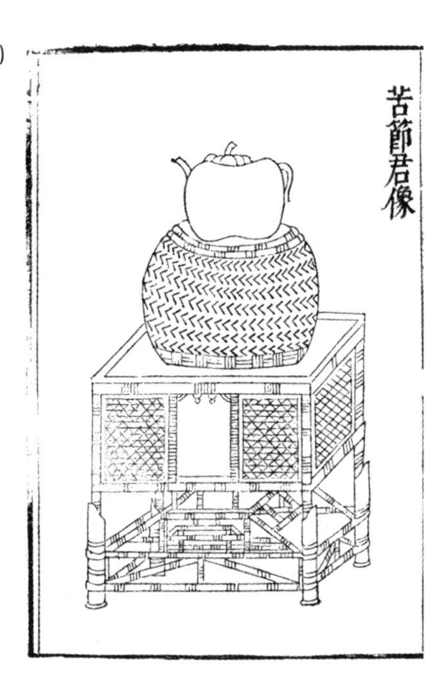

[明] 文徵明《品茶图》

采茶

采茶之候，贵及其时。太早则味不全，迟则神散，以谷雨前五日为上，后五日次之，再五日又次之。茶芽紫者为上，面皱者次之，团叶又次之，光面如篠叶者最下。彻夜无云，浥露采者为上，日中采者次之。阴雨中不宜采。产谷中者为上，竹下者次之，烂石中者又次之，黄砂中者又次之。

[译解]

采茶时候的把握，贵在正当其时。太早了，茶叶的味道还未发挥充分，而太迟了，就会神散而气竭。适宜采茶的时节，以谷雨前五日为最好，谷雨后五日次之，再过五日就又要差一些。茶叶的嫩芽，以颜色紫的为最好，叶面褶皱的较次一些，叶芽团起来的又差一些，叶面光滑犹如小竹叶的为最差。通夜没有一丝云彩，清晨沾着露水采摘的茶叶最好，正午采摘的茶叶次之。阴雨天气不适宜采摘茶叶。至于产茶的具体环境的优劣差别，则以产于山谷中的最好，产于竹子下面的次之，产于碎石土壤中的又次一些，产于黄沙土中的比较差。

造茶

新采，拣去老叶及枝梗碎屑。锅广二尺四寸。将茶一斤半焙之，候锅极热，始下茶急炒，火不可缓。待熟方退火，彻入筛中，轻团那数遍，复下锅中，渐渐减火，焙干为度。中有玄微，难以言显。火候均停，色香全美，玄微未究，神味俱废。

［译解］

刚刚采摘下来的茶叶，要仔细拣去其中的老叶和枝、梗、碎末。然后用一个直径二尺四寸的铁锅，称量一斤半的茶叶进行烘焙。必须要等到锅烧得非常热，才把茶叶放进去，急急地翻炒，火也要跟得上，不可放缓。等到炒熟之后才可以把火退去，同时把茶叶拿出来放到筛子里，轻轻地翻转揉捻几遍，然后再放进铁锅中，这时就可以减小火力，缓火烘烤，以烘焙干燥作为标准，也就可以了。在这样的加工工艺中，也有玄妙精微的方法，难以用言语表达出来。如果火候掌握得恰到好处，那么制成的茶叶的色泽、香气、味道就会都达到完美的境地；而如果其间的玄妙精微的方法不加讲究，那么制成的茶叶的神韵和味道就完全废弃不存在了。

辨茶

茶之妙，在乎始造之精，藏之得法，泡之得宜。优劣定乎始锅，清浊系乎末火。火烈香清，锅寒神倦。火猛生焦，柴疏失翠。久延则过熟，早起却还生。熟则泛黄，生则著黑。

顺那则甘，逆那则涩。带白点者无妨，绝焦点者最胜。

［译解］

茶叶的奥妙，首先在于开始制造时就要做到精益求精；其次收藏要得法，从而保持茶叶的新鲜和洁净；再次就是冲泡时要方法得当，使其色泽、香气、味道得以充分发挥。茶的优劣，早在开始下锅炒制时就决定了；而茶叶冲泡出来后的清浊，则取决于最后烘焙时火候的把握。火力强烈，制成的茶叶就会清香宜人；如果开始炒茶时锅比较凉，那么制成的茶叶就会缺少神韵。但是，如果火力过于猛烈，就会使茶叶变得焦枯；相反，如果柴薪火力过于弱小，那么制成的茶叶就会失去青翠的色泽。茶叶炒好后，若不及时拿出来而在锅中停留时间过长，就可能使茶叶熟过了头；相反，如果拿出来过早，那么茶叶没有炒熟，就会显得生涩。炒得过熟，茶叶就会泛黄；没有炒熟，茶叶就会带有黑色。翻转揉捻经过炒制的茶叶时，如果以顺时针的方向翻转揉捻，制成的茶叶味道就甘甜；相反，如果以逆时针的方向翻转揉捻，制成的茶叶味道就苦涩。炒制出来的茶叶，带有白点的无妨，没有一点烤焦的地方的最好。

藏茶

造茶始干，先盛旧盒中，外以纸封口。过三日，俟其性复，复以微火焙极干，待冷贮坛中。轻轻筑实，以箬衬紧。将花笋箬及纸数重封扎坛口，上以火煨砖冷定压之，置茶育中。切勿临风近火。临风易冷，近火先黄。

[译解]

经过炒制的茶叶刚刚烘烤干燥，先要盛放到旧的盒子中，外面用纸把口部密封。这样经过三天时间，等到茶叶的本性有所恢复，再用小火把茶叶烘焙得非常干燥，等待冷却之后贮存于坛中。要轻轻地把茶叶压结实，用箬叶衬紧。最后用花笋箬和纸多层把坛口密封并且捆扎起来，上面再用火煨烤过的砖冷却后压住，将坛子放在茶育（一种竹编木架的箱子，成品茶的复烘和封藏工具）中。收藏茶叶的茶育切不可临近风口和靠近火。临近风口，容易使茶叶过冷；靠近火，茶叶的色泽就会首先变黄。

火候

烹茶旨要，火候为先。炉火通红，茶瓢始上。扇起要轻疾，待有声，稍稍重疾，斯文武之候也。过于文则水性柔，柔则水为茶降；过于武则火性烈，烈则茶为水制。皆不足于中和，非茶家要旨也。

[译解]

烹茶的关键，首先在于火候的把握。炉火要烧得通红，才把茶瓢放在上面。用扇子扇火，开始时要又轻又快，等到水热发出声音时稍微用力又重又快，这就是所谓文武之候。火力过于文即过于温和，那么烧出来的水性就柔和，水性柔和，就会为茶所降伏；火力过于武即强烈，那么火性就猛烈，火性猛烈，茶就会为水所制伏。这两种情况都不足以称得上中正平和，不是茶人和鉴赏家的茶艺要旨。

汤辨

汤有三大辨、十五小辨。一曰形辨，二曰声辨，三曰气辨。形为内辨，声为外辨，气为捷辨。如虾眼、蟹眼、鱼眼连珠，皆为萌汤，直至涌沸如腾波鼓浪，水气全消，方是纯熟；如初声、转声、振声、骤声，皆为萌汤，直至无声，方是纯熟；如气浮一缕、二缕、三四缕，及缕乱不分，氤氲乱绕，皆为萌汤，直至气直冲贯，方是纯熟。

[译解]

关于茶汤也就是烹茶用水火候的掌握，有所谓三大辨、十五小辨。三大辨，第一叫作形辨，第二叫作声辨，第三叫作气辨。形辨就是通过水形加以鉴别，称为内辨；声辨就是通过水声加以鉴别，称为外辨；气辨就是通过水汽加以鉴别，称为捷辨。其中，形辨又可以分为四小辨：水面浮起水泡如虾眼，如蟹眼，如鱼眼连珠，这三种都是萌汤也即刚刚烧热的水，直到水面汹涌沸腾如腾波鼓浪，水汽全部消散，才达到了纯熟。

声辨又可以分为五小辨：如初起之声、旋转之声、振动之声、骤雨之声，这四种声音，都是萌汤，直到无声，才达到了纯熟。气辨又可以分为六小辨：如水汽飘浮起一缕、二缕、三四缕，以及飘浮的汽缕混乱不分、水汽氤氲环绕飘动，这五种水汽都是萌汤的标志，直到水汽升腾冲贯，才达到了纯熟。

汤用老嫩

蔡君谟汤用嫩而不用老。盖因古人制茶，造则必碾，碾则必磨，磨则必罗，则茶为飘尘飞粉矣。于是和剂，印作龙凤团，则见汤而茶神便浮，此用嫩而不用老也。今时制茶，不假罗磨，全具元体。此汤须纯熟，元神始发也。故曰汤须五沸，茶奏三奇。

[译解]

北宋蔡襄（字君谟）认为,茶汤用嫩而不用老。这是因为，古人制茶，一定要用碾，碾茶就一定要用茶磨，磨过之后一定要用罗，经过几番加工，茶就变成了可以飘起飞动的粉末细尘。于是调和成膏，压制成型，加上纹饰印记，制成龙团凤饼。这样茶末见水之后，其神韵便会很快散发，这就是茶汤用嫩而不用老的原因。如今的制茶，不再使用茶罗、茶磨进行加工，用的都是茶叶本来的叶芽。这样茶汤就必须达到纯熟，才能使茶叶本身的神韵得到充分发挥。所以说茶汤必须达到五沸，烹出的茶才可以达到色泽、香气、味道俱佳的三奇境界。

泡法

探汤纯熟便取起，先注少许壶中，祛荡冷气，倾出然后投茶。茶多寡宜酌，不可过中失正。茶重则味苦香沉，水胜则色清气寡。两壶后，又用冷水荡涤，使壶凉洁。不则减茶香矣。罐熟则茶神不健，壶清则水性常灵。稍俟茶水冲和，然后分酾布饮。酾不宜早，饮不宜迟。早则茶神未发，迟则妙馥先消。

[译解]

按照上述辨别茶汤的方法，观察到茶汤纯熟，就把烧水的茶瓶从茶炉上拿起来。先往茶壶中注入少量的开水，祛除和荡涤壶中的冷气，把水倒出来，然后投放茶叶。投放茶叶的多少要加以斟酌，不可过多或过少，失去中正之宜。茶多水少，就会味道过于苦涩，香气沉滞；水多茶少，就会色泽清淡，香气寡薄。冲泡过两壶茶后，还要用凉水荡涤茶壶，使其凉爽洁净，否则就会减损茶的香气。茶壶过烫，就会使茶叶的神韵不易发挥；茶壶清洁，就会使泉水的本性保持鲜活。冲泡之后，要稍微停一会儿，等待茶水相互融合，就可以分别斟入茶瓯，进行品饮。斟茶不宜过早，而品饮则不宜太迟。斟茶过早，茶叶的神韵尚未发挥出来；品饮太迟，茶叶的奇妙香气已经消散了。

投茶

投茶有序，毋失其宜。先茶后汤，曰下投。汤半下茶，复以汤满，曰中投。先汤后茶，曰上投。春、秋中投，夏上投，冬下投。

[译解]

往茶壶中投放茶叶要有一定的程序，不能违背其适宜的标准。先放茶叶后冲开水，叫作下投。先冲半壶开水，再投放茶叶，然后冲满开水，叫作中投。先冲满开水后投放茶叶，叫作上投。这三种方法要根据季节的不同而分别运用，春秋两季适宜用中投，夏季适宜用上投，冬季适宜用下投。

饮茶

饮茶以客少为贵，客众则喧，喧则雅趣乏矣。独啜曰神，二客曰胜，三四曰趣，五六曰泛，七八曰施。

[译解]

品茶时，以宾客较少、环境幽静为贵。如果宾客众多，就会嘈杂喧闹，从而失去了品饮的雅趣。一人独啜叫作神饮，二人对饮叫作胜饮，三四个人饮茶叫作趣饮，五六个人饮茶叫作泛饮，七八个人饮茶就叫作施茶。

香

茶有真香，有兰香，有清香，有纯香。表里如一曰纯香，不生不熟曰清香，火候均停曰兰香，雨前神具曰真香。更有含香、漏香、浮香、间香，此皆不正之气。

[译解]

茶的香气有多种，有自然的真香，有兰蕙的香气，有清香之气，有纯香之气。表里如一的香气叫作纯香，不生不熟的香气叫作清香，火候恰到好处就会散发出兰蕙的香气，雨前茶的神韵充足就会发出自然的真香。此外，还有含香（香气沉闷不爽）、漏香（香气消散）、浮香（稍停即逝，也就是不持久的香气）、间香（间杂有其他气味），这些都不是正常的茶叶香气。

色

茶以青翠为胜，涛以蓝白为佳。黄黑红昏，俱不入品。雪涛为上，翠涛为中，黄涛为下。新泉活火，煮茗玄工，玉茗冰涛，当怀绝技。

[译解]

茶叶的色泽，以青翠为最好；茶水的色泽，以蓝白为最好。如果茶的色泽呈现黄、黑、红以及昏暗之色，都是不入品的劣质茶。烹好的茶水的色泽，以雪白为最好，苍翠次之，泛黄则比较差。新汲的泉水，有焰的活火，烹茶的精湛功夫，青翠的好茶，冰雪般的好水，要达到这样的境界，应当怀有独绝的技艺。

味

味以甘润为上，苦涩为下。

[译解]

茶的味道以甘甜滋润为上，以苦涩凝滞为下。

点染失真

茶自有真香，有真色，有真味。一经点染，便失其真。如水中著咸，茶中著料，碗中著果，皆失真也。

[译解]

茶叶自有其天然的纯正香气，有其天然的纯正色泽，有其天然的纯正味道。一旦经过其他物品的掺杂和点染，便会失去其天然的纯正。例如水中加入了咸味，茶中加入了作料，碗中加入了果品，都会使茶叶失去其天然纯正的香气、色泽和味道。

茶变不可用

茶始造则青翠，收藏不法，一变至绿，再变至黄，三变至黑，四变至白。食之则寒胃，甚至瘠气成积。

[译解]

茶叶开始加工制作时色泽青翠，如果收藏不得其法，首先会变成绿色，然后再变成黄色，第三次会变成黑色，最后变成白色。这样变质的茶叶，饮用之后就会使脾胃受寒，甚至有损元气，形成积滞和病变。

品泉

茶者水之神，水者茶之体。非真水莫显其神，非精茶曷窥其体。山顶泉清而轻，山下泉清而重，石中泉清而甘，砂中泉清而冽，土中泉淡而白。流于黄石为佳，泻出青石无用。流动者愈于安静，负阴者胜于向阳。真源无味，真水无香。

[译解]

茶叶，是泉水的元神；泉水，是茶叶的载体。如果不是真正的好水，就不能彰显茶叶的天然神韵；如果不是精品的茶叶，又如何能凸显作为其载体的水的功效？山顶的泉水清澈而重量较轻，山下的泉水清澈而重量较重，石中流出的泉水清澈而甘甜，沙中渗出的泉水清澈而寒冽，土中形成的泉水淡薄而色白。从黄色的石头中流出的泉水比较好，从青色的石头中流出的泉水不能饮用。流动的泉水要比静止不动的泉水好，在山的北面背阴的泉水要比在山的南面向阳的泉水好。真正的天然泉源的水是没有味道的，真正的天然泉水是没有香气的。

井水不宜茶

《茶经》云：山水上，江水次，井水最下矣。第一方不近江，山卒无泉水，惟当多积梅雨，其味甘和，乃长养万物之水。雪水虽清，性感重阴，寒人脾胃，不宜多积。

[译解]

陆羽《茶经》上说：山中的泉水最好，江河之水次之，井水的水质最差。但是如果一个地方既不临近江河，山中始终又找不到泉水，这样就只有多贮积梅雨，梅雨的味道甘甜平和，乃是可以滋养万物的好水。雪水虽然很清澈，但是其本性非常阴凉，饮用会使人的脾胃受寒，不适宜多加贮积饮用。

贮水

贮水瓮，须置阴庭中，覆以纱帛，使承星露之气，则英灵不散，神气长存。假令压以木石，封以纸箬，曝于日下，则外耗其神，内闭其气，水神敝矣。饮茶，惟贵乎茶鲜水灵。茶失其鲜，水失其灵，则与沟渠水何异？

[译解]

贮存泉水的陶瓮，必须放在阴凉的庭院中，用纱或者帛覆盖，以便使其承接星夜露水之气，这样泉水的灵性就不会消散，泉水的神韵就会长存。假如在贮水的陶瓮上面压上木板或石板，或者用纸、箬叶密封，在太阳下面曝晒，那么外面会耗散泉水的神韵，里面则会封闭和凝滞其灵气，这样泉水的神韵就被损坏了。饮茶，所贵的就在于茶的新鲜和水的灵气，一旦茶失去其新鲜，水失去其灵气，那么与沟渠间弃置无用的污水有什么不同呢？

茶具

桑苎翁煮茶用银瓢，谓过于奢侈。后用瓷器，又不能持久，卒归于银。愚意银者宜贮朱楼华屋，若山斋茅舍，惟用锡瓢，亦无损于香、色、味也。但铜、铁忌之。

[译解]

“茶圣”陆羽（号桑苎翁）在《茶经》中说：烹煮茶汤用银瓢（当为釜），认为这样虽然非常清洁，但是过于奢侈。后来用瓷器，可是又不坚实，不能持久，最终还是归于用银（《茶经》原作“铁”）为好。我个人的意见，银质的茶具只适宜于富贵之家的朱楼华屋，至于隐士平民所居的山斋茅舍，只有用锡瓢，也无损于茶的香气、色泽和味道。但是忌讳用铜、铁的茶具。

茶盏

盏以雪白者为上，蓝白者不损茶色，次之。

[译解]

茶盏，以雪白色的为最好，蓝白色的也无损于茶的色泽，次之。

拭盏布

饮茶前后，俱用细麻布拭盏，其他易秽，不宜用。

[译解]

饮茶前后，都要用细麻布擦拭茶盏，用其他物品擦拭容易产生污秽，不适宜使用。

分茶盒

以锡为之。从大坛中分用，用尽再取。

[译解]

分茶盒，用锡制成。其作用是从大坛中分取茶叶，一盒用完之后再从大坛中取用。

茶道

造时精，藏时燥，泡时洁。精、燥、洁，茶道尽矣。

[译解]

茶叶，制造时要精致，收藏时要干燥，冲泡时要洁净。能够做到精致、干燥、洁净，那么造茶、藏茶、泡茶的技艺也就完备了。

茶疏

湯提點

許然明茶疏

明錢唐許次紓然明著

產茶

天下名山必產靈草江南地煖故獨宜茶大江以北則稱六安然六安乃其郡名其實產霍山縣之大蜀山也茶生最多名品亦振河南山陝人皆用之南方謂其能消垢膩去積滯亦共寶愛顧彼山中不善製造就於食鐺大薪炒焙未及出釜業已焦枯詎堪用哉兼以竹造巨笱乘

茶疏　二

《茶疏》书影（喻政《茶书》本）

《茶疏》一卷，明许次纾（1549—1605）撰，是明代茶书代表作之一。

许次纾字然明，号南华，浙江钱塘（今杭州）人。据明冯梦祯《许然明墓志铭》及清厉鹗《东城杂记》记载：许次纾是许应元（号茗山，嘉靖十一年进士，官至广西布政使）的幼子，因为跛脚而终生未仕，能诗善文，好蓄奇石，生性好客，交游广阔，善于品茶鉴水，著有《小品室》《荡栉斋》二集，已失传。其对茶艺的研究得吴兴姚绍宪的指授，所著《茶疏》一卷，“深得茗柯至理，与陆羽《茶经》相表里”。

此书撰成于万历二十五年（1597），前有万历丁未（1607）姚绍宪《题许然明茶疏序》和许世奇《小引》。书凡三十九则，论述涉及茶文化的各个方面，颇为详尽，尤其是结合明代中后期茶文化的复兴和自己的体验，提出了许多精到的见解，具有很高的史料价值。

此书有喻政《茶书》本、《宝颜堂秘籍》本、《居家必备》本、《欣赏篇》本、《广百川学海》本、《古今说部丛书》本等。本书以喻政《茶书》本为底本，参校诸本，加以点校译解。

明万历娇黄撇口茶碗

[明]陈洪绶
《品茶图》

产茶

天下名山，必产灵草。江南地暖，故独宜茶。大江以北，则称六安。然六安乃其郡名，其实产霍山县之大蜀山也。茶生最多，名品亦振，河南、山陕人皆用之。南方谓其能消垢腻、去积滞，亦共宝爱。顾彼山中不善制造，就于食铛大薪炒焙，未及出釜，业已焦枯，讵堪用哉？兼以竹造巨笱，乘热便贮，虽有绿枝紫笋，辄就萎黄，仅供下食，奚堪品斗？

江南之茶，唐人首称阳羡，宋人最重建州，于今贡茶两地独多。阳羡仅有其名，建茶亦非最上，惟有武夷雨前最胜。近日所尚者，为长兴之罗岕，疑即古人顾渚紫笋也。介于山中谓之岕，罗氏隐焉故名罗。然岕故有数处，今惟洞山最佳。姚伯道云：明月之峡，厥有佳茗，是名上乘。要之，采之以时，制之尽法，无不佳者。其韵致清远，滋味甘香，清肺除烦，足称仙品。此自一种也。若在顾渚，亦有佳者，人但以水口茶名之，全与岕别矣。若歙之松萝，吴之虎丘，钱塘之龙井，香气秾郁，并可雁行，与岕颉颃。往郭次甫亟称黄山，黄山亦在歙中，然去松萝远甚。往时士人皆贵天池。天池产者，饮之略多，令人胀满。自余始下其品，向多非之。近来赏音者，始信余言矣。浙之产，又曰天台之雁宕，括苍之大盘，东阳之金华，绍兴之日铸，皆与武夷相为伯仲。然虽有名茶，当晓藏制。制造不精，收藏无法，一行出山，香味色俱减。钱塘诸山，产茶甚多。南山尽佳，北山稍劣。北山勤于用粪，茶虽易茁，气韵反薄。往时颇称睦之鸠坑，四明之朱溪，今皆不得入品。武夷之外，有泉州之清源，倘以好手制之，亦是武夷亚匹，惜多焦枯，令人意尽。楚之产曰宝庆，滇之产曰五华，此皆表表有名，犹在雁茶之上。其他名山所产，当不止此，或余未知，或名未著，故不及论。

[译解]

天下有名的山峰，必定出产灵异的草木。江南地区气候温暖湿润，所以非常适宜茶树的生长。长江以北的名茶产地，就要数六安了。然而，六安只是直隶州名，六安茶的真正产地是在六安州所属霍山县的大蜀山。这里的茶叶产量最大，品种也很知名，传扬于四方，河南、山西、陕西等北方地区的人都饮用这种茶。南方的人则认为六安茶能消除污垢油腻，化解饮食的积滞，所以也都非常珍爱它。只是大蜀山中的茶农不擅长加工制造，采摘的新茶就放在烧饭用的大锅中，用粗大的木柴烧大火炒制，鲜茶还没有来得及出锅，就已经焦煳干枯了，怎么用来品饮呢？他们还用竹子编制成大篓，不等炒制出的茶叶晾干就趁热贮存起来，这样，即便炒出的茶叶还能保留一些绿叶紫芽的本色，也很快被捂得枯萎而发黄了。所以，六安茶只能作为普通的饮品，哪里能够充当斗茶茗战的佳品呢？

江南地区的名茶产地，唐朝人称道的是阳羡（今江苏宜兴），宋朝人最关注的是建州（今福建建瓯），影响至于今日，进奉宫廷的贡茶仍以这两个地方为最多。然而，如今的阳羡茶早已是徒有虚名，建州茶也并非最上等，只有武夷山的雨前茶才是最好的。近来人们所崇尚的，是长兴（今浙江湖州长兴县）的罗岕茶，我怀疑这就是古人所说的顾渚紫笋茶。因为其产地介于两山之间，所以就叫作岕；因为有罗姓的人家隐居在这里，所以又以罗来命名。然而，罗岕茶产地原本有多处，现在只有洞山（今长兴县白岘乡罗岕村）所出的最好。姚绍科（字伯道，姚绍宪之兄）说过：在明月峡，出产有好茶，这是上乘的佳品。概括说来，只要采摘及时，制造得法，就没有不是佳品的。这种茶的韵致清爽悠远，滋味甘甜醇香，清肺沁脾，除烦去腻，足可以称得上是仙品。罗岕茶是独具特色的一个品种。至于在顾渚山出产的茶叶，也有比较好的品种，人们只是以水口茶来命名，与罗岕茶全然不同。又如歙州的松萝茶、苏州的虎丘茶、杭州的龙井茶，也都清香浓郁，可以和罗岕茶并列佳品，不相上下。从前著名隐士郭第（字次甫）极力称道黄山茶，黄山茶也出产于歙州，然而其品质与松萝相差甚远。过去读书仕进的人都很推崇天池茶，然而天池所产茶叶，饮用略微多一些，就会使人感到腹中胀满。从我开始才降低了天池茶的品级，一向有很多人不以为然；直到近来，那些精通茶道鉴赏的知音茶人，才相信了我的话。浙江盛产茶叶的地方，还有天台的雁荡山、括苍的大盘山、东阳的金华，以及绍兴的日铸，所产茶叶都和武夷茶不相上下。但是，既是有了名茶，还要通晓制作和收藏的方法。如果加工制作不精，收藏也不得法，那么一旦运出山外，其色、香、味都大大减损了。杭州附近的许多山中，产茶很多，其中生长在南山的茶叶品质都很不错，生长在北山的茶叶品质稍差一些。北山的茶农虽然勤于施肥，茶叶生长得也很茁壮，可是清香和韵味反而比较淡薄。以往人们颇为称道的睦州鸠坑茶、四明的朱溪茶，如今都不能进入佳品之列。福建名茶，除武夷茶之外，还有泉州的清源茶，如果请高手来加工制作，也可以与武夷茶相匹敌而稍逊一筹。可惜大多被炒制得焦枯，令人扫兴。两湖地区盛产茶叶的地方有宝庆府（今湖南邵阳）等，云南盛产茶叶的地方有五华山（今昆明市区北部）等，当地出产的茶叶都赫赫有名，品质甚至在雁荡茶之上。其余各名山胜地所产的茶叶，应当不止上述这些，有的是我不知道，有的则是名声尚未显著，因而我在这里没有评论和涉及。

今古制法

古人制茶，尚龙团凤饼，杂以香药。蔡君谟诸公，皆精于茶理，居恒斗茶，亦仅取上方珍品碾之，未闻新制。若漕司所进第一纲，名北苑试新者，乃雀舌、冰芽所造，一銙之直，至四十万钱，仅供数盂之啜，何其贵也！然冰芽先以水浸，已失真味，又和以名香，益夺其气，不知何以能佳。不若近时制法，旋摘旋焙，香色俱全，尤蕴真味。

［译解］

宋朝人制茶，崇尚龙团凤饼，并且夹杂一些香料。蔡襄（字君谟）等各位前辈，都精通茶理，平日起居经常要品茗斗茶，也只是取来上等的珍品经过碾、罗和烹点，没有听说过当时从新采制的。至于说转运使衙门所进贡的第一纲绝品芽茶，名叫北苑试新，乃是用雀舌、冰芽等上等的嫩芽加工制造的，每一銙茶的价值，高达四十万钱，却仅供几杯茶的品饮，是何等贵重啊！然而，人们采下的冰芽要先用水浸泡，已经失去了茶叶的天然真味，又用名贵香药掺杂其中，更加侵夺了茶叶本身的香气，不知道怎么能制造出真正的佳品。不如近来人们采制茶叶的方法，当时采摘随即焙制，茶的香气和色泽保留得很完全，尤其是蕴含着茶叶的天然真味。

采摘

清明、谷雨，摘茶之候也。清明太早，立夏太迟，谷雨前后，其时适中。若肯再迟一二日期，待其气力完足，香洌尤倍，易于收藏。梅时不蒸，虽稍长大，故是嫩枝柔叶也。杭俗喜于盂中撮点，故贵极细，理烦散郁，未可遽非。吴淞人极贵吾乡龙井，肯以重价购雨前细者，狃于故常，未解妙理。岕中之人，非夏前不摘。初试摘者，谓之开园。采自正夏，谓之春茶。其地稍寒，故须待夏，此又不当以太迟病之。往日无有于秋日摘茶者，近乃有之，秋七八月重摘一番，谓之早春。其品甚佳，不嫌稍薄。他山射利，多摘梅茶。梅茶涩苦，止堪作下食，且伤秋摘，佳产戒之。

［译解］

清明到谷雨，是采摘茶叶的最佳时节。清明太早，立夏就显得太迟，谷雨前后，时间正适宜采茶。如果再推迟一两天，等到茶叶所蕴含的气力完全充足，然后采摘，茶的清香甘洌就更加成倍地增长，而且容易收藏。梅雨时节天气还不太闷热，茶的芽叶虽然长得稍大一些，其实仍旧是嫩枝柔叶。杭州民间习俗，人们喜欢在茶杯中撮茶以沸水点泡，所以很看重极为精细的茶叶，以此解除和驱散一切烦恼和忧愁，这种方法是不可以随便非议的。吴淞人极其看重我们家乡杭州的龙井茶，愿意出重价购买雨前采摘的细茶，有悖于传统的习俗，我还不能明白其中的奥妙。出产罗岕茶的岕中的人,不到立夏前不采茶。初次试摘茶叶，叫作开园。正当立夏时节所采的茶叶，称作春茶。这是因为当地稍稍偏寒，所以要等到立夏时节才可以采摘，对此不应当因为采摘太迟而有所批评。从前没有在秋天采茶的，近来才有人这样做，在秋天七八月间重新采摘一遍，称作早春茶。这种茶的品质非常好，饮用起来并没有味道淡薄的感觉。其他山区的茶农，为了图谋经济利益，很多在梅雨季节采摘茶叶。这种梅茶味道又涩又苦，只可以充当很普通的饮品，而且有损于秋茶（即早春茶）的采摘，对于品种优良的茶树要力戒这种做法。

炒茶

生茶初摘，香气未透，必借火力，以发其香。然性不耐劳，炒不宜久。多取入铛，则手力不匀；久于铛中，过熟而香散矣，甚且焦枯，尚堪烹点？炒茶之器，最嫌新铁，铁腥一入，不复有香。尤忌脂腻，害甚于铁，须豫取一铛，专用炊饮，无得别作他用。炒茶之薪，仅可树枝，不用干叶，干则火力猛炽，叶则易焰易灭。铛必磨莹，旋摘旋炒。一铛之内，仅容四两。先用文火焙软，次加武火催之。手加木指，急急钞转，以半熟为度。微俟香发，是其候矣。急用小扇钞置被笼，纯棉大纸衬底燥焙，积多候冷，入瓶收藏。人力若多，数铛数笼；人力即少，仅一铛二铛，亦须四五竹笼，盖炒速而焙迟。燥湿不可相混，混则大减香力。一叶稍焦，全铛无用。然火虽忌猛，尤嫌铛冷，则枝叶不柔。以意消息，最难最难。

［译解］

生茶刚刚采摘下来，香气还没有充分发透，必须借助火力进行炒制，以便把茶的清香促发出来。然而茶叶生性经不起折腾，炒制也不宜时间太久。如果一下子把很多的茶叶都放入茶铛内，那么在炒制时手力翻炒就会用力不均匀。如果茶叶在茶铛中的时间过长，就会因炒得过熟而使香气失散，甚至炒得干枯焦煳，怎么能用来烹煮和冲泡品饮？炒茶所用的器具，最忌讳新铁所制成的，铁腥味一旦进到茶叶中，茶就不再有清香之味了。炒茶时，尤其忌讳炒茶用具上沾有油腻，这对茶的损害比铁腥更厉害，因此必须事先预备一个炒铛，专门用来炒茶，不能同时兼有其他用途。炒茶所用的材薪，只能是树枝，而不能用树干和树叶，树干燃烧时火力过大过猛，树叶燃烧时则容易起大火焰又容易熄灭，火力不稳定。炒茶时，炒铛要磨得光亮洁净，茶叶则要随摘随炒。一铛之中，只能放入四两生茶；首先要用文火烘软，然后再用大火迅速杀青；手上要戴上木指，急急地翻炒转动茶叶；炒茶以半熟为适度，等到茶的香气微微散发出来，也就到了火候了。这时，急忙用小扇似的铲子抄出来放置到焙笼之上，用纯棉大纸衬在下面，进行烘干，待炒好的茶积累多了，凉透以后，放进瓶子里收藏。如果炒茶的人手多，就多用一些炒铛和焙笼同时操作；即使人手少，只有一两个炒铛，也必须准备四五个竹笼，因为炒茶的速度较快，而烘干的速度就比较慢。已经烘焙干燥的茶和还潮湿的茶不可相互混杂，如果混在一起，就会使茶的香气大为减损。如果一片叶子炒焦了，那么全铛的茶叶都没有用了。虽然说炒茶时最忌讳火力太猛，但是尤其不能使炒铛过冷，否则就会使得茶的枝叶不柔软。要凭着经验和灵感来把握炒茶时用火的分寸和操作的火候，的确是最难最难的事情。

岕中制法

岕之茶不炒，甑中蒸熟，然后烘焙。缘其摘迟，枝叶微老，炒亦不能使软，徒枯碎耳。亦有一种极细炒岕，乃采之他山，炒焙以欺好奇者。彼中甚爱惜茶，决不忍乘嫩摘采，以伤树本。余意他山所产，亦稍迟采之，待其长大，如岕中之法蒸之，似无不可。但未试尝，不敢漫作。

［译解］

岕中所产的罗岕茶不用炒制，而只是放在甑中蒸熟，然后进行烘烤。这是因为罗岕茶的采摘时间比较晚，茶树的枝叶稍微有点老，经过炒制也不能使其变软，反而使得茶叶干枯破碎罢了。又有一种极细的炒制岕茶，其实是从其他山上采摘的茶叶，经过炒制之后用来欺骗那些好奇的人。岕中的人非常爱惜茶，决不忍心趁着茶芽很嫩时采摘，而伤害茶树的根本。我考虑其他山中所产的茶叶，也应当稍微晚一些采摘，等待茶芽长得大一些，再用岕中制茶的方法蒸过之后烘烤制成，也没有什么不可以的。但是没有经过尝试，也不敢贸然去推广这种方法。

收藏

收藏宜用瓷瓮，大容一二十斤，四围厚箬，中则贮茶。须极燥极新，专供此事，久乃愈佳，不必岁易。茶须筑实，仍用厚箬填紧，瓮口再加以箬，以真皮纸包之，以苎麻紧扎，压以大新砖，勿令微风得入，可以接新。

[译解]

茶叶的收藏保存适宜用瓷瓮，大的能容纳一二十斤，瓮内四周铺上厚厚的箬叶，中间则贮存茶叶。箬叶必须是干燥而新鲜的，而且是专门用来包裹茶叶的，时间越久就越好，不必每年更换。茶叶放入瓮中，要压得很坚实，仍然用厚厚的箬叶填紧，瓮口再加上一层箬叶，用真皮纸包住瓮口，用苎麻扎紧，用一大块新砖压住，不能让一丝风儿得以透入，这样就可以保存到第二年新茶下来。

置顿

茶恶湿而喜燥，畏寒而喜温，忌蒸郁而喜清凉。置顿之所，须在时时坐卧之处。逼近人气，则常温不寒。必在板房，不宜土室。板房则燥，土室则蒸。又要透风，勿置幽隐。幽隐之处，尤易蒸湿，兼恐有失点检。其阁度之方，宜砖底数层，四围砖砌。形若火炉，愈大愈善，勿近土墙。顿瓮其上，随时取灶下火灰，候冷，簇于瓮傍半尺以外。仍随时取灰火簇之，令里灰常燥，一以避风，一以避湿。却忌火气入瓮，则能黄茶。世人多用竹器贮茶，虽复多用箬护，然箬性峭劲，不甚伏帖，最难紧实，能无渗罅？风湿易侵，多故无益也。且不堪地炉中顿，万万不可。人有以竹器盛茶，置被笼中，用火即黄，除火即润。忌之！忌之！

[译解]

茶叶生性忌讳潮湿而喜欢干燥，畏惧寒冷而喜欢温暖，忌讳闷热而喜欢清凉。所以放置茶叶的处所，必须选择人们时常坐卧起居的地方。靠近人的气息的地方，就会保持相对的温暖而不至于过分寒冷。一定要贮藏在木板房里，不适合放在土屋里。木板房比较干燥，而土屋就比较闷热。放置茶叶的地方还要保持通风，不要放在昏暗隐蔽的地方。昏暗隐蔽的地方，尤其容易闷热和潮湿，同时恐怕在检点核查时不易发现。放置茶叶的方法，应该用几层砖铺底，四周也用砖围砌起来，形状如同火炉，越大越好，不要接近土墙。把收藏茶叶的瓷瓮搁在上面，随时取来灶下的火灰，等冷却之后堆于瓷瓮周围半尺以外的地方，仍然要随时取来火灰堆于周围，从而使得里面的火灰经常保持干燥，一方面可以用来避风，另一方面可以用来防潮。但是切忌火气进入瓷瓮中，那样就会使茶叶变黄。世人多用竹器贮存茶叶，虽然也用很多层箬叶包裹加以保护，然而箬叶生性坚劲峭直，很不伏帖，最难做到包紧压实，怎么能没有渗漏的缝隙呢？这样风和潮气容易侵入，即使铺的箬叶再多，对于贮存茶叶也是没有益处的。况且这种包装形式也经不住在地炉中放置，所以万万不能采用。有的人用竹器盛放茶叶，但是这样铺于竹笼之中，有火烘烤马上就会发黄，离开了火就会受潮。这种方法也切记不能使用。

取用

茶之所忌，上条备矣。然则阴雨之日，岂宜擅开？如欲取用，必候天气晴明，融和高朗，然后开缶，庶无风侵。先用热水濯手,麻帨拭燥。缶口内箬,别置燥处。另取小罂，贮所取茶。量日几何，以十日为限。去茶盈寸，则以寸箬补之，仍须碎剪。茶日渐少，箬日渐多，此其节也。焙燥筑实，包扎如前。

[译解]

有关茶叶盛放贮藏的忌讳，在上一条中已经详细说明了。虽然这样，但在阴雨的天气里，怎么可以随意启封取茶呢？如果想要取出存放的茶叶饮用，一定要等到天色晴朗、气温融和的时候，然后才可以打开盛茶的瓷瓮，这样才不致为寒风和潮气所侵袭。取茶之前，首先要用热水洗手，用麻做的佩巾擦干。瓮口所铺的箬叶，取出来要放到另外的干燥地方。另外拿来一个小瓶，贮存所取出的茶叶。估量每天用茶若干，以十天作为一个期限，决定取出茶叶的多少。如果取出大约有一寸厚的茶叶，那么就用一寸厚的箬叶填补进去，仍然要把箬叶剪碎。这样茶叶日渐减少，箬叶却日益增多，就是茶叶取用的准则。填补进去的箬叶要烘烤干燥，填压结实，然后把瓷瓮像以前一样包好扎紧，处置妥当。

包裹

茶性畏纸。纸于水中成，受水气多也。纸裹一夕，随纸作气尽矣。虽火中焙出,少顷即润。雁宕诸山,首坐此病。每以纸帖寄远，安得复佳?

[译解]

茶叶的本性惧怕纸。因为纸是在水中制成的，所以纸所受的水汽比较多。用纸包裹一夜，茶叶就会随着纸中的水汽而受潮了。即使刚从火上烘烤出来，用纸包裹不一会儿就变得湿润了。雁荡诸山的茶叶，首先就是存在着这个弊病，因而品质大受影响。人们常常用纸包把茶封起来寄给远方的亲友，怎么能够保持茶叶的良好品质呢?

日用顿置

日用所需，贮小罂中，箬包苎扎，亦勿见风。宜即置之案头,勿顿巾箱书簏,尤忌与食器同处。并香药则染香药,并海味则染海味，其他以类而推。不过一夕，黄矣变矣。

[译解]

日常所饮用的茶叶，应贮藏在小口大肚的小罐子中，用箬叶包裹、苎麻扎紧，也要注意不能见风。茶罐适宜放置于案头，不要放在存有杂物或者书籍的箱子里，尤其忌讳与饮食器具放在同一个地方。如果和香料放在一起，就会染上香料味道，和海产品放在一起，就会染上海味，其他也都可以以此类推。一旦这样的情况发生，那么过不了一晚上，茶叶就会发黄和变味了。

择水

精茗蕴香，借水而发，无水不可与论茶也。古人品水，以金山中泠为第一泉，或曰庐山康王谷第一。庐山，余未之到，金山顶上井，亦恐非中泠古泉。陵谷变迁，已当湮没。不然，何其漓薄不堪酌也？今时品水，必首惠泉，甘鲜膏腴，至足贵也。往三渡黄河，始忧其浊，舟人以法澄过，饮而甘之，尤宜煮茶，不下惠泉。黄河之水，来自天上。浊者，土色也。澄之既净，香味自发。余尝言，有名山则有佳茶，兹又言，有名山必有佳泉。相提而论，恐非臆说。余所经行，吾两浙、两都、齐、鲁、楚、粤、豫章、滇、黔，皆尝稍涉其山川，味其水泉。发源长远，而潭沚澄澈者，水必甘美。即江湖溪涧之水，遇澄潭大泽，味咸甘冽。唯波涛湍急，瀑布飞泉，或舟楫多处，则苦浊不堪。盖云伤劳，岂其恒性？凡春夏水长则减，秋冬水落则美。

[译解]

精品好茶蕴含着清香，要借助水的力量散发出来，所以没有水是无法品鉴茶的优劣的。古人品水，以镇江金山的中泠泉为天下第一泉，也有人以庐山康王谷的瀑布水为第一。庐山，我没有去过，金山顶上的水井，也恐怕已经不是中泠古泉了。随着地质变化，丘陵溪谷变迁，中泠古泉应当已经消失了；不然的话，为什么泉水如此浇漓而淡薄，不堪品饮呢？如今人们比较时下的品茶用水，必定要以无锡的惠山泉为第一。惠山泉水甘甜鲜美，滋味醇厚，足以受到人们的宝爱。从前我曾经多次渡过黄河，开始的时候很担忧河水浑浊无法饮用，船夫用他自己的办法进行澄清后，饮用起来居然很甘甜，尤其适合煮茶，口感不在惠泉之下。黄河之水天上来，流经黄土高原，河水浑浊是由于沾染了土色，经过澄清变得干净之后，自然会发出香甜的味道。我曾经说过：有名山就会出好茶。这里我再补充一句：有名山就一定会有佳泉。如此相提并论，恐怕并不是没有根据的说法。我曾游历过的地方，包括我的故乡浙江、南北两京、山东、两湖和两广、江西、云南和贵州等地，我都对那里的山川大致考察了一番，也品尝了各地的泉水。凡是源远流长且潭底清澈的地方，泉水一定甘甜鲜美。即使是江河、湖泊、溪流、山涧的水，如果遇到清澈的大潭和水泽，味道也全都会变得清凉甘甜。只有波涛汹涌、水流湍急之处，飞流直下的瀑布，或者是船只往来频繁的去处，那里的水才会变得苦涩、浑浊，不堪酌饮。这就是所谓损伤于劳作，也就是过度扰攘受到损害，难道是其与生俱来的本性吗？一般说来，春天和夏天是水势上涨的季节，水味相对而言会比较差，而秋天和冬天是水势下落的季节，水味就比较甘甜鲜美。

贮水

甘泉旋汲,用之斯良。丙舍在城,夫岂易得?理宜多汲,贮大瓮中。但忌新器,为其火气未退,易于败水,亦易生虫。久用则善,最嫌他用。水性忌木,松杉为甚。木桶贮水,其害滋甚,挈瓶为佳耳。贮水瓮口,厚箬泥固,用时旋开。泉水不易,以梅雨水代之。

[译解]

甘甜的泉水刚刚汲取来时,就用来烹茶品饮,效果非常好。然而家居城市,又怎么能轻易得到新鲜的泉水呢?所以应当一次多汲取些,贮存在大瓮之中。但是最忌讳用新的水容器,因为新容器烧制的火气还没有退尽,容易使水败坏,也容易生虫。已长久使用的容器最好,但最忌讳兼作他用。水的本性很忌讳木器,尤其是松木和杉木更不行。用木桶贮存泉水,其危害非常严重,不如拿瓶子装水为好。贮水的瓮口,要用厚厚的箬叶和泥封闭牢固,用的时候再临时打开。如果泉水不易汲取到,可以用梅天的雨水来代替。

舀水

舀水必用瓷瓯。轻轻出瓮,缓倾铫中。勿令淋漓瓮内,致败水味,切须记之。

[译解]

从贮存水的瓮中往外舀水，一定要用瓷瓯。轻轻地把水舀出瓮，再慢慢地倒进茶铫（diào）中。不要让水淋漓，滴回瓮内，导致水味败坏。这一点必须要牢记。

煮水器

金乃水母，锡备柔刚，味不咸涩，作铫最良。铫中必穿其心，令透火气。沸速则鲜嫩风逸，沸迟则老熟昏钝，兼有汤气。慎之慎之。茶滋于水，水借乎器，汤成于火，四者相须，缺一则废。

[译解]

按五行生克的理论，金能涵养生水，锡则刚柔兼备，味道不咸不涩，是用来制作煮水器茶铫的最好材料。茶铫的中间一定要穿孔，以便能透过火气。在煮水时，如果水烧开得迅速，那么味道就鲜嫩可口，清馨宜人；如果水烧开得迟缓，那么味道就会因为过熟而混沌积滞、不清爽，并且兼有熟烫之气。所以在煮水的时机把握上一定要慎之又慎。茶的色香味要依赖水的滋润来发挥，水的纯正甘美又要借助于煮水器具，而开水的效果又取决于火力的大小和火候的把握，四个方面相辅相成，缺一不可。

火候

火必以坚木炭为上。然木性未尽,尚有余烟。烟气入汤,汤必无用。故先烧令红，去其烟焰，兼取性力猛炽，水乃易沸。既红之后，乃授水器，仍急扇之，愈速愈妙，毋令停手。停过之汤，宁弃而再烹。

[译解]

煮水的火，要数坚硬的木炭烧的为最好。然而木炭的木头本性尚未消除净尽，还有残留的烟气。烟气一旦进入水中，水就不能饮用了。所以要先把木炭烧红，使其烟焰冒尽，同时保持火力最猛最热的时候开始烧水，这样水才容易烧开。等到木炭烧红之后，再放上煮水器具，仍然要急急地扇火，使水开得越快越好，不要停止扇火。一旦停手之后，宁可把水倒掉，再重新烹煮。

烹点

未曾汲水,先备茶具。必洁必燥,开口以待。盖或仰放，或置瓷盂，勿竟覆之。案上漆气、食气，皆能败茶。先握茶手中，俟汤既入壶，随手投茶汤，以盖覆定。三呼吸时，次满倾盂内，重投壶内，用以动荡香韵，兼色不沉滞。更三呼吸顷，以定其浮薄，然后泻以供客，则乳嫩清滑，馥郁鼻端。病可令起，疲可令爽，吟坛发其逸思，谈席涤其玄襟。

［译解］

在没有汲取泉水之前，就要预先准备好茶具。茶具一定要清洁而干燥，打开盖子候用。茶具的盖子或者仰放着，或者放在瓷盘中，而不能直接向下扣着放置在桌案上。因为案上油漆的气味和食物的味道，都能败坏茶味，千万要注意避免。烹点的基本程序是：预先把茶叶握在手中，等到开水烧好，倒进茶壶之后，就随手把茶叶投进开水之中，然后用壶盖盖好。等待三次呼吸的时间后，依次倒满茶杯中，再重新倒回茶壶中，以便使茶水发生动荡，发挥其香气和韵味，而且色泽不会沉滞。再过三次呼吸的时间，以便稳定原来漂浮于水面的茶叶，然后就可以倒出来招待客人了。这样烹点出来的茶水鲜美滑口，清香扑鼻。品饮之后，有病的人可以痊愈，疲劳的人可以感到清爽，诗坛吟诵的人可以发挥其飘逸的文思，席间高谈的人可以荡涤胸中的郁闷。

秤量

茶注宜小，不宜甚大。小则香气氤氲，大则易于散漫。大约及半升，是为适可。独自斟酌，愈小愈佳。容水半升者，量茶五分。其余以是增减。

[译解]

用于沏茶的茶壶适宜小一些，而不宜太大。茶壶小，就可以使茶的香气氤氲，充满整个容器；如果太大，就容易使茶的香气分散弥漫开来。大约能容水半升，可以作为一个适可的标准。如果独自斟茶品饮,那么就越小越好。茶与水的比例，以能容水半升的茶壶、称量五分的茶叶为度，其他的情况就按照这个比例增减。

汤候

水一入铫，便须急煮。候有松声，即去盖，以消息其老嫩。蟹眼之后，水有微涛，是为当时。大涛鼎沸，旋至无声，是为过时。过则汤老而香散，决不堪用。

[译解]

泉水一放进茶铫，就必须以猛火急煮。等到有松涛声起，就要马上揭开盖子，以便于观察和把握水烧的老嫩程度。水面冒出蟹眼似的水泡过后，就开始有了微微的波涛，这就正当水烧开的火候。等到水面波涛汹涌、水声鼎沸，一会儿就又无声无息了，这就已经超过了水烧开的火候。超过了火候，就使得开水过老而香气失散，绝不能再用来沏茶品饮了。

瓯注

茶瓯，古取建窑兔毛花者，亦斗、碾茶用之宜耳。其在今日，纯白为佳，兼贵于小。定窑最贵，不易得矣。宣、成、嘉靖，俱有名窑。近日仿造，间亦可用。次用真正回青，必拣圆整，勿用呰窳。

茶注以不受他气者为良，故首银次锡。上品真锡，力大不减，慎勿杂以黑铅。虽可清水，却能夺味。其次，内外有油瓷壶亦可，必如柴、汝、宣、成之类，然后为佳。然滚水骤浇，旧瓷易裂，可惜也。近日饶州所造，极不堪用。往时龚春茶壶，近日时彬所制，大为时人宝惜。盖皆以粗砂制之，正取砂无土气耳。随手造作，颇极精工。顾烧时必须火力极足，方可出窑。然火候少过，壶又多碎坏者，以是益加贵重。火力不到者，如以生砂注水，土气满鼻，不中用也。较之锡器，尚减三分。砂性微渗，又不用油，香不窜发，易冷易馊，仅堪供玩耳。其余细砂及造自他匠手者，质恶制劣，尤有土气，绝能败味，勿用勿用。

[译解]

茶瓯，古人都推崇建窑出产的兔毛花（即世称的兔毫盏），非常适宜从前经过碾罗的饼茶进行斗茶、点茶时使用。到了今天，流行的茶瓯以纯白色的为最好，同时以小巧为贵。定窑出产的茶瓯最为珍贵，可是不容易得到。宣德（1426—

1435）、成化（1465—1487）、嘉靖（1522—1566）年间，都在景德镇建有名窑，烧制青花瓷器。近日人们所仿造的名窑瓷器，间或也有可以使用的。其次，是用真正的回青（颜料，石青中最贵重，产于云南，可作为烧制瓷器的原料，明正德以后多以此做釉），一定要挑选圆润周正、形制美好的，不要用质量粗劣的。

茶壶以不易受其他气味污染为好，所以最好选择银器，次则选择锡器。上好的真锡制品功效很好,不易减损壶中茶味，但千万小心，不要掺杂进黑铅。混杂黑铅虽然可以使水清澈，却容易破坏水味。其次，内外釉面光洁的瓷壶也可以用，但必须用像柴窑（五代周世宗柴荣始建的名窑，故址在今郑州一带)、汝窑（宋代名窑之一,故址在今河南汝州)、宣德窑（明宣德年间的景德镇官窑）、成化窑（明成化年间的景德镇官窑）那样的名窑出产的瓷器，然后才能沏出好茶。然而，以滚烫的开水骤然浇下来，陈旧的瓷器容易裂纹，这是很可惜的。近年来饶州（即景德镇，旧属饶州府浮梁县，故称）所制的瓷器，极不经用。往日龚春所制的紫砂茶壶，近日时大彬所制的茶壶，都非常受当今人们的珍重和爱惜。因为紫砂壶都是用粗砂烧制而成，正是取其粗砂不含土气的优点。这些砂壶都是随手制作出来，却极尽精巧之工艺。但是烧制时必须火力非常充足，才可以出窑。然而火力稍微过头，砂壶又会有破碎损坏的，因此，砂壶的成品就更加珍贵。如果火力不到，烧的程度不够，那么就如同以生砂浇水，土气扑鼻，是不能用的。比起锡壶，陶瓷茶具泡茶效果还要逊色三分。砂本性微有渗漏，表面又不用釉彩，因而在沏茶时茶香就不容易散发出来，茶水既容易凉又容易变馊，这样的茶具只堪供人玩赏罢了。其他用细砂烧制的砂壶，以及出于其他匠人之手的砂壶，质地很差，工艺又很低下，尤其是含有土气，绝对会破坏茶叶的香味，千万不可使用，不可使用！

荡涤

汤铫瓯注，最宜燥洁。每日晨兴，必以沸汤荡涤，用极熟黄麻巾帨，向内拭干，以竹编架覆而庋之燥处，烹时随意取用。修事既毕，汤铫拭去余沥，仍覆原处。每注茶甫尽，随以竹筋尽去残叶，以需次用。瓯中残沈，必倾去之，以俟再斟。如或存之，夺香败味。人必一杯，毋劳传递，再巡之后，清水涤之为佳。

[译解]

茶铫、茶杯、茶壶等器具，最应该保持干燥洁净。每天早晨起来，一定要用开水烫好洗净，用极熟的黄麻做成的很软的巾帕从里向外擦拭干净，有竹编的架子，把这些茶具扣在上面，放置到干燥的地方，烹茶时随手取来使用。用完之后，要擦干净茶铫上面的剩水，仍然扣在原处。每一壶茶刚刚喝完，就随手用竹筋把残留的茶叶清除干净，以备第二次使用。茶杯中残留的茶水，一定要倒掉，以便再次斟水沏茶。如有茶水存留茶杯中，就会侵夺茶的香气、败坏茶的味道。必须一人一杯，不用再麻烦相互传递；斟茶两巡之后，要用清水洗净茶杯为好。

饮啜

一壶之茶，只堪再巡。初巡鲜美，再则甘醇，三巡意欲尽矣。余尝与冯开之戏论茶候，以初巡为婷婷袅袅十三余，再巡为碧玉破瓜年，三巡以来，绿叶成阴矣。开之大以为然。所以茶注欲小，小则再巡已终，宁使余芬剩馥尚留叶中，犹堪饭后供啜漱之用，未遂弃之可也。若巨器屡巡，满中泻饮，待停少温，或求浓苦，何异农匠作劳，但需涓滴，何论品赏，何知风味乎？

[译解]

一壶茶水，只可以沏茶两巡。第一巡茶的味道鲜美，第二巡茶的味道甘甜醇厚，第三巡茶的味道就已经发挥将尽了。我曾经与冯梦祯（字开之，1548—1605）戏谈茶的色香味变化的征候，把第一巡茶比喻为亭亭玉立的十三四岁的少女，把第二巡茶比喻为正当碧玉破瓜妙龄的花季女子，第三巡茶过后，就好比儿女成行、青春已逝的妇人。冯梦祯非常赞同我的比喻。所以茶壶要小，茶壶小就可以使茶过两巡便已倒完。宁愿让剩余的芬芳仍然残留在茶叶之中，还可以在饭后用来漱口，不要立即倒掉抛弃。如果是用大壶沏茶，就需要反复好多次，满满地斟上茶水，一口气喝下；或者因为大壶茶水温度高，要放在那里等待稍微降温；或者只是想用大壶把茶冲泡得又浓又苦。这样的饮茶方式与农夫和工匠的喝茶解渴有什么区别呢？他们辛勤地劳作，只是需要一点点的水解渴罢了，哪里谈得上品饮和鉴赏呢？又怎么懂得茶中蕴含的独特风味呢？

论客

宾朋杂沓，止堪交错觥筹；乍会泛交，仅须常品酬酢。惟素心同调，彼此畅适，清言雄辩，脱略形骸，始可呼童篝火，酌水点汤。量客多少，为役之烦简。三人以下，止爇一炉。如五六人，便当两鼎。炉用一童，汤方调适。若还兼作，恐有参差。客若众多，姑且罢火，不妨中茶投果，出自内局。

[译解]

如果宾朋满座，环境嘈杂，就只可以觥筹交错，饮酒尽兴；如果是初次会面，或者是泛泛之交，就仅仅需要以普通品级的茶叶进行应酬。只有心地纯朴、志同道合的朋友，彼此心灵相通，畅心适意，清言款话，高谈雄辩，放浪形骸，这样才可以招呼童子用竹笼生火，汲取清泉，烹点好茶。根据客人的多少，来决定茶事活动的烦简。三人以下，只生火一炉就可以了；如果有五六人，就应当用两个鼎炉。每一炉专门用一个童子，来执掌烹煮和点茶，调和适度；如果一人兼顾两炉以上的茶事，恐怕就会操作不当或者出现差池。如果客人众多，就不妨终止烹茶，取出果品，来到室外招待宾客。

茶所

小斋之外，别置茶寮。高燥明爽，勿令闭塞。壁边列置两炉，炉以小雪洞覆之。止开一面，用省灰尘腾散。寮前置一几，以顿茶注、茶盂，为临时供具。别置一几，以顿他器。旁列一架，巾帨悬之，见用之时，即置房中。斟酌之后，旋加以盖，毋受尘污，使损水力。炭宜远置，勿令近炉，尤宜多办，宿干易炽。炉少去壁，灰宜频扫。总之，以慎火防爇，此为最急。

[译解]

在小小的书斋之外，另外布置一个茶寮。茶寮要建在高处，通风干燥，明亮清爽，而不能处在低矮、潮湿、闭塞的环境之中。茶寮内临着一厢的墙壁，陈列设置两个茶炉，并用小雪洞即泥涂的小罩盖覆盖起来，仅仅露出一面，以免灰尘腾飞飘散。茶寮前面放置一个几案，用来放置茶壶、茶杯，作为临时的摆设。另外再放置一个几案，用来放置其他器具。旁边陈列一个木架，用来悬挂麻布巾帨，使用的时候，就把木架放到房中。茶水沏好斟到茶杯中后，要随即把茶杯盖起来，以免受到灰尘的污染，而使得水质受到损害。木炭应当放得远一些，不要靠近茶炉，尤其应当多多置办，放得干燥就容易燃烧。茶炉应当稍微离开墙壁一些，上面落了灰尘，要及时清扫。总之，小心地照看火候，以防温度过高，是茶寮各项事务中最为急迫的工作。

洗茶

岕茶摘自山麓，山多浮沙，随雨辄下，即着于叶中。烹时不洗去沙土，最能败茶。必先盥手令洁，次用半沸水，扇扬稍和，洗之。水不沸，则水气不尽，反能败茶。勿得过劳，以损其力。沙土既去，急于手中挤令极干。另以深口瓷合贮之，抖散待用。洗必躬亲，非可摄代。凡汤之冷热，茶之燥湿，缓急之节，顿置之宜，以意消息，他人未必解事。

[译解]

岕茶是从山脚下的茶树上采摘的，因为山上有很多飘浮的沙尘，随着雨水降落下来，就会附着在茶叶上面。煮茶时如果不洗去尘土，最容易破坏茶的味道。因此，一定要先把手清洗洁净，然后用半开的热水，扇动或扬起使其稍微温和一些，再用这水来洗茶。水不烧开沸腾，水汽就无法散发出来，用来洗茶反而有损茶味；相反，洗茶也不可太过，以免损害茶的品质。茶中所含的沙尘清洗之后，要迅速把茶叶放在手中，挤干其中的水分，另外用一个深口的瓷盒贮存起来，并且抖散开来以待取用。洗茶时一定要亲自动手，不可由其他人代劳。

大凡水烧开的温度把握、茶叶的干燥和潮湿、茶事活动节奏的快慢、各种原料器具摆设和处置的合适与否，都要自己心领神会地去体会和掌握，别人不一定能够准确地理解并进而做到位。

童子

煎茶烧香，总是清事，不妨躬自执劳。然对客谈谐，岂能亲莅，宜教两童司之。器必晨涤，手令时盥，爪可净剔，火宜常宿，量宜饮之时，为举火之候。又当先白主人，然后修事。酌过数行，亦宜少辍。果饵间供，别进浓沈，不妨中品充之。盖食饮相须，不可偏废，甘酡杂陈，又谁能鉴赏也？举酒命觞，理宜停罢，或鼻中出火，耳后生风，亦宜以甘露浇之。各取大盂，撮点雨前细玉，正自不俗。

［译解］

煎茶和焚香，总归是清高风雅之事，不妨亲自动手操作。然而，如果面对客人谈兴正浓，怎么能够亲自操劳？这就应该吩咐两名童子负责茶事活动。对于童子的要求是，有关器具每天早晨必须清洗洁净，手要不时进行清洗，指甲要修剪和清洗干净，火应该保持常用的状态，估算适宜饮茶的时间，确定点火烹茶的时机。还应当首先禀告主人，然后才开始茶事活动。斟茶经过数巡之后，也应该稍微停顿一下。可以供应一些果品点心，另外再进奉浓茶，不妨用一些普通品质的茶叶。这样进食与饮茶相辅相成，不可偏废。如果是甘甜的果品与醇厚的烈酒陈列一起，又有谁能够有心鉴别和欣赏清雅的茶品呢！因此，把酒传觞的饮酒活动进行时，理应停止烹茶供饮；若有人鼻中干燥上火，耳后生风发热，这时就应该换上似醍醐、甘露的茶叶进行浇灌，还其一片清凉。各人拿一个大杯，泡上雨前的细玉好茶，品饮款话，正是一件风雅而不俗的事情。

饮时

心手闲适，披咏疲倦，意绪棼乱，听歌闻曲，歌罢曲终，杜门避事，鼓琴看画，夜深共语，明窗净几，洞房阿阁，宾主款狎，佳客小姬，访友初归，风日晴和，轻阴微雨，小桥画舫，茂林修竹，课花责鸟，荷亭避暑，小院焚香，酒阑人散，儿辈斋馆，清幽寺观，名泉怪石。

[译解]

适宜饮茶的时间和环境有以下二十四种情况：心情愉快、闲适无事的时候，披阅书卷、吟咏诗词感到疲倦的时候，心烦意乱的时候，欣赏歌曲和音乐的时候，歌曲终了、乐曲结束的时候，紧闭家门、回避世事烦扰的时候，弹奏琴瑟、鉴赏画卷的时候，夜深人静、对坐叙话的时候，身处明窗净几的环境之中，身处内室楼阁之中，宾主殷勤相待、密切交往的时候，佳客相会、美人相约的时候，拜访朋友刚刚返回的时候，风和日丽、天气晴朗的时候，天色微阴、小雨飘洒的时候，小桥流水、画舫轻荡的时候，身处树林茂密、修竹参天的环境之中，侍弄观赏花草、把玩小鸟的时候，闲坐亭中、观荷避暑的时候，在小院中焚香静坐的时候，饮酒尽兴、客人散去的时候，在晚辈的书斋和学馆中的时候，身处清凉幽静的寺院和道观之中，身处名泉怪石的环境之中。

宜辍

作字，观剧，发书柬，大雨雪，长筵大席，翻阅卷帙，人事忙迫，及与上宜饮时相反事。

[译解]

应当终止饮茶活动的有以下八种情况：写字的时候，观看戏剧的时候，给朋友草拟和发送书信的时候，天下大雨和大雪的时候，在铺张盛大的筵席之上，翻看阅读书卷的时候，事务繁忙、应对急迫的时候，以及与上条中适宜饮茶的时间和环境相反的情况。

不宜用

恶水，敝器，铜匙，铜铫，木桶，柴薪，麸炭，粗童，恶婢，不洁巾帨，各色果实香药。

[译解]

茶事活动不适宜使用的人和物有以下十一种：不洁净的水，劣质的器具，铜制的茶匙，铜制的茶铫，木制的水桶，木头的柴火，细碎浮薄的木炭，笨手笨脚的童子，性情急躁粗鄙的女佣，不干净的手巾，各色各样的果实香药。

不宜近

阴室，厨房，市喧，小儿啼，野性人，童奴相哄，酷热斋舍。

[译解]

茶事活动不适宜接近的外界环境有以下七种情况：阴暗的房屋，厨房，喧嚣的街市，小孩的啼哭，性格粗野的人，僮仆和奴婢相互哄闹，酷热难耐的斋堂居舍。

良友

清风明月，纸帐楮衾，竹床石枕，名花琪树。

[译解]

与茶事活动相宜的良友是：清风明月，纸质的床帐和衣物，竹制的床榻和石制的枕头，名贵珍奇的花草树木。

出游

士人登山临水，必命壶觞。乃茗碗薰炉，置而不问，是徒游于豪举，未托素交也。余欲特制游装，备诸器具，精茗名香，同行异室。茶罂一，注二，铫一，小瓯四，洗一，瓷合一，铜炉一，小面洗一，巾副之，附以香奁、小炉、香囊、匕箸，以为半肩。薄瓮贮水三十斤，为半肩。足矣。

[译解]

一般来说，文人雅士外出游历，登山临水，一定要带上酒壶和酒杯，至于茶碗和薰炉，却弃置一旁不予理睬，这就只是在豪饮中游玩，而忘记了老朋友——茶。我要外出游历时，特意制作出游的行装，准备好饮茶的各种器具，还有精品茶叶、名贵香料，行旅之中随身，住下时要放在另外一间房中。这些行装包括：茶瓶一个，茶壶两把，茶铫一个，小茶杯四个，茶洗一个，瓷盒一个，铜炉一个，小面盆一个，外加手巾，附带着香奁、小炉、香囊、羹匙和筷子，装在担子的一边；用一只薄瓮盛上三十斤泉水，挂在担子的另一边。有这样的行装就足够了。

权宜

出游远地，茶不可少。恐地产不佳，而人鲜好事，不得不随身自将。瓦器重难，又不得不寄贮竹箁。茶甫出瓮，焙之。竹器晒干，以箬厚贴，实茶其中。所到之处，即先焙新好瓦瓶，出茶焙燥，贮之瓶中。虽风味不无少减，而气与味尚存。若舟航出入，及非车马修途，仍用瓦缶。毋得但利轻赍，致损灵质。

[译解]

外出游历去很远的地方，茶是不能够缺少的。恐怕当地所产的茶叶不好，而当地人又很少喜好茶事活动的，所以不得不随身携带。陶瓷茶具很沉重，不便携带，又不得不把茶叶贮存在竹器中。把茶叶从瓮中取出来之初，要烘烤一下。然后把竹器晒干，用箬叶厚厚地铺在四周，再把茶叶放入其中。到达目的地之后，就首先烘烤新的陶瓶，取出茶叶烘烤干燥，然后贮存到陶瓶中。这样即使茶叶的风味不得已有所减损，其香气与味道也还保存完好。如果是乘船外出游历，或者道路不是可以乘坐车马的平直道路，也仍然要用陶瓶盛茶，不能只图一时的轻装，致使茶叶的灵质美味受到损坏。

虎林水

杭两山之水，以虎跑泉为上。芳洌甘腴，极可贵重，佳者乃在香积厨中上泉，故有土气，人不能辨。其次，若龙井、珍珠、锡杖、韬光、幽淙、灵峰，皆有佳泉，堪供汲煮。及诸山溪涧澄流，并可斟酌。独水乐一洞，跌荡过劳，味遂漓薄。玉泉往时颇佳，近以纸局坏之矣。

[译解]

杭州灵隐、天竺诸山之中的泉水，以虎跑泉为最好。芳香清凉，甘甜醇厚，极其贵重，其最好的泉水是在香积厨中的上泉水，所以带有泥土的气味，人们不能够辨别。其次，像龙井、珍珠泉、锡杖泉、韬光庵、幽淙岭、灵峰寺等地方，都有上好的泉水，可供汲取烹茶。还有诸山之间的溪水、涧水以及清澈的河水，全都可以用来煮水沏茶。只有水乐洞的泉水，因为流下来的时候落差过大，味道就浇漓浮薄，差了很多。玉泉的水以前很好，近年来因为造纸作坊的污染而变坏了。

宜节

茶宜常饮，不宜多饮。常饮则心肺清凉，烦郁顿释。多饮则微伤脾肾，或泄或寒。盖脾土原润，肾又水乡，宜燥宜温，多或非利也。古人饮水饮汤，后人始易以茶，即饮汤之意。但令色香味备，意已独至，何必过多，反失清洌乎！且茶叶过多，亦损脾肾，与过饮同病。俗人知戒多饮，而不知慎多费。余故备论之。

[译解]

茶叶作为一种饮料，适宜经常饮用，而不适宜过多饮用。经常饮茶，就会使人心肺清凉，烦恼和郁闷很快得以解除和释放。如果过多饮用，就会对脾、肾有所损伤，有的人会腹泻，有的人则会受寒。因为脾五行属土，本来就湿润，肾五行属水，是人体的水乡，都应该经常保持适当的干燥和温暖，多饮茶水或许是不利的。古时的人只是喝水喝汤，后来的人才开始用茶叶取而代之，所以饮茶就是喝汤的意思。只要使得茶的色泽、香气、味道兼备，那么饮茶的意思也就达到了，又何必饮用过多，反而失去了清香和甘洌的本意呢！况且茶叶放得过多，也会损伤脾、肾，与饮用过量有着同样的弊病。一般的人只知道要戒除饮用过量的习惯，而不知道应当慎重，不能投放过多的茶叶，所以我要在这里全面地谈论这个问题。

辨讹

古人论茶，必首蒙顶。蒙顶山，蜀雅州山也。往常产，今不复有。即有之，彼中夷人专之，不复出山。蜀中尚不得，何能至中原、江南也。今人囊盛如石耳，来自山东者，乃蒙阴山石苔，全无茶气，但微甜耳，妄谓蒙山茶。茶必木生，石衣得为茶乎？

[译解]

古人评鉴茶叶品质的高下，必定首先推重蒙顶茶。蒙顶山，是雅州（今四川雅安）的一座山。从前出产茶叶，如今已经不再出产了。即使出产少量的茶叶，也被那里的少数民族独自享用，不再运出山外。四川的人还得不到蒙顶茶，怎么能传到中原乃至江南地区呢？如今人们用袋子装起来的像石耳一样的东西，是来自山东蒙阴山（今山东蒙阴城南）的石头上滋生的苔藓，全然没有茶的气味，只是微微有点甜味罢了，却伪称蒙山茶。茶叶必定是木本的植物，石衣怎么能够叫作茶呢？

考本

茶不移本，植必子生。古人结婚，必以茶为礼，取其不移植子之意也。今人犹名其礼曰下茶。南中夷人定亲，必不可无，但有多寡。礼失而求诸野，今求之夷矣。

[**译解**]

茶树不能移栽，种植时一定要用种子播种。古人结婚，一定要用茶叶作为聘礼之一，就是取的茶叶不能移栽和植子播种的意义。如今人们还把这种礼节命名为下茶。西南地区的少数民族人家定亲，茶叶是必不可少的礼物，只是多少不同罢了。礼仪缺失消亡，就要到乡野民间去寻觅了，如今更要到边疆少数民族中去寻求了。

余斋居无事，颇有鸿渐之癖。又桑苎翁所至，必以笔床、茶灶自随。而友人有同好者，数谓余宜有论著，以备一家，贻之好事，故次而论之。倘有同心，尚箴余之阙，葺而补之，用告成书，甚所望也。次纾再识。

[译解]

我闲居书斋，无所事事，颇有“茶圣”陆羽（字鸿渐）饮茶的癖好。此外，陆羽（号桑苎翁）外出游历，所到之处，一定要随身携带着笔床和茶灶，一方面就地汲泉煎茶，品茶鉴水，一方面记录下自己的茶学心得，从而成就了《茶经》这一伟大的著作，也给了我很大的启示。而朋友之中有不少与我同有饮茶癖好的，多次劝我应该有所论述，在茶史上聊备一家，并把著作传给后世喜好饮茶的人，所以我就平日品饮所得加以编次和论述，撰写了《茶疏》。倘若有志同道合的朋友，还能够指出我这部书中的缺失和不足，加以补充和修订，从而完成一部真正完备的茶书，这正是我的殷切期望。许次纾再记。

茶解

陶寳文

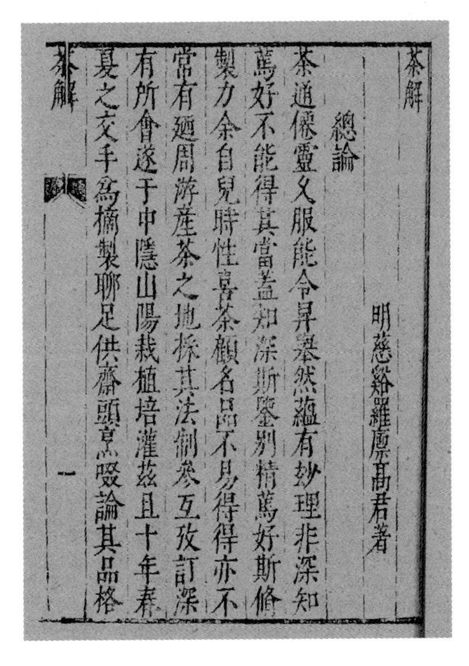

茶解

明慈谿羅廪高君著

總論

茶通僊靈久服能令昇舉然藴有妙理非深知
篤好不能得其當蓋知深斯鑒別精篤好斯修
製力余自兒時性喜茶顧名品不易得得亦不
常有迺周游產茶之地採其法制參互攷訂深
有所會遂于中隱山陽栽植培灌兹且十年春
夏之交手爲摘製聊足供齋頭烹啜論其品格

茶解　一

《茶解》书影（喻政《茶书》本）

《茶解》一卷，明罗廪撰，明代茶书的代表作之一。

罗廪字高君，浙江慈溪人，生平不详。自幼喜茶，曾周游产茶之地，后隐居中隐山阳，“栽植培灌，兹且十年”，“于茶理有悬解”。《慈溪县志》著录其另撰有《胜情集》《青原集》《补陀游草》各一卷。

此书撰于万历己酉（1609），有屠本畯《茶解叙》和万历壬子（1612）龙膺的《茶解跋》。总论后分为十目，分别对茶叶的产地、色香味、栽培、采摘、制作、收藏、烹点、用水、禁忌、器具进行了论述。其论述大都切合明代的实际和个人的实践，因而具有较高的研究价值。

此书有喻政《茶书》本，另外《说郛续》本、《古今图书集成》本则系节录，次序也有变动。本书以《茶书》本为底本整理。

明万历青花高士图六棱提梁壶

[明]陈洪绶《高隐图》(局部)

总论

茶通仙灵，久服能令升举。然蕴有妙理，非深知笃好，不能得其当。盖知深斯鉴别精，笃好斯修制力。余自儿时，性喜茶。顾名品不易得，得亦不常有。乃周游产茶之地，采其法制，参互考订，深有所会。遂于中隐山阳栽植培灌，兹且十年。春夏之交，手为摘制，聊足供斋头烹啜。论其品格，当雁行虎丘。因思制度有古人意虑所不到，而今始精备者，如席地团扇，以册易卷，以墨易漆之类，未易枚举。即茶之一节，唐宋间，研膏、蜡面、京挺、龙团，或至把握纤微，直钱数十万，亦珍重哉！而碾造愈工，茶性愈失，矧杂以香物乎？曾不若今人止精于炒焙，不损本真。故桑苎《茶经》，第可想其风致，奉为开山。其舂、碾、罗、则诸法，殊不足仿。余尝谓茶酒二事，至今日可称精妙，前无古人，此亦可与深知者道耳。

[译解]

茶与仙灵相通，长期饮用能使人身强体健，飘飘欲仙。然而茶中蕴含着精微的道理，如果不是深通茶性且非常喜好饮茶的人，是不可能得到其中真谛的。这是因为，深通茶性，才能精确地鉴别茶品的高下；非常喜好饮茶，才能专心致志地修习和制作。我从少年时代起，生性就喜欢饮茶。但是名茶不容易得到，即使能得到也不能经常拥有。于是我就周游天下产茶之地，搜集各地各种茶的制作加工方法，相互参考订正，对于茶道有了很深的感悟和体会。于是我在中隐山的南面隐居下来，栽培浇灌茶树，到如今已将近十年了。每年的春夏之交，亲手采摘茶叶，加工制作，足以供书斋案头烹煮啜饮之用。如果论及此茶的品质，我认为可以与苏州的虎丘茶并列称美。由此想到诸多器物的制作方法都有着古人所考虑不到的地方，如今才达到了精致完备的境界。比如坐席、团扇，以及用书册代替卷轴、用墨汁代替油漆之类，很难一一列举出来。就拿茶的制作这一项来说，唐宋时代制成研膏、腊面、京挺、龙团，做工异常精细，有时一个一手可以把握的纤微茶饼，竟然价值数十万，也可以称得上珍贵了。但是碾造得越精致，茶叶的天然本性就损失得越多，更不要说掺杂各种香料了。不如现在的制茶方法，如今人们只精于茶叶的炒焙，不损害其天然本性，所以从桑苎翁陆羽的《茶经》，可以想见他的风致，奉为茶业的开山祖师；但是他所倡导的捣茶、碾茶、罗茶等制作方法，实在不值得仿效。我曾经说过，茶和酒这两件事，到了今天可以称得上精妙绝伦，前无古人。这话可以与深通茶性的人讨论，进行交流。

原

鸿渐志茶之出，曰山南、淮南、剑南、浙东、黔州、岭南诸地。而唐宋所称，则建州、洪州、穆州、惠州、绵州、福州、雅州、南康、婺州、宣城、饶、池、蜀州、潭州、彭州、袁州、龙安、涪州、建安、岳州。而绍兴进茶，自宋范文虎始。余邑贡茶，亦自南宋季，至今南山有茶局、茶曹、茶园之名，不一而止。盖古多园中植茶，沿至我朝，贡茶为累，茶园尽废，第取山中野茶，聊且塞责，而茶品遂不得与阳羡、天池相抗矣。余按唐宋产茶地，堇堇如前所称，而今之虎丘、罗岕、天池、顾渚、松萝、龙井、雁荡、武夷、灵山、大盘、日铸诸有名之茶，无一与焉。乃知灵草在在有之，但人不知培植，或疏于制度耳。嗟嗟，宇宙大矣！

《经》云：一茶、二槚、三蔎、四茗、五荈，精粗不同，总之皆茶也。而至如岭南之苦登、玄岳之骞林叶、蒙阴之石藓，又各为一类，不堪入口。《研北志》云：交趾登茶如绿苔，味辛烈，而不言其苦恶，要非知茶者。

茶，六书作"荼"，《尔雅》《本草》《汉书·荼陵》俱作"荼"。《尔雅注》云"树如栀子"是已。而谓冬生叶，可煮作羹饮，其故难晓。

[译解]

陆羽《茶经》记述茶叶的产区，有山南、淮南、剑南、浙东、黔州、岭南等地。而唐宋时期以产茶著称的地区，还有建州、洪州、穆州（当为睦州）、惠州、绵州、福州、雅州、南康、婺州、宣城、饶州、池州、蜀州、潭州、彭州、袁州、龙安、涪州、建安、岳州。绍兴进贡茶叶，是从宋末范文虎（？—1302，南宋将领，后降元，官至尚书右丞）开始的。我们慈溪的贡茶，也是从南宋末年开始的。直到现在南山一带还保留有茶局、茶曹、茶园的名称，不能一一列举。因为古时候多在园中种植茶树，沿袭到了我们明朝，贡茶已成为茶农的沉重负担，于是茶园全都荒废了，人们只好采取山中的野茶，敷衍塞责，这样茶叶的品质就无法与阳羡茶、天池茶相抗衡了。我认为唐宋时期的茶叶产地，仅仅如前面所讲到的，那么当今的虎丘、罗岕、天池、顾渚、松萝、龙井、雁荡、武夷、灵山、大盘、日铸等有名的好茶，没有一个列入其中。由此可以知道灵异的瑞草处处都有，只是人们不懂得培植，或者不善于采制加工罢了。唉，宇宙的确太大了！

《茶经》上说：茶的名称各自不同，一叫茶，二叫槚，三叫蔎，四叫茗，五叫荈，其精致和粗劣不同，但总的来说都是茶。至于像岭南的苦登、玄岳的骞林叶、蒙阴的石藓，又各自作为一类，不堪入口。元人陆友《研北杂志》上说交趾（今越南）的登茶，就像绿色的苔藓，味道辛辣浓烈，却没有说其味道苦涩不堪，可见不是深通茶道的人。

“茶”字，按照古代六书（象形、指事、会意、形声、转注、假借）构字法应当写作“荼”,《尔雅》《神农本草经》《汉书·地理志·茶陵》都写作“荼”。《尔雅注》中所说的“其树如同栀子一样”就是了。可是说其“冬天生叶，可以煮成羹饮用”，其中的缘故很难知晓。

品

茶须色、香、味三美具备。色以白为上，青绿次之，黄最下。香如兰为上，如蚕豆花次之。味以甘为上，苦涩斯下矣。

茶色贵白。白而味觉甘鲜，香气扑鼻，乃为精品。盖茶之精者，淡固白，浓亦白；初泼白，久贮亦白。味足而色白，其香自溢。三者得，则俱得也。近好事家，或虑其色重，一注之水，投茶数片，味既不足，香亦杳然，终不免水厄之诮耳。虽然，尤贵择水。

茶难于香而燥。燥之一字，唯真岕茶足以当之。故虽过饮，亦自快人。重而湿者，天池也。茶之燥湿，由于土性，不系人事。

茶须徐啜，若一吸而尽，连进数杯，全不辨味，何异佣作？卢仝七碗，亦兴到之言，未是实事。

山堂夜坐，手烹香茗，至水火相战，俨听松涛，倾泻入瓯，云光缥缈。一段幽趣，故难与俗人言。

[译解]

茶叶，必须色泽、香气、味道三种美德全都具备，才可以称为上品。茶的色泽，以白色为最好，青绿色次之，黄色较差。茶的香气，以如同兰花的香气为最好，如同蚕豆花的香气次之。茶的味道，以甘甜为最好，苦涩的味道就比较差。

茶的色泽以白为贵。茶色白，其味道就会感觉甘甜鲜美，香气扑鼻，这样的茶可以称为精品。因为茶中的精品，冲泡得淡时固然会呈白色，冲泡得浓时也会呈白色，刚刚沏好时是白色，存放时间长了也是白色。茶味足且颜色白，其香气自然芬芳四溢，色泽、香气、味道三者都具备了，那么精品茶叶的一切标准也就具备了。近来有些好事的人家，或许是担心茶的颜色过重，一壶开水，只投放数片茶叶，不仅茶味不足，而且香气十分淡薄，最终免不了要遭受“水厄”那样的讥讽。虽然如此，特别关键的还是要精心选择烹茶用水。

茶叶很难达到既芳香而又干燥的程度。单就一个“燥”字而言，只有真正的岕茶足以与之相称。所以，即使饮用岕茶过量，也自能令人愉快。茶味厚重而湿润的，是天池茶。茶叶的干燥和湿润，在于各地的土性不同，与人们的采制和品饮方法无关。

饮茶，必须要慢慢地品啜，如果一饮而尽，连续喝上数杯，全然分辨不出茶的味道，这和受雇用为他人工作有什么不同呢？卢仝茶歌中所吟咏的连饮七碗，乃是一时兴致所至的夸张性语言，未必是实际情况。

夜晚独坐山中草堂，亲手烹煮香茶，到了水火相战、即将沸腾的时候，俨然是在倾听松涛阵阵响起。将开水倾泻到茶瓯之中，茶面云光缥缈，时隐时现。这一段幽情雅趣，本来就很难与世俗之人叙说得清楚。

艺

种茶，地宜高燥而沃。土沃，则产茶自佳。《经》云：生烂石者上，土者下；野者上，园者次。恐不然。

秋社后，摘茶子，水浮，取沉者，略晒去湿润，沙拌，藏竹篓中，勿令冻损。俟春旺时种之。茶喜丛生，先治地平正，行间疏密，纵横各二尺许。每一坑下子一掬，覆以焦土，不宜太厚。次年分植，三年便可摘取。

茶地，斜坡为佳。聚水向阴之处，茶品遂劣。故一山之中，美恶相悬。至吾四明海内外诸山，如补陀、川山、朱溪等处，皆产茶，而色香味俱无足取者。以地近海，海风咸而烈，人面受之，不免憔悴而黑。况灵草乎?

茶根土实，草木难生则不茂。春时薙草，秋夏间锄掘三四遍，则次年抽茶更盛。茶地觉力薄，当培以焦土。治焦土法，下置乱草，上覆以土，用火烧过，每茶根傍掘一小坑，培以升许。须记方所，以便次年培壅。晴昼锄过，可用米泔浇之。

茶园不宜杂以恶木。惟桂、梅、辛夷、玉兰、苍松、翠竹之类，与之间植，亦足以蔽覆霜雪，掩映秋阳。其下可莳芳兰、幽菊及诸清芬之品。最忌与菜畦相逼，不免污渗漉，滓厥清真。

[译解]

栽种茶树的地方，应该地势较高，土质干燥而肥沃。土壤肥沃，那么出产的茶叶自然就好。陆羽《茶经》上说：生长于风化较完全的土壤的比较好，生长于质地黏重的黄土的比较差；生长在野外的比较好，生长在茶园之中的比较差。我认为恐怕不是这样的。

秋社（秋季祭祀土神的节日，通常在立秋后第五个戊日）之后，采摘茶子放入水中漂浮，选取沉入水中的茶子，略加晾晒，去其潮湿，和沙子搅拌在一起，收藏在竹篓之中，注意不要使其受冻而损坏。等到春回大地、万物复苏之时，将茶子种到地里。茶树喜欢丛生，要预先把土地整治平坦方正，行距间距疏密有致，纵向横向各二尺左右。每一个坑中撒茶子一捧，用焦土覆盖好，不要太厚。第二年分株培植，第三年就可以摘取茶叶了。

茶园的土地以斜坡为最好。水分积聚、面向阴凉的地方，出产的茶叶的品质就会比较粗劣。因此，即使在同一座山中，茶叶的品质好坏相差也会很悬殊。至于说到我们宁波境内的海内外诸山，例如普陀山、川山、朱溪等处，都出产茶叶，可是其色泽、香气、味道都没有多少可称道之处。这是由于其地理位置靠近大海，海风味咸而猛烈，人的脸面经海风一吹，都不免变得憔悴而粗黑，更何况是作为瑞草灵芽的茶叶呢？

如果茶树根部的土太结实，草木就难以生长，茶树也不会茂盛。春天必须除草，夏秋之间用锄头翻土三四遍，那么第二年茶树抽芽就会更加茂盛。发觉茶园的地力瘠薄，就应当培上一些焦土。整治焦土的办法是：下面放上乱草，上面用土盖住，用火烧过即可。每株茶树的根部旁边挖一小坑，培上一升左右的焦土。必须要牢记焦土所处的方位，以便第二年培壅于茶树的根部。在天气晴朗的白天锄过之后，可以用淘米水浇灌茶根。

茶园之中，不适宜混杂其他不洁净的树木。只有桂花、梅花、辛夷、玉兰、苍松、翠竹之类，可以与茶树间植，也足以屏蔽和覆盖冬日的霜雪，掩映秋日的阳光。茶树下面可以种植芬芳的兰花、幽静的菊花以及各种清新芳香的花草。茶树最忌讳与菜畦接近，不可避免会有污秽之气渗透进来，玷污茶叶的清香和自然之味。

采

雨中采摘，则茶不香。须晴昼采，当时焙，迟则色、味、香俱减矣。故谷雨前后，最怕阴雨，阴雨宁不采。久雨初霁，亦须隔一两日方可，不然，必不香美。采必期于谷雨者，以太早则气未足，稍迟则气散，入夏则气暴而味苦涩矣。

采茶入箪，不宜见风日，恐耗其真液。亦不得置漆器及瓷器内。

[译解]

在雨中采摘的茶叶，就会没有香气。必须在天气晴朗的白天采摘茶叶，并且要当时烘焙，如果稍迟一点，那么茶的色泽、香气、味道就都要减损了。所以，谷雨前后最怕阴雨天气，阴天下雨时宁肯不采茶。久雨初晴，也必须隔上一两天才可以采摘，不然的话，采来的茶叶一定不会清香鲜美。采茶一定要等到谷雨时节，是因为采摘得太早就会使得茶的气力不足，采摘得稍微迟些就会使得茶的气力消散，入夏以后，茶的气力就会暴涨，味道也苦涩了。

采摘的茶叶放进一种圆形竹器里，不要让风吹日晒，以免会消耗茶的汁液。也不能放到漆器和瓷器里面，以免在密封环境中受潮变质。

制

炒茶，铛宜热；焙，铛宜温。凡炒，止可一握，候铛微炙手，置茶铛中，札札有声，急手炒匀。出之箕上薄摊，用扇扇冷，略加揉挼。再略炒，入文火铛焙干，色如翡翠。若出铛不扇，不免变色。

茶叶新鲜，膏液具足。初用武火急炒，以发其香，然火亦不宜太烈。最忌炒制半干，不于铛中焙燥，而厚罨笼内，慢火烘炙。

茶炒熟后，必须揉挼，揉挼则脂膏熔液，少许入汤，味无不全。

铛不嫌熟，摩擦光净，反觉滑脱。若新铛，则铁气暴烈，茶易焦黑。又若年久锈蚀之铛，即加磋磨，亦不堪用。

炒茶用手，不惟匀适，亦足验铛之冷热。

薪用巨干，初不易燃，既不易熄，难于调适。易燃易熄，无逾松丝，冬日藏积，临时取用。

茶叶不大苦涩，惟梗苦涩而黄，且带草气。去其梗，则味自清澈。此松萝、天池法也。余谓及时急采急焙，即连梗亦不甚为害。大都头茶可连梗，入夏便须择去。

松萝茶，出休宁松萝山，僧大方所创造。其法，将茶摘去筋脉，银铫炒制。今各山悉仿其法，真伪亦难辨别。

茶无蒸法，惟岕茶用蒸。余尝欲取真岕，用炒焙法制之，不知当作何状。近闻好事者亦稍稍变其初制矣。

[译解]

炒茶时，茶铛要热；焙茶时，茶铛要温。大凡炒茶，一铛只能炒一把茶叶，要等到茶铛烧热稍微有点烤手时，将茶叶放进铛中；听到铛中札札响声时，用手快速翻炒均匀。出铛后薄薄地摊在簸箕上，用扇子扇凉，稍微加以揉搓。再略微炒一下，放入文火烧着的铛中烘焙干燥，使其色泽如同翡翠一般。如果茶叶出铛后不扇，就不免会变色。

茶叶新鲜，其中所含的脂膏和津液都很饱满。所以炒茶的时候，最初要用武火急炒，是为了让茶发其清香，但是火势也不宜太猛烈。炒茶最忌讳炒制到半干，不在铛中烘焙干燥，就厚厚地掩盖于焙笼内，然后慢火烘焙。

茶叶炒熟之后，必须加以揉搓。揉搓就会使茶的脂膏融于津液，将少许的茶放入开水中，味道没有不齐全的。

茶铛不嫌陈旧，摩擦得光亮洁净，反而觉得光滑顺手。如果是新铛，就会带有暴烈的铁腥气，使得茶叶容易焦枯变黑。如果是年久不用而被铁锈腐蚀的茶铛，即使加以摩擦整治，也不能使用。

用手进行炒茶，不单是为了把茶炒得均匀适当，也足以验证茶铛的冷热温度。

柴火如果用粗大的枝干，最初不容易燃烧，燃烧过后又不容易熄灭，很难进行调适。易于燃烧，易于熄灭的，没有比得上松丝的，要在冬天积累贮藏起来，临到炒茶之时，取来即可使用。

茶的叶子不大苦涩，只有茶梗味道苦涩，而且颜色发黄，还带有草气。除去茶梗，茶的味道就自然会清香纯净。这正是松萝茶、天池茶的制作方法。我认为茶叶只要及时地急采急炒急焙，即使连带着茶梗，也没有什么危害。一般来说，头茶可以连带茶梗一起采制，入夏以后采制的茶叶便必须把茶梗拣择去掉。

松萝茶，出产于安徽休宁的松萝山，是僧人大方所创制的。其制作方法，是将茶叶的筋脉抽去，用银质的茶铫炒制而成。如今各山都仿效松萝茶的制作方法，其中的真伪也是很难辨别的。

茶的制作，都没有使用蒸青的方法，只有罗岕茶用蒸青之法。我曾经设想获得真品的岕茶，使用炒青、烘焙的办法，不知道会制成什么样子。近来听说好事的人也稍微改变了岕茶最初的制作方法。

藏

藏茶，宜燥又宜凉。湿则味变而香失，热则味苦而色黄。蔡君谟云茶喜温。此语有疵。大都藏茶宜高楼，宜大瓮，包口用青箬。瓮宜覆，不宜抑，覆则诸气不入。晴燥天，以小瓶分贮用。又贮茶之器，必始终贮茶，不得移为他用。小瓶不宜多用青箬，箬气盛，亦能夺茶香。

[译解]

藏茶的地方，适宜干燥，又适宜凉爽。如果潮湿，就会使得茶叶味道变异而香气消失；如果闷热，就会使得茶叶味道苦涩而色泽变黄。蔡襄（字君谟）说过：茶叶喜欢温暖。这句话说得有毛病。一般来说，贮藏茶叶适宜在高阁之上，适宜在大瓮之中，要用青箬叶把口封好。大瓮适宜底朝上放置，不适宜仰面朝上放置。底部朝上放置，各种气味就不会进入里面。要选择晴朗干燥的天气，用小瓶把茶叶分贮备用。另外，贮藏茶叶的器具，一定要始终贮存茶叶，不得改作他用。贮茶的小瓶不适宜用太多的青箬叶，因为箬竹的气味过盛，也能够侵夺茶的香气。

烹

名茶宜瀹以名泉。先令火炽，始置汤壶，急扇令涌沸，则汤嫩而茶色亦嫩。《茶经》云：如鱼目，微有声，为一沸；沿边如涌泉连珠，为二沸；腾波鼓浪，为三沸，过此则汤老，不堪用。李南金谓：当用背二涉三之际为合量。此真赏鉴家言。而罗大经惧汤过老，欲于松涛涧水后，移瓶去火，少待沸止而瀹之。不知汤既老矣，虽去火何救耶？此语亦未中窍。

岕茶用热汤洗过挤干，沸汤烹点。缘其气厚，不洗则味色过浓，香亦不发耳。自余名茶，俱不必洗。

[译解]

名茶，应当用名泉来烹煮冲泡。首先要把火烧旺，然后才放上水壶，急急地扇火使水沸腾起来，这样开水才会比较鲜嫩，沏出的茶色泽也就比较鲜嫩。《茶经》上说：水面起泡如鱼眼，微微有声，是一沸；沿边像泉水连珠般涌出，是二沸；水面似波浪翻滚奔腾，是三沸。过了三沸，水就煮老了，不能使用。宋朝的李南金认为：应当用二沸和三沸之间的开水烹茶，最为适用。这的确是鉴赏家的至理名言。而南宋的罗大经则害怕水煮得过老，想在开水发出松涛涧水一般的声响之后，将水壶从火上移开，稍等一会儿沸腾停止，再来烹茶。殊不知开水煮老了之后，即使从火上移开，又怎么能够补救呢？他这段话也没有抓住问题的关键。

罗岕茶用热水洗过挤干后，再用开水烹点。因为这种茶的气味厚重，不经过洗茶，其味道、色泽都过于浓重，香气也不能散发出来。其余的名茶，都不用洗茶这道工序。

水

古人品水，不特烹时所须，先用以制团饼。即古人亦非遍历宇内，尽尝诸水，品其次第，亦据所习见者耳。甘泉偶出于穷乡僻境，土人或借以饮牛涤器，谁能省识。即余所历地，甘泉往往有之，如象川蓬莱院后，有丹井焉，晶莹甘厚，不必瀹茶，亦堪饮酌。盖水不难于甘，而难于厚，亦犹之酒不难于清香美洌，而难于淡。水厚酒淡，亦不易解。若余中隐山泉，止可与虎跑、甘露作对，较之惠泉，不免径庭。大凡名泉，多从石中迸出，得石髓故佳。沙潭为次，出于泥者，多不中用。宋人取井水，不知井水止可炊饭作羹，瀹茗必不妙，抑山井耳。

瀹茗必用山泉，次梅水。梅雨如膏，万物赖以滋长，其味独甘。《仇池笔记》云：时雨甘滑，泼茶煮药，美而用益。梅后便劣，至雷雨最毒，令人霍乱。秋雨冬雨，俱能损人。雪水尤不宜，令肌肉销铄。

梅水，须多置器，于空庭中取之，并入大瓮，投伏龙肝两许，包藏月余汲用，至益人。伏龙肝，灶心中干土也。

武林南高峰下，有三泉，虎跑居最，甘露亚之，真珠不失下劣，亦龙井之匹耳。许然明武林人，品水不言甘露，何耶？甘露寺在虎跑左，泉居寺殿角，山径甚僻，游人罕至，岂然明未经其地乎？

黄河水，自西北建瓴而东，支流杂聚，何所不有，舟次无名泉，聊取充用可耳。谓其源从天来，不减惠泉，未是定论。

《开元遗事》纪逸人王休，每至冬时，取冰敲其精莹者，煮建茶以奉客，亦太多事。

[译解]

古人品评泉水，不仅仅是出于烹茶时需要，首先要用来制作团饼茶。古人也并非能普遍游历天下各地，尝尽各种泉水，然后品评其高下等次，也是根据个人平素所闻所见所饮用泉水的体验罢了。甘甜清澈的泉水，偶然出于穷乡僻壤，当地的土著居民有的还用来饮牛或者洗涤器物，有谁能品评鉴识呢？就我所游历过的地区而言，甘甜清澈的泉水，也是各地都有的，例如象川蓬莱院的后面，就有一口古人炼丹所用的废井，井水晶莹剔透，甘甜醇厚，不一定用来沏茶，也可以直接品饮。因为泉水甘甜并不难得，而难得的是醇厚，也就好像酒的清香并不难得，难得的是清淡。水味醇厚，酒味清淡，这也是不容易理解的。至于我所居的中隐山的泉水，只可以和虎跑泉、甘露泉相比，如果与惠山泉相比，那就不免要大相径庭了。大凡天下名泉，多从石头中汩汩流出，得以融和其中的石髓即矿物质，所以水质很好；其次要数从沙潭流出的泉水，从泥水中流出的泉水，大多不能饮用。宋人品水，都推崇井水，殊不知井水只可以用来烧饭做汤，用来烹茶一定不好。

烹茶一定要用山泉，其次用梅水。梅雨如同膏泽滋润大地，万物赖以成长，其味道独具甘甜的特色。宋人《仇池笔记》中说：正当梅雨时节的雨水甘甜润滑，用来烹茶和煮药，味道鲜美而且有益于身体。梅雨季节过后，雨水的味道就差了，到了打雷季节的雨水最毒，饮用后会使人感染霍乱等疾病。秋天和冬天的雨水，都会对人体有所损害，雪水尤其不适宜于烹茶，甚至会使人肌肉萎缩。

要汲取梅水，必须多多准备器具，放在空中没有障碍物的庭院中接取雨水，然后一并倒入大瓮，其中放上一两多的伏龙肝，密封起来贮存一个多月后汲取烹茶，对人体极其有益。伏龙肝，也就是灶心的干土，要趁热放入水中。

杭州南山的高峰下面有三个名泉，其中虎跑泉最好，甘露泉次之，真珠泉（一作珍珠泉）相对较差，但也算不上劣质，可以和龙井相匹敌。许次纾（字然明）是杭州人，他品第泉水时没有提到甘露泉，这是为什么呢？因为甘露寺在虎跑泉的左边，甘露泉又处在甘露寺大殿外的一个角落，山路非常荒僻，游人很少有到这里的，难道是许次纾也没有游历过甘露泉的所在地吗？

黄河之水，自西北发源向东奔流入海，沿途支流众多，交流汇聚，到处都有泉水，沿河行船途中如果没有名泉，姑且可以用来烹茶饮用。那种认为黄河之水从天上来，其水质较之惠山泉也毫不逊色的说法，不一定可作为定论。

五代王仁裕《开元天宝遗事》记载：隐士王休，每年到冬至的时候，都要凿开冰冻，敲取其晶莹剔透的化成水，烹煮建茶，招待客人。这也太过多事了。

禁

采茶制茶，最忌手汗、羝气、口臭、多涕、多沫不洁之人及月信妇人。

茶酒性不相入，故茶最忌酒气，制茶之人，不宜沾醉。

茶性淫，易于染著，无论腥秽及有气之物，不得与之近，即名香亦不宜相杂。

茶内投以果核及盐、椒、姜、橙等物，皆茶厄也。茶采制得法，自有天香，不可方拟。蔡君谟云：莲花、木犀、茉莉、玫瑰、蔷薇、蕙兰、梅花，种种皆可拌茶。且云重汤煮焙收用，似于茶理不甚晓畅。至倪云林点茶用糖，则尤为可笑。

［译解］

采茶和制茶，最忌讳那些有手汗、腥膻之气、口臭、多鼻涕、多唾液的不清洁干净的人，以及月经期的妇人。

茶和酒的本性不相容，所以茶最忌讳酒气。制茶的人，不要沾染酒气。

茶性润泽，因而容易被污染。所以无论是腥秽之物，还是有气味的东西，都不要与茶接近，即使是名贵的香料，也不适宜与茶叶混杂在一起。

茶中放进果核以及盐、椒、姜、橙等物品，都可以说是茶的灾难。茶叶如果采摘和制作得法，自有天然的香气，这是不可比拟的。蔡襄（字君谟）说：莲花、木犀、茉莉、玫瑰、蔷薇、蕙兰、梅花，这些花都可以与茶相拌；并且说要用水蒸或煮，然后烘烤干燥收藏起来备用，似乎与饮茶的道理不大相通。至于元朝艺术家倪瓒（号云林）所说的用糖来点茶，就更加可笑了。

器

箪　以竹篾为之，用以采茶，须紧密不令透风。

灶　置铛二，一炒一焙，火分文武。

箕　大小各数个，小者盈尺，用以出茶，大者二尺，用以摊茶，揉挼其上。并细篾为之。

扇　茶出箕中，用以扇冷，或藤，或箬，或蒲。

笼　茶从铛中焙燥，复于此中再总焙入瓮，勿用纸衬。

帨　用新麻布，洗至洁。悬之茶室，时时拭手。

瓮　用以藏茶，须内外有油水者。预涤净晒干以待。

炉　用以烹泉，或瓦或竹，大小要与汤壶称。

注　以时大彬手制粗沙烧缸色者为妙，其次锡。

壶　内所受多寡，要与注子称。或锡或瓦，或汴梁摆锡铫。

瓯　以小为佳，不必求古，只宜宣、成、靖窑足矣。

夹　以竹为之，长六寸。如食箸而尖其末，注中泼过茶叶，用此夹出。

[译解]

箪　用竹篾编制而成,用于采茶时盛茶。编织时必须紧密，不要让它透风。

灶　要置备两个茶铛，一个炒茶，一个焙茶；用火也要分为文火和武火。

箕　大的小的要分别准备几个，小的满一尺，用来出茶；大的满二尺，用来摊茶，并在上面揉捻茶叶。无论大小，都要用细篾编制而成。

扇　茶叶炒好后倒进簸箕里，用扇子扇冷。制作扇子有的用藤条，有的用箬叶，有的用香蒲。

笼　茶叶在茶铛中烘焙干燥，然后再全部放到笼中一总烘焙，才可以放入瓮中。茶笼中不要用纸衬垫。

帨　用新麻布做成，要洗得非常干净，挂在茶室当中，随时用来擦手。

瓮　用来收藏茶叶。瓮的里外沾染有油水的，要预先洗涤干净，晒干后备用。

炉　用来烹煮泉水。用瓦或者竹子制成，茶炉的大小要与水壶相称。

注　以时大彬亲手制作的粗砂褐色注子最为绝妙，其次是锡制的注子。

壶　壶内容水多少，要与注子相称。或者是锡壶，或者是陶壶，或者是用汴梁所产的摆锡铫。

瓯　以小巧的为好，不必追求古雅，只要是宣德官窑、成化官窑、嘉靖官窑所出产的就足利用了。

夹　用竹子做成，长六寸，像筷子一样，末端是尖的，注子中煮过的茶叶，用夹取出来。

茶说

茶說

大城山樵黃龍德著

明　天都逸叟胡之衍訂

甩全道人程　輿校

總論

茶事之興始於唐而盛於宋讀陸羽茶經及黃儒品茶要錄其中時代遞遷製各有異唐則熟碾細羅宋爲龍團金餅鬬巧炫華窮其製而求耀於世茶性之真不無爲之穿鑿矣若夫　明興騷人詞客賢士大夫莫不以此相爲玄賞至于日採造日烹點較之唐宋大相徑庭彼以繁難勝此以簡易勝昔以蒸碾爲工今以炒製爲工然其色之鮮

《茶说》书影（《程氏丛刻》本）

《茶说》一卷，一名《国朝茶说》，明黄龙德撰，明代茶书代表作之一。

黄龙德字骧溟，号大城山樵，事迹不详。据胡之衍万历四十三年（1615）序，可知此书成书于此前，并于当年由胡之衍订正刊刻。另该书卷首原题“明大城山樵黄龙德著，天都逸叟胡之衍订，瓦全道人程舆校”。

此书专论明代茶事，结构谨严，内容切实，论述精到，很少摘抄援引前代和当代文献，堪称一部颇具特色的明代茶书。所以胡序将其与陆羽《茶经》、黄儒《品茶要录》相提并论，“斗雅试奇，各臻其选，文葩句丽，秀如春烟”，推为一代茶书的代表。

此书有《程氏丛刻》本。

明万历娇黄撇口茶碗

[明] 王问《煮茶图》

总论

茶事之兴，始于唐而盛于宋。读陆羽《茶经》及黄儒《品茶要录》，其中时代递迁，制各有异。唐则熟碾细罗，宋为龙团金饼，斗巧炫华，穷其制而求耀于世，茶性之真，不无为之穿凿矣。若夫明兴，骚人词客，贤士大夫，莫不以此相为玄赏。至于曰采造，曰烹点，较之唐宋，大相径庭。彼以繁难胜，此以简易胜；昔以蒸碾为工，今以炒制为工。然其色之鲜白，味之隽永，无假于穿凿。是其制不法唐宋之法，而法更精奇，有古人思虑所不到，而今始精备。茶事至此，即陆羽复起，视其巧制，啜其清英，未有不爽然为之舞蹈者。故述《国朝茶说》十章，以补宋黄儒《茶录》之后。

[译解]

茶事活动的兴起，开始于唐代，而盛行于宋朝。研读陆羽的《茶经》和宋人黄儒的《品茶要录》，可知随着时代的变迁，制茶工艺各有不同。唐朝制茶，要经过反复地碾、细细地罗；宋朝制茶，更是制成龙团凤饼，与黄金争价。这样工序复杂，争奇斗巧，竞以豪华奢侈相尚，穷尽其制作之工，从而求得炫耀于世人，使得茶叶自然本性无不为之破坏殆尽了。我们明朝兴起以来，茶文化得到了弘扬，那些诗人词客、贤士官绅，无不以茶会友，相互品赏。至于说到茶叶的采摘制造，茶叶的烹煮品饮，与唐宋时代相比，已经大不一样了。唐宋时代以繁难取胜，明代则以简易取胜；从前以蒸压碾罗为工巧，如今则以炒制杀青为工巧。然而如今茶色的鲜白、茶味的隽永，都出于天然，而不假借各种复杂的工序。如此说来，今天的制茶工艺，不效法唐宋时代的遗制，却更加精湛神奇，的确有古人思虑所无法达到的地方，制茶工艺和品饮方式到今天才精到而完备。茶事活动达到如此境界，即使是“茶圣”陆羽再生，看到其精巧的制茶工艺，品尝其清茗英华，也不能不感到畅快惬意，并为之手之舞之、足之蹈之。因此，我记述明朝茶事，编撰《国朝茶说》十章，希望继宋朝黄儒《品茶要录》之后，补写中国茶文化史的这一新的篇章。

一之产

茶之所产，无处不有。而品之高下，鸿渐载之甚详。然所详者，为昔日之佳品矣，而今则更有佳者焉，若吴中虎丘者上，罗岕者次之，而天池、龙井、伏龙则又次之。新安松萝者上，朗源沧溪者次之，而黄山磻溪则又次之。彼武夷、云雾、雁荡、灵山诸茗，悉为今时之佳品。至金陵摄山所产，其品甚佳，仅仅数株，然不能多得。其余杭浙等产，皆冒虎丘、天池之名，宣、池等产，尽假松萝之号。此乱真之品，不足珍赏者也。其真虎丘，色犹玉露，而泛时香味，若将放之橙花，此茶之所以为美。真松萝出自僧大方所制，烹之色若绿筠，香若兰蕙，味若甘露，虽经日而色香味竟如初烹而终不易。若泛时少顷而昏黑者，即为宣、池伪品矣。试者不可不辨。又有六安之品，尽为僧房道院所珍赏，而文人墨士，则绝口不谈矣。

［译解］

茶叶的生产，无处不有。而其品质的高下，陆羽《茶经》有过很详细的记载。但是其中所详细记载的是唐代的佳品，如今又出现了一些品质更好的名茶。例如在以苏州为中心的江南地区，苏州虎丘出产的最好，湖州长兴出产的罗岕茶次之，苏州出产的天池茶、杭州出产的龙井茶、慈溪出产的伏龙茶又次之。在徽州地区，休宁出产的松萝茶为上品，休宁朗源山沧溪出产的次之，而黄山磻溪（在今安徽歙县境内）出产的又次之。至于武夷山、云雾山（在今安徽舒城西南）、雁荡山（在今浙江温州东北）、灵山（在今江苏无锡境内）等地所出产的茶叶，都是当今茶中的佳品。而金陵摄山（即今南京栖霞山）所产的茶叶，品质很好，但是仅有几棵茶树，不易多得。此外，浙江杭州等地所出产的茶，大多都是冒用虎丘、天池的名号；宣城、池州等地所出产的茶，大多都假借松萝的名号。这些都是以假乱真的品种，不值得珍爱和品赏。真正的虎丘茶，色泽犹如玉露一般，而其冲泡出的香味，就好像含苞待放的橙花。这就是茶叶之所以珍贵的地方。真正的松萝茶起源于大方和尚的采制加工，烹煮之后，色泽如同碧绿的竹子，香气如同兰花蕙草，味道则如同甘露醍醐，即使经过一天时间，其色泽、香气、味道竟然如同刚刚烹煮之初，而且始终不会改变。如果冲泡后一会儿就变得色泽昏黑，就必定是宣城、池州的假冒伪劣茶品。烹试品饮的茶人不可不加以辨别。还有六安的茶品，寺院、道观中的僧人道士都颇为珍赏，可是文人墨客则绝口不谈。

二之造

采茶，宜于清明之后、谷雨之前。俟其曙色将开，雾露未散之顷，每株视其中枝颖秀者取之。采至盈籝即归，将芽薄铺于地，命多工挑其筋脉，去其蒂杪。盖存杪则易焦，留蒂则色赤故也。先将釜烧热，每芽四两作一次下釜，炒去草气，以手急拨不停。睹其将熟，就釜内轻手揉卷，取起铺于箕上，用扇扇冷。俟炒至十余釜，总覆炒之。旋炒旋冷，如此五次。其茶碧绿，形如蚕钩，斯成佳品。若出釜时而不以扇，其色未有不变者。又秋后所采之茶，名曰秋露白；初冬所采，名曰小阳春。其名既佳，其味亦美，制精不亚于春茗。若待日午阴雨之候，采不以时，造不如法，籝中热气相蒸，工力不遍，经宿后制，其叶畲黄，品斯下矣。是茶之为物，一草木耳。其制作精微，火候之妙，有毫厘千里之差，非纸笔所能载者。故羽云“茶之臧否，存乎口诀”，斯言信矣。

[译解]

采茶的时间，应该选择在清明之后、谷雨之前。要等到清晨曙光即将升起、晨雾和露水尚未消散的时刻，每一株茶树要观察其中枝叶挺拔颖秀的采取茶芽。采满一竹筐就马上回来，把茶芽薄薄地铺在地上，吩咐多个工人进行拣择，挑出其筋脉叶梗，去掉其枝蒂和梢尖。这是因为杂有枝梢炒制时就容易焦枯,保留枝蒂冲泡时颜色就容易变红。拣择好之后，先要将锅烧热，每四两茶芽分作一次下锅进行炒制，除去其中的草气，炒时要用手不停地翻动。观察即将炒熟，就在锅中用手轻轻揉搓翻卷，而后取出来铺于籧箕之上，用扇子扇动使其冷却。等到炒了十余锅后，把先前炒过的茶叶全都倒进锅里再炒一次。快速炒完随即扇凉，如此反复五次，就算完成了。炒成后的茶叶色泽碧绿，形如蚕钩，这就可以称得上佳品。如果出锅时不用扇子扇,那么以后茶色没有不变化的。另外，立秋之后所采的茶叶，名叫秋露白；初冬时节所采的茶叶，叫作小阳春。名称既好听，味道也很鲜美，如果制作精到，其品质不亚于春季所采制的茶叶。如果采茶时等到日近中午或者是阴雨天气，不仅采摘时间不好，而且制造方法不规范，茶叶在竹筐中经热气蒸晒，拣择功夫又不到家，间隔一晚上再进行炒制，那么茶叶就会变黄，其品质也就比较差了。如此，茶叶作为一种植物，虽然不过是一介草木罢了，但是其制作加工的精微，火候把握的奥妙，的确有差之毫厘则谬以千里的不同，这又不是用笔墨文字所能记述穷尽的。所以，陆羽《茶经·三之造》说：茶的品质好坏，存于口诀。意为其运用之妙，存乎一心。的确是这样啊！

三之色

茶色以白、以绿为佳，或黄或黑，失其神韵者，芽叶受盦之病也。善别茶者，若相士之视人气色，轻清者上，重浊者下，瞭然在目，无容逃匿。若唐宋之茶，既经碾罗，复经蒸模，其色虽佳，决无今时之美。

［译解］

茶的色泽以白色和绿色为佳，至于有的茶呈黄色、有的茶呈黑色，失去了茶色的自然神韵，那是因为茶叶未能及时制作堆积受潮而造成的弊病。善于鉴别茶叶好坏的人，就好像相面的先生观察人的气色一样，轻清透彻者浮在上面，沉重浑浊者沉到下面，一目了然，无法逃过先生的眼睛。像唐宋时期的饼茶，经过碾、罗之后，还要经过蒸压制造，其色泽虽然很好，但是绝没有如今茶的色泽美好。

四之香

茶有真香，无容矫揉。炒造时，草气既去，香气方全，在炒造得法耳。烹点之时，所谓“坐久不知香在室，开窗时有蝶飞来”。如是光景，此茶之真香也。少加造作，便失本真。遐想龙团金饼，虽极靡丽，安有如是清美？

[译解]

茶叶有其天然的真香，容不得任何矫揉造作。炒茶的时候，把其中的草气去除之后，茶的香气才能得以保全，关键在于炒制加工的方法要得当。这样，在烹点冲泡茶的时候，清香四溢，正如元代诗人余同麓《咏兰》诗中所谓“坐久不知香在室，开窗时有蝶飞来”。如此光景，充分体现了茶叶的天然真香。一旦稍微加以造作，就失去了天然的本性。遥想当年宋朝所制的龙团金饼，虽然极其奢靡华丽，怎么比得上如今茶叶的清香甘美呢？

五之味

茶贵甘润，不贵苦涩，惟松萝、虎丘所产者极佳，他产皆不及也。亦须烹点得宜。若初烹辄饮，其味未出，而有水气。泛久后尝，其味失鲜，而有汤气。试者先以水半注器中，次投茶入，然后沟注。视其茶汤相合，云脚渐开，乳花沟面。少啜则清香芬美，稍益润滑而味长，不觉甘露顿生于华池。或水火失候，器具不洁，真味因之而损，虽松萝诸佳品，既遭此厄，亦不能独全其天。至若一饮而尽，不可与言味矣。

[译解]

茶叶的味道贵在甘甜滋润，而不看重苦涩的味道，只有松萝、虎丘所出产的茶叶非常好，其他地方的产品都比不上。但是，烹煮、点茶的方法也必须得当。如果刚刚冲泡就饮用，茶的味道尚未发散出来，从而带有一些水气。如果是冲泡过后很久才品尝，那么茶味就失去了新鲜，而带有熟汤气。烹点试茶的人，首先在茶具中注入一半的开水，接着放进茶叶，然后再继续注水；观察茶与水相互融合，茶叶云脚渐开，茶汤表面浮起乳花。这时小啜一口就会感到清香芬芳，味道甘美；稍后，就更加滋润滑畅，味道绵长，不知不觉就好像甘露突然从舌下生出，令人陶醉。有时水温与火候没有掌握好，或者是器具不洁净，茶的天然真味受到损害，即使是松萝等上品佳茶，受此损害之后，也不可能幸免于难而单独保全其天然本性。至于那些一饮而尽不知品饮的俗人，就更无法和他们讨论交流茶味的鉴赏了。

六之汤

汤者，茶之司命，故候汤最难。未熟则茶浮于上，谓之婴儿汤，而香则不能出。过熟则茶沉于下，谓之百寿汤，而味则多滞。善候汤者，必活火急扇，水面若浮珠，其声若松涛，此正汤候也。余友吴润卿，隐居秦淮，适情茶政，品泉有又新之奇，候汤得鸿渐之妙，可谓当今之绝技者也。

[译解]

水质的高下和开水火候的把握，关系着茶的命运，所以掌握烧水的火候最难，古人就有自来煎茶在煎水的说法。如果水未烧开，那么冲泡之后茶就会浮于表面，叫作婴儿汤，亦即嫩汤，这样茶的香气就不能散发出来。如果水烧得超过了沸点，那么冲泡之后茶就会沉于杯底，叫作百寿汤，亦即老汤，这样品饮起来就感到味道淡薄而凝滞。擅长把握开水火候的茶人，一定要用活火，并且急急地用扇扇火，水面如果漂浮起乳白色的水珠，其声音也像松涛阵阵传来，这就正当火候。我的好朋友吴润卿，隐居于秦淮河畔，性情闲适，醉心茶艺，品水功夫有唐人张又新的奇异，把握煎水火候则深得“茶圣”陆羽的妙谛，可以称得上是当今社会的身怀绝技之人！

七之具

器具精洁，茶愈为之生色。用以金银，虽云美丽，然贫贱之士未必能具也。若今时姑苏之锡注，时大彬之砂壶，汴梁之汤铫，湘妃竹之茶灶，宣、成窑之茶盏，高人词客，贤士大夫，莫不为之珍重。即唐宋以来，茶具之精，未必有如斯之雅致。

[译解]

饮茶的器具精致而洁净，就会更加衬托出茶色之美。用金银做茶具，虽然说很高雅美丽，然而贫贱的读书人不一定能用得起。至于当今苏州的锡制小壶、宜兴出产的时大彬所制的紫砂壶、开封出产的汤瓶、湘妃竹所制成的茶灶以及宣德官窑、成化官窑所出产的茶盏，无论是高人隐士、诗人词客，还是贤士官绅，没有不倍加珍重和宝爱的。就是说到唐宋以来茶具的精致，也未必有当今如此雅致的。

八之侣

茶灶疏烟，松涛盈耳，独烹独啜，故自有一种乐趣。又不若与高人论道、词客聊诗、黄冠谈玄、缁衣讲禅、知己论心、散人说鬼之为愈也。对此佳宾，躬为茗事，七碗下咽而两腋清风顿起矣。较之独啜，更觉神怡。

[译解]

茶灶中飘出缕缕轻烟，随即水声犹如松涛萦绕于耳畔，独自烹茶，独自品饮，自有一番独到的乐趣。然而，这种境界又不如与高人论道、与词客谈诗、与道士谈玄、与和尚说禅、与知己谈心、与闲散之人说鬼更为有趣。面对这些佳宾好友，亲自动手煎水点茶，品饮款话，七碗过后，不觉清风顿生于两腋之下，简直飘飘欲仙了。和独自品饮相比，更觉心旷神怡。

九之饮

饮不以时为废兴，亦不以候为可否，无往而不得其应。若明窗净几，花喷柳舒，饮于春也。凉亭水阁，松风萝月，饮于夏也。金风玉露，蕉畔桐阴，饮于秋也。暖阁红垆，梅开雪积，饮于冬也。僧房道院，饮何清也。山林泉石，饮何幽也。焚香鼓琴，饮何雅也。试水斗茗，饮何雄也。梦回卷把，饮何美也。古鼎金瓯，饮之富贵者也。瓷瓶窑盏，饮之清高者也。较之呼卢浮白之饮，更胜一筹。即有“瓮中百斛金陵春”，当不易吾炉头七碗松萝茗。若夏兴冬废，醒弃醉索，此不知茗事者，不可与言饮也。

［译解］

饮茶作为士大夫阶层所钟爱的一项生活艺术，它不因为季节的变化而时兴时废，也不因为气候的变化而有所可否，有来必有所往，一呼必得其应，然而，不同时令、不同环境中的饮茶又有不同的雅趣。面对明窗净几，遥看花开柳舒，这是春天饮茶之美。坐于凉亭水阁，听松风阵阵，赏萝藤月色，这是夏日饮茶之妙。秋风送爽，玉露滋润，芭蕉侧畔，梧桐树荫，这是秋天饮茶之韵。身居暖阁，面对红垆，窗外梅花盛开、白雪盖地，这是冬天饮茶之乐。在佛寺和道观饮茶，是何等清心；在山林泉石之间饮茶，是何等幽静；一面焚香弹琴一面饮茶，是何等古雅；茶人之间品水鉴泉、斗茶茗战，是何等豪雄；从梦中醒来，把卷悦读，书香茶韵，是何等美好。用古鼎煮水、金瓯品茶，这是富贵之人饮茶的讲究；用瓷瓶煮水、瓷盏品茶，这是清高之人饮茶的追求。无论什么时令、何种环境的饮茶，都是一种清心益神、文明高雅的生活艺术，和那种一面大呼小叫地赌博游戏一面行着酒令的饮酒相比，都要更胜一筹。即使有像李白诗中所谓“堂上三千珠履客，瓮中百斛金陵春”，也换不来我这炉头七碗松萝茶。至于那种夏天饮茶而冬天废止，或者清醒时不饮而醉酒后索茶解酒的，都不是通晓茶事的人，无法与他们讨论交流品饮之道。

十之藏

茶性喜燥而恶湿，最难收藏。藏茶之家，每遇梅时，即以箬裹之，其色未有不变者，由湿气入于内而藏之不得法也。虽用火时时温焙，而免于失色者鲜矣。是善藏者，亦茶之急务，不可忽也。今藏茶当于未入梅时，将瓶预先烘暖，贮茶于中，加箬于上，仍用厚纸封固于外。次将大瓮一只，下铺谷灰一层，将瓶倒列于上，再用谷灰埋之。层灰层瓶，瓮口封固，贮于楼阁，湿气不能入内。虽经黄梅，取出泛之，其色香味犹如新茗而色不变。藏茶之法，无愈于此。

[译解]

茶叶的本性喜欢干燥而畏惧潮湿，因而最难收藏。收藏茶叶的人家，每到农历五月梅雨时节，就要用箬叶包裹起来，但是茶的色泽没有不发生变化的，这是潮湿之气进入茶中而收藏又不得其法的缘故。即使用火时时进行加热烘烤，茶叶也很少有不改变颜色的。因此，善于收藏也是茶事中的重要环节，绝不可忽视。现今茶叶收藏的方法，应当在尚未进入梅雨季节时，首先将瓷瓶预先温暖，把茶叶贮藏于其中，上面再加上箬叶，仍旧用厚纸从外面密封牢固；其次，用一只大瓮，底下铺一层谷灰，将瓷瓶放倒排列于谷灰之上，再用谷灰掩埋起来。这样一层灰一层瓶，放满后将瓮口密封牢固，放置到楼阁之中，从而使潮湿之气不能侵入茶中。这样即使经过黄梅季节，取出来冲泡品饮，茶的色泽、香气、味道也好像新制成的茶叶一样,色泽没有任何变化。收藏茶叶的方法，没有比这更好的了。

煮泉小品

煮泉小品引

昔我田隱翁嘗自委曰泉石膏肓噫夫以膏肓之病固神醫之所不治者也而在于泉石則其病亦甚奇矣余少患此病心已忘之而人皆咎余之不治然徧檢方書苦無對病之藥偶居山中遇淡若叟向余曰此病固無恙也子欲治之即當煮清泉白石加以苦茗服之久久雖辟穀可也又何患于膏肓之病邪余敬頓首受之遂依法調飲自覺其效日者因廣其意條輯成編

泉品引 二

《煮泉小品》书影（喻政《茶书》本）

《煮泉小品》一卷，明田艺蘅撰，是中国茶文化史上专论品水之学的代表作。

田艺蘅（1524—1595），字子艺，号品嵒子，钱塘（今杭州）人，田汝成之子。他天资聪颖，博学多闻，然举业偃蹇，“七举不遇”，仅以岁贡生的身份做过徽州休宁训导，不久罢官归乡，放浪西湖，优游山林。著有《大明同文集》《田子艺集》《留青日札》等。

此书成书于嘉靖三十三年（1554），分为十目，论述和考据并举，“兼昔人之所长，得川原之隽味”，“评品允当，实泉茗之信史也”。（赵观《叙》）

此书有喻政《茶书》本、《宝颜堂秘籍》本、《续说郛》本、《四库全书》本等。今以《茶书》本为底本进行整理。

田子艺像（《留青日札》卷首）

[明]钱谷《惠山煮泉图》

引

昔我田隐翁，尝自委曰“泉石膏肓”。噫！夫以膏肓之病，固神医之所不治者也；而在于泉石，则其病亦甚奇矣。余少患此病，心已忘之，而人皆咎余之不治，然遍检方书，苦无对病之药。偶居山中，遇淡若叟，向余曰：“此病固无恙也。子欲治之，即当煮清泉白石，加以苦茗，服之久久，虽辟谷可也，又何患于膏肓之病邪？”余敬顿首受之，遂依法调饮，自觉其效日著。因广其意，条辑成编，以付司鼎山童。俾遇有同病之客来，便以此荐之。若有如煎金玉汤者来，慎弗出之，以取彼之鄙笑。时嘉靖甲寅秋孟中元日钱塘田艺蘅序。

[译解]

从前我的父亲田汝成，号隐翁，曾经自称“泉石膏肓”。深入膏肓的重病，本来是神医也无法治愈的；而这种膏肓之病却在于泉石之间，可见其病也是非常奇异的。我少年时也患有此病，内心早已忘记了，可是别人都归咎于我不去医治。然而，我翻遍了所有医书，仍苦于找不到对症的药方。后来偶然居住在山中，遇见了一位恬淡寡欲的老者，对我说：“这种病本来是没有危险的，您要想治愈，就应当烹煮白石间清澈的泉水，加入苦茶，长期地服用，即使去辟谷也可以，还担心什么膏肓之病呢？”我恭敬地拜谢并接受了他的建议，于是依法调制饮用，自己感觉效果日益显著。因而推广其意，编辑成书，交给掌管煮水烹茶的小童。我吩咐他凡是遇到与我同病的客人来时，便以此法推荐给他们。如果有那些煎金玉汤的富贵宾客到来，千万不要把书拿出来，以免招致他们的鄙视和取笑。时在嘉靖三十三年（1554）孟秋中元日，钱塘人田艺蘅序。

源泉

积阴之气为水。水本曰源，源曰泉。水，本作𣱱，象众水并流，中有微阳之气也，省作水。源本作厡，亦作厵，从泉出厂下；厂，山岩之可居者，省作原，今作源。泉，本作泉，象水流出成川形也。知三字之义，而泉之品思过半矣。

山下出泉曰蒙。蒙，稚也。物稚则天全，水稚则味全。故鸿渐曰“山水上”。其曰乳泉石池漫流者，蒙之谓也。其曰瀑涌湍激者，则非蒙矣，故戒人勿食。

混混不舍，皆有神以主之，故天神引出万物。而《汉书》三神，山岳其一也。

源泉必重，而泉之佳者尤重。余杭徐隐翁尝为余言：以凤凰山泉，较阿姥墩百花泉，便不及五钱。可见仙源之胜矣。

山厚者泉厚，山奇者泉奇，山清者泉清，山幽者泉幽，皆佳品也。不厚则薄，不奇则蠢，不清则浊，不幽则喧，必无佳泉。

山不亭处，水必不亭。若亭，即无源矣。旱必易涸。

［译解］

阴冷之气积聚凝结为水。水的源头叫作源，源又叫作泉。“水”字本来写作“氺”,用来形容很多条水并流在一起的样子，中间有些微的阳气，后来就省略写法成为“水”。“源”字本来写作“厡”，也写作“厵”，意思是泉水从“厂”下面涌出；“厂”，就是山岩天然形成的可以供人们居住的石洞；后来省略写法成为“原”，如今又写作“源”。“泉”字本来写作“泉”，用来形容水流出来成为“川”的形状。了解了这三个字的本义和引申义，那么关于泉的品评和思考也就超过大半了。

山下涌出的泉水叫作蒙。蒙，就是稚嫩的意思。生物如果稚嫩，其自然本性就会比较完备；泉水如果稚嫩，其味道就会比较充足。所以“茶圣”陆羽在《茶经》中说：“山下的泉水最好。”他所说的石钟乳滴下的水和石池中流速不急的水，就是指的“蒙”。他所说的像瀑布一样汹涌湍急的水，就不是“蒙”了，所以告诫人们不要饮用。

水流之所以奔腾不息（《孟子·离娄下》：“原泉混混，不舍昼夜。”），都是有自然之灵在主导着，所以自然之灵引导和化育出万事万物。而《汉书·扬雄传》所说的天神、地祇、山岳三神，山岳就是其中之一。

从山下涌出的泉水一定很重，而泉水中的佳品就更重。余杭的徐隐翁曾经对我说过：以凤凰山的泉水和阿姥墩的百花泉相比，重量就相差五钱。可见仙泉的品质更加优胜。

山体厚重，那么其中的泉水的味道就醇厚；山势奇特，那么其中的泉水的味道就奇异；山脉清秀，那么其中的泉水就清澈；山峦幽深，那么其中的泉水就幽静。这都是泉水中的佳品。如果不醇厚就会淡薄，不奇异就会笨拙，不清澈就会浑浊，不幽静就会喧嚣，一定不会有上好的泉水。

山脉蜿蜒不平的地方，水也不会静止。如果山脉平远，那么水也就没有了源泉，到了旱季必定会干涸。

石流

石，山骨也；流，水行也。山宣气以产万物，气宣则脉长，故曰“山水上”。《博物志》：“石者，金之根甲。石流精以生水。”又曰：“山泉者，引地气也。”

泉非石出者，必不佳。故《楚辞》云：“饮石泉兮荫松柏。”皇甫曾送陆羽诗：“幽期山寺远，野饭石泉清。”梅尧臣《碧霄峰茗》诗：“烹处石泉嘉。”又云：“小石冷泉留早味。”诚可谓赏鉴者矣。

咸，感也。山无泽，则必崩；泽感而山不应，则将怒而为洪。

泉，往往有伏流沙土中者，挹之不竭，即可食。不然，则渗潴之潦耳，虽清勿食。

流远则味淡。须深潭渟畜，以复其味，乃可食。

泉不流者，食之有害。《博物志》：“山居之民，多瘿肿疾，由于饮泉之不流者。”

泉涌出曰渍。在在所称珍珠泉者，皆气盛而脉涌耳，切不可食，取以酿酒，或有力。

泉有或涌而忽涸者，气之鬼神也。刘禹锡诗“沸井今无涌”是也。否则徙泉、喝水，果有幻术邪？

泉悬出曰沃，暴溜曰瀑，皆不可食。而庐山水帘，洪州天台瀑布，皆入水品，与陆《经》背矣。故张曲江《庐山瀑布》诗：“吾闻山下蒙，今乃林峦表。物性有诡激，坤元曷纷矫。默默置此去，变化谁能了？”则识者固不食也。然瀑布实山居之珠箔锦幕也，以供耳目，谁曰不宜？

[译解]

石，就是山的骨骼；流，就是水的运行。山宣泄其地气以便生长万物，地气宣泄山脉就绵延悠长。所以“茶圣”陆羽《茶经》说“山下的泉水最好”。西晋张华《博物志》说：“石，就是五行中金的根源和外壳，石流出精液从而产生了水，水又生木，木中含火。”又说：“山泉，导引着地气。”

泉水，如果不是从山石中流出就一定不好。所以《楚辞》中说：“饮石泉兮荫松柏。”唐朝诗人皇甫曾在赠给陆羽的《送陆鸿渐山人采茶回》诗中说：“幽期山寺远，野饭石泉清。”宋朝诗人梅尧臣在《颖公遗碧霄峰茗》诗中说：“烹处石泉嘉。”又在《依韵和杜相公谢蔡君谟寄茶》诗中说：“小石冷泉留早味，紫泥新品泛春华。”的确可以称得上是鉴赏家了。

咸，就是感应的意思。山中若无水泽，就必定会崩塌；水泽有了感应而山脉没有相呼应，就会发怒而形成洪水。

泉水，往往有在沙土中形成伏流的，只要提取使用而不会枯竭的就可以饮用；否则，就是渗漏积聚的雨水罢了，即使很清也不要饮用。

水流溢得太远了，味道就会淡薄。因此必须有深潭使水停滞蓄养，以便恢复其自然性味，然后才可以饮用。

泉水不流动，饮用起来就会对人体有害。张华《博物志》中说："在山中居住的人，很多患有瘿肿之病，就是因为长期饮用不流动的泉水。"

泉水汹涌流出，叫作渍。各地所谓的珍珠泉，都是由于气势很盛，水脉汹涌，切记不可饮用，如果提取这样的泉水用来酿酒，或许很有劲道。

有的泉水，时而喷涌流出，时而又干涸不见，这就是地气的变幻莫测所导致的。唐朝诗人刘禹锡诗中所说的"沸井今无涌"，就是这种情况。否则，人们关于泉水会迁徙、泉水被喝光这样的传说，难道果真有幻术吗？

泉水高处悬空喷出，叫作沃；突然飞流直下，叫作瀑。这两种泉水都不能饮用。可是庐山的水帘瀑布，洪州（今南昌）的天台瀑布，都被古人列入了水中佳品，与陆羽《茶经》关于泉水的说法相违背。因此，唐人张九龄（韶州曲江人，故世称张曲江）《庐山瀑布》诗中说："吾闻山下蒙，今乃林峦表。物性有诡激，坤元曷纷矫。默默置此去，变化谁能了？"知道的人自然不会饮用这种泉水。然而，瀑布实在是山居之中像珠箔、锦幕一般的美景，用来满足耳目之娱，谁说不可以呢！

清寒

清，朗也，静也，澄水之貌。寒，冽也，冻也，覆冰之貌。泉不难于清，而难于寒。其濑峻流驶而清，岩奥阴积而寒者，亦非佳品。

石少土多、沙腻泥凝者，必不清寒。

蒙之象曰果行，井之象曰寒泉。不果则气滞而光不澄，不寒则性燥而味必啬。

冰，坚水也，穷谷阴气所聚，不泄则结而为伏阴也。在地英明者惟水，而冰则精而且冷，是固清寒之极也。谢康乐诗："凿冰煮朝飧。"《拾遗记》："蓬莱山冰水，饮者千岁。"

下有石硫黄者，发为温泉，在在有之。又有共出一壑，半温半冷者，亦在在有之，皆非食品。特新安黄山朱沙汤泉可食。《图经》云："黄山旧名黟山，东峰下有朱沙汤泉，可点茗，春色微红，此则自然之丹液也。"《拾遗记》："蓬莱山沸水，饮者千岁。"此又仙饮。

有黄金处水必清，有明珠处水必媚，有孑鲋处水必腥腐，有蛟龙处水必洞黑。嫩恶不可不辨也。

[译解]

清，就是明亮、洁净的意思，形容泉水澄澈的样子。寒，就是寒冽、冰冷的意思，形容泉水凝结为冰、覆盖水面的样子。泉水达到明亮、洁净的标准并不难，难得的是寒冽、冰冷。而那种在高山巨石间湍急流荡而明亮、洁净的，在岩洞中阴冷积滞而寒冽、冰冷的泉水，也不是泉中的佳品。

如果泉水流出的地方石头少而泥土多，沙土细腻，胶泥凝结，那么泉水就一定不会清澈寒冷。

《周易》上经第四卦蒙卦的《象传》说:“泉水从山下涌出，就是‘蒙’卦，君子以果敢的行为来培养人的品质。”下经第四十八卦井卦倒数第五阳爻:“井水清泉水凉，可以饮用。”《象传》说:“‘寒泉’之‘食’，居上卦之中而正，比贤人中正可用。”泉水如果没有“果行”的气象，就会杂气积滞而光线不清澈明亮，如果不寒冽，那么就会水性浮燥而味道苦涩。

冰，就是坚硬的固体水，是荒山幽谷中的阴凉之气凝结而成的。如果不宣泄出来就要郁结，从而成为伏积于地下的阴凉之气。大地上晶莹明亮、天赋灵禀的只有水，而冰则是水的精华经过冷冻而成的，这就自然是清澈寒冷之极的了。南朝诗人谢灵运（袭封康乐公，世称谢康乐）诗中说:“凿冰煮朝飧。”《拾遗记》中记载:“蓬莱山的冰水，饮用的人可以长寿千岁。”

泉下如果有硫黄矿的地方，就会流淌出温泉来，各地都有分布。又有温泉与非温泉共生于一条水流之中，一半温一半冷的，这种情况也随处可见，但是都不能饮用。只有新安（歙，徽州古称，今安徽黄山市）黄山的朱砂汤泉可以饮用。《黄山图经》记载:“黄山过去名叫黟山，东峰下有朱砂汤泉，可以用来点茶,其颜色微微带红,这就是天然的丹液(即矿泉)。”《拾遗记》记载:“蓬莱山的沸水，饮用的人可以长寿千岁。”这又是所谓神仙饮品。

出产黄金的地方，其水必定清澈；出产明珠的地方，其水必定明媚；有蚊卵和蛤蟆生长的地方，其水必定腥臭腐朽；有蛟龙出没的地方，其水中必定有洞穴，而水色深黑不能饮用。这些水质好坏不同的情况，不可不认真加以辨析。

甘香

甘，美也；香，芳也。《尚书》:“稼穑作甘。”黍甘为香，黍惟甘香,故能养人。泉惟甘香,故亦能养人。然甘易而香难，未有香而不甘者也。

味美者曰甘泉，气芳者曰香泉，所在间有之。泉上有恶木,则叶滋根润,皆能损其甘香。甚者能酿毒液,尤宜去之。

甜水，以甘称也。《拾遗记》:“员峤山北，甜水绕之，味甜如蜜。”《十洲记》:“元洲玄涧，水如蜜浆。饮之，与天地相毕。”又曰:“生洲之水，味如饴酪。”

水中有丹者，不惟其味异常，而能延年却疾，须名山大川诸仙翁修炼之所有之。葛玄少时，为临沅令。此县廖氏家世寿，疑其井水殊赤，乃试掘井左右，得古人埋丹砂数十斛。西湖葛井，乃稚川炼所，在马家园后，淘井出石匣，中有丹数枚如芡实，啖之无味，弃之。有施渔翁者，拾一粒食之，寿一百六岁。此丹水尤不易得。凡不净之器，切不可汲。

［译解］

甘，就是甜美；香，就是芳香。《尚书·洪范》中说：“可以种植五谷的土壤会生出甜味。”黍米甜美就是香，而黍米正是因为甜美芳香，所以能够养人。泉水也是因为甜美芳香，所以也能够养人。然而，泉水甜美容易，芳香就比较难了，还没有听说过泉水芳香却不甜美的。

泉水味道鲜美的，叫作甘泉；香气芬芳的，叫作香泉。各地间或有这样的泉水。泉水旁边如果生长有劣质的树木，那么树的叶子和根须都会得到泉水的滋润，都能损害泉水的甜美和芳香。更有甚者，能够酿成毒液，这样的树木尤其应该除掉。

甜水，就是以味道甜美而著称的泉水。《拾遗记》中记载：“在员峤山的北面，有甜水环绕，味道甜美如蜜。”《海内十洲记》记载：“在元洲的玄涧，其水甜美如同蜜浆。长期饮用，可以与天地一样长寿。”还说：“长洲的水，味道就如同甘甜的奶酪。”

泉水中含有丹砂的，不仅其味道异于平常，而且能够延年益寿、除病去疾，但必须是名山大川诸位仙翁道长的修行炼丹的地方才会有。三国吴人葛玄（字孝先，丹阳人，道教尊为葛仙翁、太极仙翁）年轻的时候，担任临沅（今湖南常德）县令。该县姓廖的人家世代长寿，葛玄对他们家的井水与一般井水不同而呈现出红色表示怀疑，于是尝试在井的周围进行发掘，结果挖得古人所埋的丹砂数十斛。杭州西湖的葛井，是葛洪（葛玄后人，字稚川）炼丹的地方，在马家园的后面，有人曾经在淘井时挖出一个石匣，匣中有仙丹数枚，看起来像水生植物芡的果实一样，尝了尝也没有什么味道，就把它扔掉了。有一个姓施的渔翁拾了一粒吃了，就活到一百零六岁高寿。这种丹水尤其不易得到。凡是不洁净的器具，切记不可以用来汲取。

宜茶

茶，南方嘉木，日用之不可少者。品固有微恶，若不得其水，且煮之不得其宜，虽佳弗佳也。

茶如佳人，此论虽妙，但恐不宜山林间耳。昔苏子瞻诗“从来佳茗似佳人”，曾茶山诗“移人尤物众谈夸”，是也。若欲称之山林，当如毛女、麻姑，自然仙风道骨，不浼烟霞可也。必若桃脸柳腰，宜亟屏之销金帐中，无俗我泉石。

鸿渐有云：“烹茶于所产处，无不佳，盖水土之宜也。”此诚妙论。况旋摘旋瀹，两及其新邪！故《茶谱》亦云：“蒙之中顶茶，若获一两，以本处水煎服，即能祛宿疾。”是也。今武林诸泉，惟龙泓入品，而茶亦推龙泓山为最。盖兹山深厚高大，佳丽秀越，为两山之主。故其泉清寒甘香，雅宜煮茶。虞伯生诗：“但见瓢中清，翠影落群岫。烹煎黄金芽，不取谷雨后。”姚公绶诗：“品尝顾渚风斯下，零落《茶经》

奈尔何。”则风味可知矣，又况为葛仙翁炼丹之所哉！又其上为老龙泓，寒碧倍之。其地产茶，为南北山绝品。鸿渐第钱唐天竺、灵隐者为下品，当未识此耳。而郡志亦只称宝云、香林、白云诸茶，皆未若龙泓之清馥隽永也。余尝一一试之，求其茶泉双绝，两浙罕伍云。

龙泓今称龙井，因其深也。郡志称有龙居之，非也。盖武林之山，皆发源天目，以龙飞凤舞之谶，故西湖之山，多以龙名，非真有龙居之也。有龙，则泉不可食矣。泓上之阁，亟宜去之。浣花诸池，尤所当浚。

鸿渐品茶，又云杭州下，而临安、於潜生于天目山，与舒州同，固次品也。叶清臣则云：“茂钱唐者，以径山稀。”今天目远胜径山，而泉亦天渊也。洞霄次径山。

严子濑，一名七里滩。盖沙石上，曰濑、曰滩也，总谓之浙江，但潮汐不及，而且深澄，故入陆品耳。余尝清秋泊钓台下，取囊中武夷、金华二茶试之，固一水也，武夷则黄而燥冽，金华则碧而清香，乃知择水当择茶也。鸿渐以婺州为次，而清臣以白乳为武夷之右，今优劣顿反矣。意者所谓离其处，水功其半者耶？

茶自浙以北者皆较胜，惟闽广以南，不惟水不可轻饮，而茶亦当慎之。昔鸿渐未详岭南诸茶，仍云“往往得之，其味极佳”。余见其地多瘴疠之气，染著草木，北人食之，多致成疾，故谓人当慎之。要须采摘得宜，待其日出山霁，露收岚净可也。

茶之团者、片者，皆出于碾硙之末，既损真味，复加油垢，即非佳品，总不若今之芽茶也。盖天然者自胜耳。曾茶山《日铸茶》诗“宝銙不自乏，山芽安可无”，苏子瞻《壑源试焙新茶》诗“要知玉雪心肠好，不是膏油首面新”是也。其末茶瀹之有屑，滞而不爽，知味者当自辨之。

芽茶以火作者为次，生晒者为上，亦更近自然，且断烟火气耳。况作人手器不洁，火候失宜，皆能损其香色也。生晒茶，瀹之瓯中，则旗枪舒畅，清翠鲜明，尤为可爱。

唐人煎茶，多用姜盐。故鸿渐云：“初沸，[则]水合量，调之以盐味。”薛能诗：“盐损添常戒，姜宜著更夸。”苏子瞻以为茶之中等，用姜煎信佳，盐则不可。余则以为二物皆水厄也。若山居饮水，少下二物，以减岚气，或可耳。而有茶，则此固无须也。

今人荐茶，类下茶果，此尤近俗。纵是佳者，能损真味，亦宜去之。且下果则必用匙，若金银，大非山居之器，而铜又生腥，皆不可也。若旧称北人和以酥酪，蜀人入以白盐，此皆蛮饮，固不足责耳。

人有以梅花、菊花、茉莉花荐茶者，虽风韵可赏，亦损茶味。如有佳茶，亦无事此。

有水有茶，不可无火。非无火也，有所宜也。李约云：“茶须缓火炙，活火煎。”活火，谓炭火之有焰者。苏轼诗“活火仍须活火烹”是也。余则以为山中不常得炭，且死火耳，不若枯松枝为妙。若寒月多拾松实，畜为煮茶之具，更雅。

人但知汤候，而不知火候。火然则水干，是试火先于试水也。《吕氏春秋》：伊尹说汤五味，九沸九变，火为之纪。

汤嫩则茶味不出，过沸则水老而茶乏。惟有花而无衣，乃得点瀹之候耳。

唐人以对花啜茶为杀风景，故王介甫诗："金谷千花莫漫煎。"其意在花，非在茶也。余则以为金谷花前信不宜矣。若把一瓯，对山花啜之，当更助风景，又何必羔儿酒也。

煮茶得宜，而饮非其人，犹汲乳泉以灌蒿莸，罪莫大焉。饮之者一吸而尽，不暇辨味，俗莫甚焉。

[译解]

茶，是我国南方的一种优良的常绿树种，是人们日常生活所不可缺少的饮料。其品质固然有好坏的分别，但是若得不到适宜的泉水，而且烹煮不得其法，即使是好茶也达不到上佳的效果。

好茶如佳人，这种说法虽然很精妙，但是恐怕不适宜于山林之间的茶人生活。从前苏东坡（字子瞻）《次韵曹辅寄壑源试焙新茶》诗中的"从来佳茗似佳人"，曾几（字吉甫，号茶山居士）《逮子得龙团胜雪茶两銙以归予其直万钱云》诗中的"移人尤物众谈夸"，都是茶如佳人的比喻。如果要想与山林生活相适应，就应该是古代神话中的毛女、麻姑，自然仙风道骨，不至于污染其烟霞之风致，这样才可以。若一定要比拟面如桃花、腰似细柳的美人，就应该赶紧把她们摈弃于销金帐中，千万不要俗化和侮辱我们山林泉石间高雅的饮茶生活。

陆羽《茶经》曾写道:“就在产茶之地汲水烹茶，没有不效果极佳的，这是因为水土相适宜。”这种说法的确是精妙之论。况且,随即采摘随即烹煮,茶叶和泉水二者都非常新鲜呢!因此，五代毛文锡《茶谱》也说:“四川蒙山中顶上清峰的好茶，若能获取一两，用本地的泉水烹煮饮用，就能祛除长期的病痛。”说的就是这个道理。如今杭州各处的泉水，只有龙泓可以列入佳品,而当地的茶叶,也只有龙泓山出产的为最好。因为此山深厚高大，清秀壮丽，为两山的主峰。所以其泉水清澈寒冷、甘洌芳香,非常适宜煮茶。元朝文学家虞集(字伯生)《游龙井》诗中写道:“但见瓢中清，翠影落群岫。烹煎黄金芽，不取谷雨后。”明朝人姚绶（字公绶）诗中写道:“品尝顾渚风斯下，零落《茶经》奈尔何。”其独特风味从中可以想见，况且这里又曾经是葛仙翁炼丹的所在呢！在龙泓的上面还有老龙泓，其寒冷清澈又倍于龙泓。其地出产的茶叶，为南北两山的绝品。茶圣陆羽品第钱唐天竺、灵隐二寺的茶叶为下品，当是尚未认识此茶。而当地的方志中也只记载有宝云、香林、白云等茶，都比不上龙泓茶的清香馥郁、滋味绵长。我曾经对上述各种茶叶一一进行品尝，得出的结论是龙泓茶叶和泉水堪称双绝，两浙地区没有能与其相比的。

龙泓，如今叫作龙井，是因为其泉水很深。当地方志中称这里曾经有龙居住，故名，其实并非如此。大概是因为杭州的山脉都发源于天目山，由于山脉有龙飞凤舞的预言，所以西湖周围的山多以龙来命名，并非真的有龙居住于此。如果真的有龙，那么泉水就不能饮用了。龙井上面的亭阁，也应该紧急拆除。浣花等池，尤其应该加以疏浚。

陆羽在《茶经》中品第茶叶的好坏说：杭州出产的品质比较差，而临安、於潜也是源于天目山，所产茶叶与舒州出产的相同，本来就是较次的茶品。宋朝的叶清臣《述煮泉小品》则说："盛产于钱唐的茶叶，以径山茶为贵。"如今天目茶远胜于径山茶，而泉水也有天渊之别。洞霄茶又次于径山茶。

浙江桐庐的严子濑，也叫七里滩。因为在沙石上的水流较急,所以叫作濑、叫作滩,总称为浙江。但是潮汐不如钱塘江，而且水深而清澈，所以列入了陆羽的泉品。我曾经在清凉的秋天乘船停泊于严子陵的钓台之下，取出行囊中的武夷、金华两种茶，进行烹煮试验。本来是同一种水，可是冲泡出的茶就有很大差别：武夷茶则显得色黄而燥冽，金华茶则显得碧绿而清香。于是可知在选择水的同时还要选择茶。陆羽以婺州茶为次，而叶清臣以北苑贡茶的白乳比武夷茶为好，可是如今则其茶的优劣正好相反。通晓其意的行家认为这就是所谓离开了茶的原产地进行试验的缘故，其中泉水的功效占有一半。

浙江以北地区所出产的茶叶，品质都比较好。只有福建、广东以南地区，不仅其泉水不可轻易饮用，所出产的茶叶也应当谨慎饮用或有选择地加以饮用。从前陆羽《茶经》没有详细记载岭南地区所出产的茶叶，但仍然说“往往能得到一些岭南所产的茶叶，味道都非常好”。我觉得岭南地区多为湿热瘴疠之气所笼罩，熏染到草木之上，北方人饮用这些地方所产的茶叶，常常会导致疾病发生，所以人们应当谨慎从事。概括说来，必须掌握适当的采摘时机和制作方法，要等待太阳出来，山间雨过天晴，露水蒸发，雾气消退，然后才可以采摘和制作加工。

从前茶叶制成团饼，也称片茶、腊茶，都是经过碾制加工而成，不仅损害了茶的天然真味，而且在团饼的表面涂上膏油，所以已不是上佳的好茶，总不如今天以新鲜嫩芽制成的芽茶。这是因为芽茶不损害茶的天然真性，所以自然会胜过团茶、片茶。宋代诗人曾几《日铸茶》诗中所说的“宝銙不自乏，山芽安可无”，苏轼《次韵曹辅寄壑源试焙新茶》诗中所说的“要知玉雪心肠好，不是膏油首面新”，都是这个道理。况且，那种碾制成末的茶，冲点之后会有很多细屑，品饮起来会感觉滞涩而不清爽，精于品茶之道的人应当加以鉴别。

芽茶经过炒制而成的，品质要稍差一些，而以阳光晒制而成的为最好，也更加接近于自然天成，并且断绝了烟火之气。况且，采制加工的人手和器具不洁净，或者不能适当地控制火候，都会损害茶叶的香气和色泽。阳光晒制的茶叶冲泡于茶瓯之中，就能达到芽叶舒展畅达、清翠鲜明的效果，极为可爱。

唐朝人煎茶而饮，往往加入姜和盐等作料。所以陆羽《茶经》上说："煮水初沸时，按照水量的多少，适量加入一些盐调味。"薛能《蜀州郑使君寄鸟嘴茶因以赠答八韵》诗中说："盐损添常戒，姜宜著更夸。"而苏轼认为中等品质的茶加入姜作为作料，煎煮品饮效果确实很好，加入盐就不行了。我则认为姜、盐这两种作料都是饮茶的灾星，不可使用。如果是隐居山林，饮水时适当加入姜、盐以减轻水中的潮湿烟岚之气，有时还可以。但是有了茶，那么这两种作料就毫无必要了。

如今，人们在饮茶时大多加入一些果品，这种做法尤其近乎庸俗。即便是很好的果品，也会损害茶叶的自然真味，所以也应当摈弃不用。况且加入果品必然要用茶匙之类的器具，如果质地是金银之类的器皿，与山居品饮生活根本不相协调，如果是铜匙又会产生腥味，这两种都不可取。至于从前人们所说的北方少数民族以茶与乳酪调和饮用，巴蜀之人在茶中加入白盐，这都是蛮夷戎狄之人的饮茶方式，本来就不足以进行苛责。

世人还有以梅花、菊花、茉莉花佐茶品饮的，虽然其风雅韵致颇足激赏，但也会有损于茶的自然真味。如果有上好的佳茶，也不需要采取这种品饮方式。

有了好水，有了好茶，还不可无火。这里所说的"火"并非一般意义上的火，而是指适宜的煎水功夫。唐人李约说："茶必须以缓火即文火进行烘烤，以活火进行煎煮。"活火，就是指带有火焰的炭火。苏轼《汲江煎茶》诗中所说的"活水仍须活火烹”，就是这个意思。我则认为山居之中不可能常常有炭，况且炭乃是已经燃烧过的死火，不如用干枯的松枝煎茶为更妙。如果在秋冬季节多捡拾一些松果，储藏起来作为煎茶的燃料，就更为风雅。

一般人只知道控制煎水的征候，而不懂得把握用火的征候。火燃烧起来就会使水蒸发，因此试验火力要比试验水温更为重要。《吕氏春秋·本味篇》上说：“伊尹以调和五味之说向商汤进言，其中说到五味三材，九沸九变，都是以火候作为鉴别的标准的。”

如果茶汤煎得沸点不够，就不能使茶的自然真味充分发挥出来；如果超过沸点，水煎煮得过老，则会使茶力消乏，失去清香。只有达到有花而无衣即烹点时泛出汤花而没有水痕的境界，才算是掌握了烹点冲瀹的火候。

唐朝人认为对花啜茶是煞风景之事。所以宋代王安石（字介甫）《寄茶与平甫》诗中说：“金谷千（一作看）花莫漫煎。”意谓对花啜茶时注意力集中在赏花，而不在品茶。我则认为在金谷园中对花啜茶，的确是不适宜的。而倘若是把一瓯茶面对山花品啜，则当会更有助于风景相宜，增添幽趣，又何必要像党进那样的粗人以羊羔儿酒来助兴呢？

煎茶的方法得当，倘若品饮的宾客不得其人，依然是大俗不雅，就好比汲取清澈甘美的泉水去浇灌有臭味的蒿草和莸草，实在是暴殄天物，莫大的罪过。如果饮茶的人端起茶瓯一饮而尽，根本来不及鉴别和品赏茶味，就再也没有比这更为庸俗的了。

灵水

灵，神也。天一生水，而精明不淆。故上天自降之泽，实灵水也。古称“上池之水”者非与？要之，皆仙饮也。

露者，阳气胜而所散也。色浓为甘露，凝如脂，美如饴，一名膏露，一名天酒。《十洲记》“黄帝宝露”，《洞冥记》“五色露”，皆灵露也。《庄子》曰：“姑射山神人，不食五谷，吸风饮露。”《山海经》：“仙丘绛露，仙人常饮之。”《博物志》：“沃渚之野，民饮甘露。”《拾遗记》：“含明之国，承露而饮。”《神异经》：“西北海外人，长二千里，日饮天酒五斗。”《楚辞》：“朝饮木兰之坠露。”是露可饮也。

雪者，天地之积寒也。《氾胜书》：“雪为五谷之精。”《拾遗记》：“穆王东至大攊之谷，西王母来进嵰州甜雪。”是灵雪也。陶穀取雪水烹团茶。而丁谓《煎茶》诗：“痛惜藏书箧，坚留待雪天。”李虚己《建茶呈学士》诗：“试将梁苑雪，煎动建溪春。”是雪尤宜茶饮也。处士列诸末品，何邪？意者以其味之燥乎？若言太冷，则不然矣。

雨者，阴阳之和，天地之施，水从云下，辅时生养者也。和风顺雨，明云甘雨。《拾遗记》：“香云遍润，则成香雨。”皆灵雨也，固可食。若夫龙所行者，暴而霪者，旱而冻者，腥而墨者，及檐溜者，皆不可食。

《文子》曰：“水之道，上天为雨露，下地为江河，均一水也。”故特表灵品。

[译解]

灵,就是神明的意思。《易经》上说“天地合一产生了水”,从而使得万物精致鲜明而不相混淆。所以上天自然降落的雨泽，其实就是神明之水。古人所称的“上池之水”即未沾到地面的水，难道不就是指的这些吗?总而言之，都是神仙的饮品。

露水，是阳气旺盛而发散形成的。其中色泽比较浓重的是甘露，晶莹如脂膏，味美如饴糖，又叫作膏露，也叫作天酒。《海内十洲记》所说的“黄帝宝露”,《洞冥记》所说的“五色露”，都是指蕴含灵气的甘露。《庄子》上说:“姑射山的神人，不吃五谷杂粮，而吸食大风，饮用甘露。”《山海经》记载:“仙丘有红色的露水,仙人经常饮用。”《博物志》记载:“沃渚之野，人民饮用甘露。”《拾遗记》记载:“含明之国,承接露水来饮用。”《神异经》记载:“西北方向的海外，有人身高两千里，每天饮用露水五斗。”《楚辞》吟咏道:“清晨饮用木兰树上坠下的露水。”这些记载都说明露水是可以饮用的。

雪，是天地之间的寒气蕴积而形成的。《氾胜之书》上说:“雪是五谷的精华。”《拾遗记》记载:“周穆王东行来到大巇之谷，西王母前来进献嵰州的甜雪。”这里的甜雪就是指的蕴含灵气的雪。宋初的学士陶榖取雪水来烹煮龙团茶。而宋人丁谓《煎茶》诗中吟咏道:“痛惜藏书箧，坚留待雪天。”宋朝诗人李虚己《建茶呈使君学士》诗中说:“试将梁苑雪,煎动建溪春。”这些都说明雪水尤其适宜于煎茶。可是处士陆羽在《茶经》中把雪水列入水中的末品,这是为什么呢?难道是因为雪水的味道带有燥性吗?如果说雪水太冷,就大谬不然了。

雨,是阴阳之气的调和,天地恩泽的施舍,雨水从云头落下,配合时序的变化,滋养万物的生长。和煦的风,就会有平和的及时雨,明亮的云,就会有甘霖般的雨水。《拾遗记》上说:“香云漫天遍野地飘荡滋润,就会形成香雨。”这些都是蕴含灵气的雨,自然可以饮用。至于平常所下的雨,有时是暴雨而连绵多日的,有时是大旱而雨水成冰的,有时是雨水带有腥味而色泽暗黑的,以及顺着房檐流下来的雨水,这些都不可饮用。

《文子》上说:“按照水的自然规律,升腾上天空就形成雨露,汇流于地上就形成江河。”从本质上讲都是一样的水,而可以发生千变万化,所以这里特别表述这样的水中灵品。

异泉

异,奇也。水出地中,与常不同,皆异泉也,亦仙饮也。

醴泉　醴,一宿酒也,泉味甜如酒也。圣王在上,德普天地,刑赏得宜,则醴泉出。食之,令人寿考。

玉泉　玉石之精液也。《山海经》:“密山出丹水,中多玉膏。其源沸汤,黄帝是食。”《十洲记》:“瀛洲玉石高千丈,出泉如酒,味甘,名玉醴泉,食之长生。”又:“方丈洲有玉石泉”,“昆仑山有玉水”。《尹子》曰:“凡水方折者有玉。”

乳泉　石钟乳，山骨之膏髓也。其泉色白而体重，极甘而香，若甘露也。

朱砂泉　下产朱砂，其色红，其性温，食之延年却疾。

云母泉　下产云母，明而泽，可炼为膏，泉滑而甘。

茯苓泉　山有古松者，多产茯苓。《神仙传》:“松脂沦入地中，千岁为茯苓也。”其泉或赤或白，而甘香倍常。又术泉，亦如之。非若杞菊之产于泉上者也。

金石之精，草木之英，不可殚述，与琼浆并美，非凡泉比也，故为异品。

[译解]

异，就是奇异的意思。水从大地下面生出，又与平常的泉水不同，都是奇异的泉水，也是神仙的饮品。

醴泉　醴就是香甜的陈酒，醴泉也就是说泉水的味道香甜如同美酒。圣明的君王端居高高的朝堂，其恩惠普洒人间、泽被天地，刑罚和赏赐恰如其分，这样醴泉就会从地下涌出。长期饮用，会使人延年益寿。

玉泉　就是玉石中流出的精液。《山海经》中记载:“密山有一条丹水，其中含有玉石的膏脂。其发源的地方是沸腾的热水，黄帝以此为食。”《海内十洲记》记载:“瀛洲的玉石矿山高达千丈，山下涌出的泉水像酒一样，味道甘甜，名叫玉醴泉，长期饮用可以使人长生不老。”又记载说“方丈洲有玉石泉”，“昆仑山有玉水”。《尹子》中记载说：“凡是水流突然转折的地方，就会出产玉石。”

乳泉　石钟乳是山体的脂膏和骨髓。乳泉水的色泽较白，而且重量相对较高，味道非常甘甜而清香，就像甘露一样。

朱砂泉　水下出产朱砂，其泉水色泽较红，水性温和，长期饮用可以延年益寿，消除疾病。

云母泉　水下出产云母，明亮而润泽，可以冶炼成膏脂，这种云母泉水润滑而甘甜。

茯苓泉　山上有很多原始松林的地方，大多出产茯苓。葛洪《神仙传》记载说：“松脂浸入地下，经过上千年就会变成茯苓。”这种茯苓泉水色泽有的较红，有的较白，而其甘甜和清香都要比一般泉水加倍。另外，术泉也是这样的。并不是旁边伴生有枸杞、菊花的泉水，从而使泉水味道变化的那样。

金石矿物的精华所聚，草木植物的英气所凝，与泉水相结合，其变化之奇妙真是述说不尽。这种泉水可以和玉液琼浆并称而媲美，不是普通的泉水所可比拟的，所以这里把它们列入异品。

江水

江，公也，众水共入其中也。水共则味杂，故鸿渐曰“江水中”，其曰“取去人远者”，盖去人远，则澄清而无荡漾之漓耳。

泉自谷而溪而江而海，力以渐而弱，气以渐而薄，味以渐而咸，故曰“水曰润下”，“润下作咸”，旨哉！又《十洲记》：“扶桑碧海，水既不咸苦，正作碧色，甘香味美。”此固神仙之所食也。

潮汐近地，必无佳泉，盖斥卤诱之也。天下潮汐，惟武林最盛，故无佳泉。西湖山中则有之。

扬子，固江也。其南泠，则夹石渟渊，特入首品。余尝试之，诚与山泉无异。若吴淞江，则水之最下者也，亦复入品，甚不可解。

[译解]

江，就是公共的意思，是说众多的河水都汇流其中。许多河水汇流一起，味道就会混杂，所以陆羽《茶经》中说“江水次之”，他还说“饮用江水要汲取离开人们生活区域较远的”，这是因为离开人们生活区域较远的地方，水就会比较澄清，而且不会因为荡漾而味道浅薄。

泉水从山谷流入小溪，由小溪流入江河，由江河流入海洋，力道逐渐由强变弱，香气逐渐由厚变薄，味道逐渐由甜变咸，所以《尚书·洪范》上说：“水性向下，可以滋润万物；向下滋润的水可以生出咸味。”的确抓住了水的根本特性。另外，《海内十洲记》记载：“扶桑的碧海，海水不仅不咸不苦，而且呈现出一片碧绿的颜色，甘甜清香，味道鲜美。”这本来就是供神仙饮用的水。

潮汐附近的地区，一定不会有好的泉水。这是因为潮汐形成的盐碱地的影响。天下的潮汐，就属杭州最为盛大，所以杭州湾附近没有好的泉水。西湖的山中才有了佳泉。

扬子江，固然是一条江；而在长江下游镇江的南泠这一水段，则是两岸山石夹持，中间水流汇聚，水深而清澈，所以特别列入水中首品。我曾经品尝过，的确与山泉没有两样。至于吴淞江的水，那是水中品质最差的，有人也把它列入水品，实在不可以理解。

井水

井，清也，泉之清洁者也；通也，物所通用者也；法也，节也，法制居人，令节饮食无穷竭也。其清出于阴，其通入于淆，其法、节由于不得已，脉暗而味滞。故鸿渐曰“井水下”。其曰“井取汲多者”，盖汲多，则气通而流活耳。终非佳品，勿食可也。

市廛民居之井，烟爨稠密，污秽渗漏，特潢潦耳。在郊原者庶几。

深井多有毒气。葛洪方：五月五日，以鸡毛试投井中，毛直下，无毒；若回四边，不可食。淘法，以竹筛下水，方可下浚。

若山居无泉，凿井得水者，亦可食。

井味咸，色绿者，其源通海。旧云东风时凿井，则通海脉，理或然也。

井有异常者，若火井、粉井、云井、风井、盐井、胶井，不可枚举。而水井则又纯阴之寒也，皆宜知之。

[译解]

井水，有这么三层意思：一是清，指比较清洁的泉水；二是通，指人们通用的物品；三是法，是节，指用法制礼节规范人们的行为，让他们饮食有节，财用有度，这样就不会有穷尽的时候。其清、是出于阴凉寒冽；其通，则由于通用而导致混淆污染；其法，其节，则是由于井水有限，不得已而为之。井水的泉脉在暗昧不明，味道就显得苦涩，所以陆羽《茶经》中说“井水为下”。又说“井水要选择人们汲取比较多的”，因为汲取比较多的井水，就会气脉贯通而提高流动活性。但是井水终究不是佳品，不用来烹茶也是可以的。

市场所在地和人民聚居地的井水，因为人烟稠密、炊事频繁，污染严重，各种秽物渗漏到地下，简直就是一个积水池。在郊外或者荒原上的井水还差不多可以饮用。

深井之水很多会有毒气。传为葛洪所著的《肘后备急方》中记载有一个试验水质的方法：在五月五日端午节这一天，用鸡毛试着往井里投，如果鸡毛直接下落，可以证明水中无毒；如果鸡毛飘向四周井壁，那么井水就不可饮用。淘井的方法，是用竹筛子下水，然后人才可以下去清理井底的杂物。

如果在山间居住，周围没有泉水，向地下凿井挖出了水，这样的井水也可以饮用。

井水如果味道比较咸，水的颜色发绿，那么就说明其水源与大海相通。从前人们说在东风刮起的时候凿井，就会与大海水脉相通，或许有一定道理。

有很多异于平常的水井，例如火井、粉井、云井、风井、盐井、胶井等，不能一一列举出来。而水井则又是非常阴凉的寒气凝结之地，这都是人们所应该知道的。

绪谈

凡临佳泉，不可容易漱濯。犯者每为山灵所憎。

泉坎须越月淘之，革故鼎新，妙运当然也。

山禾固欲其秀而荫，若丛恶，则伤泉。今虽未能使瑶草琼花披拂其上，而修竹幽兰，自不可少也。

作屋覆泉，不惟杀尽风景，亦且阳气不入，能致阴损，戒之戒之。若其小者，作竹罩以笼之，防其不洁之侵，胜屋多矣。

泉中有虾蟹、孑虫，极能腥味，亟宜淘净之。僧家以罗滤水而饮，虽恐伤生，亦取其洁也。包幼嗣《净律院》诗“滤水浇新长”，马戴《禅院》诗“滤泉侵月起”，僧简长诗“花壶滤水添”是也。于鹄《过张老园林》诗：“滤水夜浇花。”则不惟僧家戒律为然，非修道者亦所当尔也。

泉稍远而欲其自入于山厨，可接竹引之，承之以奇石，贮之以净缸，其声尤琤淙可爱。骆宾王诗“刳木取泉遥”，亦接竹之意。

去泉再远者，不能自汲，须遣诚实山童取之，以免石头城下之伪。苏子瞻爱玉女河水，付僧调水符取之，亦惜其不得枕流焉耳。故曾茶山《谢送惠山泉》诗："旧时水递费经营。"

移水而以石洗之，亦可以去其摇荡之浊滓。若其味，则愈扬愈减矣。

移水取石子置瓶中，虽养其味，亦可澄水，令之不淆。黄鲁直《惠山泉》诗"锡谷寒泉撱石俱"是也。择水中洁净白石，带泉煮之，尤妙尤妙。

汲泉道远，必失原味。唐子西云："茶不问团銙，要之贵新。水不问江井，要之贵活。"又云："提瓶走龙塘，无数千步，此水宜茶，不减清远峡。而海道趋建安，不数日可至。故新茶不过三月至矣。"今据所称，已非嘉赏。盖建安皆碾硙茶，且必三月而始得。不若今之芽茶，于清明、谷雨之前，陟采而降煮也。数千步取塘水，较之石泉新汲，左勺右铛，又何如哉？余尝谓二难具享，诚山居之福者也。

山居之人，固当惜水，况佳泉更不易得，尤当惜之，亦作福事也。章孝标《松泉》诗："注瓶云母滑，漱齿茯苓香。野客偷煎茗，山僧惜净床。"夫言偷，则诚贵矣；言惜，则不贱用矣。安得斯客斯僧也，而与之为邻邪？

山居有泉数处，若冷泉，午月泉，一勺泉，皆可入品。其视虎丘石水，殆主仆矣，惜未为名流所赏也。泉亦有幸有不幸邪！要之，隐于小山僻野，故不彰耳。竟陵子可作，便当煮一杯水，相与荫青松，坐白石，而仰视浮云之飞也。

［译解］

大凡到了佳泉的去处，千万不可轻易在泉水中洗漱或洗涤，违反这一点的人往往会被山中的神灵所憎恶。

泉坎也就是泉水的池子，必须隔一个月清理一遍，革故鼎新，这是当然的道理。

泉水旁边的山禾，固然希望其清秀而有阴凉遮蔽泉水，但是如果杂草丛生，其草木的品质不好，就不免会对泉水有害。现在虽然不能使得瑶草、琼花披拂于泉水之上，但是修竹、幽兰自然是不可少的。

专门在泉水之上建起房屋覆盖住泉水，不仅煞尽了风景，而且使得阳和之气无法进入，从而导致阴气过重，有损水质，千万不可这么做。如果是泉水比较小，就用竹子编制一个罩子笼罩在泉水之上，以防不洁净之物的侵入，这要比建造房屋强多了。

泉水之中有虾米、螃蟹、蚊卵、虫子之类的东西，非常容易使水味变腥，所以应该及时清理干净。僧人用竹罗过滤泉水饮用，虽然他们的本意是避免伤害生灵，但也有饮水洁净的意味。唐人包何（字幼嗣）《同李郎中净律院梡子树》诗中的“滤水浇新长”，马戴《题僧禅院》诗中的“滤泉侵月起”，简长和尚《赠浩律师》诗中的“花壶滤水添”，吟咏的都是僧人过滤泉水的情况。于鹄《过张老园林》诗中的“滤水夜浇花”，则说明不仅佛教的戒律规劝人们应该这样，就是不信佛修道的人也应该这样讲究。

泉水相去较远，又希望泉水自动流入山居的厨房，可以用竹管接起来引泉水，用奇石铺道来承接架搁竹管，然后贮存到洁净的水缸之中，其声音清脆动听，尤为可爱。传为唐朝诗人骆宾王的《灵隐寺》诗中有“刳木取泉遥”，也是以木管相接引水的意思。

如果泉水相去更远一些，不能亲自去汲取，必须派遣诚实的山童去汲取，以免出现以石头城下江水假冒扬子江中冷泉的故事（五代南唐尉迟偓《中朝故事》，记载唐代李德裕以水递千里致水及鉴水之事）。宋朝苏轼（字子瞻）喜欢玉女河的水，吩咐僧人调取水符去汲取，仍然叹惜自己不能居住在泉边。所以曾几（号茶山先生）在《吴傅朋送惠山泉两瓶并所书石刻》诗中吟咏道：“新岁头纲须击拂，旧时水递费经营。”

运送泉水，将石子放在水中，能起到纯净水质的作用，也可以吸取因为摇荡而形成的浑浊和污滓。至于泉水的味道，则会随着摇荡而越来越减损了。

运送泉水的时候，取干净的石子放到水瓶之中，不仅可以滋养水味，也可以使水澄清，不至于浑浊。宋朝诗人黄庭坚（字鲁直）《谢黄从善司业寄惠山泉》诗中所吟咏的“锡谷寒泉撱石俱”，指的就是这种情况。挑选水中洁净的白色石子，与泉水一起烹煮，尤其妙绝。

如果汲取泉水的路程太远，一定会失去其原有的味道。宋朝唐庚（字子西）在《斗茶记》中说：“茶叶不必问是龙团还是新銙，最重要的是以新鲜为贵。水也不必问是江水还是井水，最重要的是以流动的活水为贵。”还说：“如今提着水瓶到龙塘取水，不过数十步，这里的泉水适宜烹茶，并不逊于清远峡的水。而经过海上通道到达建安北苑，不过几天就可以抵达。所以每年的新茶，不超过三个月就能够得到了。”根据唐庚所说的情况，我们今天看来，已经不值得赞赏了。因为宋朝建安北苑的贡茶都是经过碾和罗制成的饼茶，并且必须经过三个月才可以做好。这就比不上今天的芽茶，在每年的清明、谷雨之前，上山采摘，下山就加工煮饮。即使行走数千步到龙塘汲水，比较起来如今新汲取的石泉之水，左边放勺，右边置铛，随时煮饮，又怎么样呢？我曾经说过这是两项难以做到的事情（新茶与新泉），如今我都享受到了。的确是隐居山林的人的福祉啊！

隐居山林的人，本来就应当珍惜泉水，况且好的泉水更是不容易得到，尤其应当珍惜，这本身就是积善作福的好事。唐朝诗人章孝标《方山寺松下泉》诗中写道：“石脉绽寒光，松根喷晓霜。注瓶云母滑，漱齿茯苓香。野客偷煎茗，山僧惜净床。三禅不要问，孤月在中央。”诗中所说的“偷”，是说明的确珍贵；所说的“惜”，是说明不轻易使用。怎么能够结识这样的宾客和高僧，并且能够与他们比邻而居呢？

我居住的山上，有多处泉水，例如冷泉、午月泉、一勺泉，都可以列入水品，称得上是佳泉。这些泉水与苏州虎丘的石水相比，差不多可以说是主仆关系，可惜还没有得到名流大家的鉴赏。由此可见，泉水也是有幸运有不幸的啊！简要说来，就是因为泉水隐藏在小山和荒僻的原野之中，所以其名声没有彰显。“茶圣”陆羽（号竟陵子）如果能够死而复生，就应当烹煮一杯泉水，斟上一杯好茶，与我一起流连于青松之下，闲坐在白石之上，而仰观天上浮云的翻飞和消长。

阳羡茗壶系

檀几叢書二集卷四十六

武林 王 晫 丹麓 同輯
天都 張 潮 山來

陽羨茗壺系

江陰周高起伯高著

壺于茶具。用處一耳。而瑞草名泉。性情攸寄。實仙子之洞天福地。梵王之香海蓮邦。審厥尚焉。非曰好事已也。故茶至明代。不復碾屑和香藥製團餅。此已遠過古人。近百年中。壺

檀几叢書 陽羨茗壺系 一 二集

《阳羡茗壶系》书影（《檀几丛书》本）

《阳羡茗壶系》一卷，明周高起（？—1645）撰，是我国历史上第一部关于宜兴紫砂茶具的专著。

周高起字伯高，江阴人，生当明末，曾预修《江阴县志》，富收藏，精鉴赏，嗜茗饮，好壶艺，还著有《洞山岕茶系》《读书志》等。此书分创始、正始、大家、名家、雅流、神品、别派，以品系人，以人纪事，列制壶名家，品鉴其风格、传器，兼及泥品与品茗用壶之宜，在陶瓷工艺史和茶文化史上都具有重要的学术价值。原书关于陶工部分列有七目，而陶土部分则不分目，故补列“陶土”“陶壶”二目。

此书有《檀几丛书》本、《江阴丛书》本、《常州先哲遗书》本、《翠琅玕馆丛书》本、《粟香室丛书》本、《美术丛书》本等。今以《檀几丛书》二集卷四十六所收《阳羡茗壶系》为底本进行整理。

宜兴提梁壶（江苏南京吴经墓出土）

供春款树瘿壶

时大彬鼎足盖圆壶

李茂林菊花八瓣壶

邵文银圆珠壶

陈信卿梨皮方壶

徐友泉三足壶

壶于茶具，用处一耳。而瑞草名泉，性情攸寄，实仙子之洞天福地，梵王之香海莲邦。审厥尚焉，非曰好事已也。故茶至明代，不复碾屑和香药制团饼，此已远过古人。近百年中，壶黜银、锡及闽、豫瓷，而尚宜兴陶，又近人远过前人处也。陶曷取诸？取诸其制。以本山土砂，能发真茶之色香味，不但杜工部云“倾金注玉惊人眼”，高流务以免俗也。至名手所作，一壶重不数两，价重每一二十金，能使土与黄金争价。世日趋华，抑足感矣。因考陶工、陶土而为之系。

［译解］

茶壶，作为茶具，其用处不过是一种饮茶用具罢了。然而它却是作为瑞草的茶和作为名泉的水以及茶人性情的寄托，实在可以比得上仙人的洞天福地、佛祖的香海莲邦。考察这种风尚，并不仅仅是好事罢了。因为饮茶风尚发展到了明代，不再将茶碾成细末，加入香药制成团饼，而是以高温杀青的炒青法制成散茶，这也是远远超过古人的地方。近百年以来，茶壶淘汰了银壶、锡壶以及福建、河南所产的瓷壶，而崇尚宜兴紫砂陶壶，这又是近人远远超过前人的地方。宜兴陶壶的可取之处何在？就在于它的制作工艺。因为当地山中的陶土含砂，所制紫砂壶能够充分发挥天然真茶的色香味，不仅古朴清幽，如杜甫《少年行》诗中所吟咏的“倾金（一作银）注玉（一作瓦）惊人眼，共醉终同卧竹根”，而且其形制高雅风流，也是着意免于流俗。至于名家所制作的茶壶，一个茶壶的重量不过数两，其价格往往高达一二十两银子，从而能使得泥土与黄金争价。世风日趋浮华，也足以令人感慨了！于是我考察宜兴陶工和陶土，分门别派，论述如下。

创始

金沙寺僧，久而逸其名矣。闻之陶家云，僧闲静有致，习与陶缸瓮者处。抟其细土，加以澄练，捏筑为胎，规而圆之，刳使中空，踵傅口、柄、盖、的，附陶穴烧成，人遂传用。

[译解]

金沙寺的和尚，因为年代久远，已经不知道他的姓名了。我曾经听制陶的人传说：这位老和尚为人安闲静穆而有情趣，常常与做缸瓮的陶人友好相处。他将做缸瓮用的陶泥中细腻的泥料揉捏在一起，用水浸泡，去除杂质再加以揉练，用手捏法塑成基形，再将泥坯规范加工成圆形，并将泥坯中间挖空，接着制作附件壶口、壶柄、壶盖、盖的（砂壶盖上摘手，俗称的子），做好的泥坯搭附在陶窑中与粗陶混合装烧而成，人们于是相互传授，制作并使用开来。

正始

供春，学宪吴颐山公青衣也。颐山读书金沙寺中，供春于给役之暇，窃仿老僧心匠，亦淘细土抟坯。茶匙穴中，指掠内外，指螺文隐起可按。胎必累按，故腹半尚现节腠，视以辨真。今传世者，栗色暗暗，如古金铁，敦庞周正，允称神明垂则矣。世以其孙龚姓，亦书为龚春。[**人皆证为龚。予于吴问卿家见时大彬所仿，则刻“供春”二字，足折聚讼云。**]

董翰，号后溪，始造菱花式，已殚工巧。

赵梁，多提梁式，亦有传为名良者。

玄锡。

时朋，即大彬父。是为四名家。万历间人，皆供春之后劲也。董文巧，而三家多古拙。

李茂林，行四，名养心。制小圆式，妍在朴致中，允属名玩。

自此以往，壶乃另作瓦缶，囊闭入陶穴，故前此茗壶，不免沾缸坛油泪。

[译解]

供春，是提学副使吴颐山先生（吴仕，字克学，又字颐山，宜兴人，明正德九年即1514年进士，曾任提学副使、四川参政）的青衣小童。颐山先生少年时曾经在金沙寺中读书，供春在服侍先生饮食起居的闲暇时间，私下模仿老和尚的制陶方法，也淘揉细土捏成泥坯。用茶匙在中间挖成穴状，用手指捏筑其内外形，所以壶上手指的螺纹隐隐泛起，清晰可辨。壶的泥胎，必须各部分分别做成，然后合成整体，所以壶的腹部中间还保留着上下两部分衔接的痕迹，仔细观察可以辨别真伪。如今传世的供春壶，色泽如栗子暗然沉着，坚实刚硬，犹如古代的金银铁器；敦厚笃实，形制周正，可以称得上是神明垂则、为世范模了。世人因其孙子姓龚，所以也写作龚春。[人们都考证他姓龚，我在吴洪裕（字问卿）家里见到时大彬所仿制的供春壶，就刻有“供春”二字，足以驳倒聚讼纷纭的不同说法。]

董翰，号后溪，最早创制菱花式（砂壶造型制成八条筋纹花瓣形），已经表现出相当的工艺技巧。

赵梁，所制多提梁式砂壶，也有人传说他的名字为赵良。

玄锡，一作袁锡，见陈贞慧《秋园杂佩》。

时朋，一作时鹏，就是时大彬的父亲。以上四人称为四大家，同为万历年间（1573—1620）的人，都是继供春之后的名家。在形制风格上，董翰的作品趋于文巧，而其他三人则古拙朴实。

李茂林，排行第四，名叫养心。他制作圆形小壶，于朴素端庄之中见妩媚，可以称得上是有名的玩赏之作。

从此，紫砂壶在烧制时才开始另外制作瓦缶，把茶壶装起来封闭放入陶窑烧成，以避免杂质侵入。所以在此以前制作的茶壶，免不了要沾染其他有釉陶器的釉料挥发物即油泪。

大家

时大彬，号少山。或淘土，或杂硇砂土，诸款具足，诸土色亦具足，不务妍媚，而朴雅坚栗，妙不可思。初自仿供春得手，喜作大壶。后游娄东，闻陈眉公与琅琊、太原诸公品茶施茶之论，乃作小壶。几案有一具，生人闲远之思。前后诸名家，并不能及，遂于陶人标大雅之遗，擅空群之目矣。

［译解］

时大彬，号少山，他制作的茶壶，有时淘洗细泥，有时夹杂砂粒（即今之调砂、铺砂），各种款式都有，将紫砂泥的各种特质以及色泽变化都表现得非常充分；在艺术风格上，他不追求妩媚，而以古朴、雅致、坚实、沉着作为特征，工艺奇妙，巧夺天工。起初，他从模仿供春入手，喜欢制作大壶。后来游历娄东（今江苏太仓），听闻著名书画家陈继儒（1558—1639，字仲醇，号眉公）与王鉴（1598—1677，字玄照，号湘碧，出于琅琊王氏）、王时敏（1592—1680，字逊之，号烟客，出于太原王氏）诸先生品茶施茶的高论，才开始制作小壶。文人雅士几案之上放置一具时大彬所制的小砂壶，令人生发出闲适悠远的思绪。前后各位制壶名家，都无法达到他的境界，于是在陶艺领域标举大雅之遗风、独擅空群之名目（韩愈《送温处士赴河阳军序》：“伯乐一过冀北之野，而马群遂空。”），奠定了他的大家地位。

名家

李仲芳，行大，茂林子。及时大彬门，为高足第一。制度渐趋文巧，其父督以敦古。仲芳尝手一壶，视其父曰："老兄,这个何如？"俗因呼其所作为"老兄壶"。后入金坛，卒以文巧相竞。今世所传大彬壶，亦有仲芳作之，大彬见赏而自署款识者。时人语曰:"李大瓶，时大名。"

徐友泉，名士衡，故非陶人也。其父好时大彬壶，延致家塾。一日，强大彬作泥牛为戏，不即从，友泉夺其壶土出门去，适见树下眠牛将起，尚屈一足，注视捏塑，曲尽厥状。携以视大彬，一见惊叹曰:"如子智能，异日必出吾上。"因学为壶。变化式、土，仿古尊罍诸器，配合土色所宜，毕智穷工，移人心目。予尝博考厥制，有汉方、扁觯、小云雷、提梁卣、蕉叶、莲方、菱花、鹅蛋、分裆索耳、美人、垂莲、大顶莲、一回角、六子诸款。泥色有海棠红、朱砂紫、定窑白、冷金黄、淡墨、沉香、水碧、榴皮、葵黄、闪色、梨皮诸名。种种变异,妙出心裁。然晚年恒自叹曰:"吾之精，终不及时之粗。"

[译解]

李仲芳，排行老大，是李茂林的儿子，时大彬的入室弟子，在大彬的高足中名列第一。当时制壶风格逐渐趋于文巧，其父督促他要追求敦厚古朴的风格。李仲芳曾经制作了一把壶，就面对父亲诙谐地说道："老兄，这把壶怎么样？"世人于是习惯地称呼他所做的茶壶为"老兄壶"。后来他到了金坛，其壶艺最终追求文雅纤巧的风格。如今世上所流传的大彬壶，也有的是李仲芳制作，得到大彬的赏识而署名落款的。当时人们就有"李大瓶，时大名"的说法。

徐友泉，名叫士衡，本来不是从事制壶的陶人。他的父亲喜欢时大彬的茶壶，就聘请时大彬到家中制壶。有一天，他父亲要求大彬以牛的形象制作茶壶，作为游戏，大彬没有当即动手，这时徐友泉夺过大彬的壶泥来到门外，正好看到树下有一头牛卧在地上睡觉即将起来，还有一条腿跪着，没有站立起来。友泉就一边注视着牛的动作，一边用壶泥进行捏塑，形象地表现出牛的情状，然后拿回来请大彬指教。大彬一见，非常惊讶，感叹说："像你这样的智慧和才能，若从事陶艺，日后必定会超过我。"于是徐友泉就开始学习制作茶壶。他改变原有的土色和造型款式，模仿古代的尊罍等器物的造型，配合泥土色泽相适宜，竭尽才智，穷其工巧，制作的茶壶妙出心裁，令人赏心悦目。我曾经广泛地考察他所制作茶壶的形制，有仿古的汉方壶、扁觯（zhì）、小云雷、提梁卣（yǒu）、蕉叶、莲方、菱花、鹅蛋、分裆索耳、美人、垂莲、大顶莲、一回角、六子等很多款式；泥色则有海棠红、朱砂紫、定窑白、冷金黄、淡墨、沉香、水碧、榴皮、葵黄、闪色、梨皮等名目。这样种种的变异和创新，妙出心裁。然而，徐友泉晚年还经常独自感叹说："我制作风格的精巧变化，始终比不上时大彬的粗犷朴雅。”

雅流

欧正春，多规花卉果物，式度精妍。

邵文金，仿时大汉方独绝，今尚寿。

邵文银。

蒋伯荂，名时英。四人并大彬弟子。蒋后客于吴，陈眉公为改其字之“敷”为“荂”。因附高流，讳言本业，然其所作，坚致不俗也。

陈用卿，与时同工，而年伎俱后。负力尚气，尝挂吏议，在缧绁中，俗名陈三呆子。式尚工致，如莲子、汤婆、钵盂、圆珠诸制，不规而圆，已极妍饬。款仿钟太傅帖意，落墨拙，落刀工。

陈信卿，仿时、李诸传器，具有优孟叔敖处，故非用卿族。品其所作，虽丰美逊之，而坚瘦工整，雅自不群。貌寝意率，自夸洪饮，逐贵游间，不务壹志尽技，间多伺弟子造成，修削署款而已。所谓心计转粗，不复唱《渭城》时也。

闵鲁生，名贤，制仿诸家，渐入佳境。人颇醇谨，见传器则虚心企拟，不惮改。为伎也，进乎道矣。

陈光甫，仿供春、时大，为入室。天夺其能，早眚一目，相视口的，不极端致。然经其手摹，亦具体而微矣。

[译解]

欧正春，其制作造型多模仿自然的花卉、瓜果，款式和做工都非常精致美观。

邵文金，一名亨祥，模仿时大彬的汉方壶独称绝技，至今还健在。

邵文银，一名亨裕，邵文金同胞兄弟。

蒋伯荂，名叫时英。以上这四人都是时大彬的弟子。蒋伯荂后来客居吴中，陈眉公给他把字“伯敷”改为“伯荂”。于是他就进入上流社会，忌讳提及自己陶人的身份。然而他所制作的茶壶，仍然坚实而雅致，没有俗气。

陈用卿，与时大彬一同学艺制壶，他的年龄较小，技艺也较时大彬略逊一筹。他为人豪侠，自负力强，崇尚气节，曾经牵涉官司，被议定罪名而遭遇牢狱之灾，俗名陈三呆子。陈用卿所制作的茶壶款式追求工整雅致，例如莲子、汤婆、钵盂、圆珠等形制，不用规范而自成方圆，已经达到极其美观而严整的境界。刻款则模仿魏太傅钟繇书法风格，落墨拙朴，用刀工整。

陈信卿，模仿时大彬、李仲芳等人的传世器具，犹如春秋时代的艺人优孟模仿孙叔敖那样惟妙惟肖，所以与陈用卿的风格不属同类。品赏他所制作的茶具，虽然不很雍容饱满，较之时、李等名家略逊一筹，但其风格坚实瘦削而工整，雅致而不俗。他相貌丑陋、为人意气轻率，常自夸豪饮，追逐于贵介名流之间，不能专心致志、精益求精，常常是看到弟子们制作完成，就加以修整署名落款罢了。这就是所谓心计转粗，水准下降，不再出现像唐朝诗人王维那样一曲《渭城》而天下传唱的时候了，也就是说其后期作品已不能与早期作品同日而语了。

闵鲁生，名叫闵贤，其制作模仿诸位名家，渐渐进入佳境。他为人比较醇厚严谨，见到流传的紫砂器具就虚心模拟，不怕反复修改自己的作品，其技艺已经进入道的境界了。

陈光甫，模仿供春、时大彬，成为二人登堂入室的高足。可惜天夺其能，一只眼睛生翳，因而审视和安装壶口及壶盖上的的子等，就不十分端正有致，但是经过他用手摹制，也可以具体而微，不碍观瞻了。

神品

陈仲美，婺源人，初造瓷于景德镇。以业之者多，不足成其名，弃之而来。好配壶土，意造诸玩，如香盒、花杯、狻猊炉、辟邪、镇纸，重锼叠刻，细极鬼工。壶象花果，缀以草虫，或龙戏海涛，伸爪出目。至塑大士像，庄严慈悯，神采欲生，璎珞花蔓，不可思议。智兼龙眠、道子，心思殚竭，以夭天年。

沈君用，名士良，踵仲美之智，而妍巧悉敌。壶式上接欧正春一派，至尚象诸物，制为器用，不尚正方圆，而笋缝不苟丝发。配土之妙，色象天错，金石同坚。自幼知名，人呼之曰沈多梳。[宜兴垂髫之称。]巧殚厥心，亦以甲申四月夭。

[译解]

陈仲美，江西婺源人，最初在景德镇制造瓷器。因为从业之人太多，很难成就大名，就放弃旧业，来到宜兴制壶。他喜爱研究调配泥料，创新设计，制造了许多文玩器具。例如香盒、花杯、狻猊（suān ní）炉、辟邪、镇纸等，镂刻繁缛，重叠雕饰，极其细腻，堪称鬼斧神工。他制作的茶壶，好像花卉瓜果，再以草木虫鱼进行点缀；或者如龙在海涛中嬉戏，张爪怒目，非常形象。至于所塑的观音大士像，庄严慈悯，富有神采，栩栩如生，作为装饰的璎珞花鬘，更令人叹为观止，不可思议。他兼有宋朝画家李公麟（号龙眠居士）和唐朝画家吴道子（世称"画圣"）的才智。可惜心思殚竭，不得安享天年，就英年早逝了。

沈君用，名叫士良，他继承陈仲美的才智，在制壶风格上美观纤巧，可与之媲美。在制壶款式上承接欧正春一派，崇尚形象地表现各种事物，制作为不同的器具即所谓的仿生器，而不追求规正的方形、圆形器皿，在造型方面口、盖严密合缝，丝发不差。他配制的各色泥土，色泽如同天然，坚实如同金石。因此，他从小就非常知名，人们亲切地称他为"沈多梳"。[宜兴方言对小孩的称呼。] 可惜精巧的工艺耗费了他的心血，也在甲申年（1644）的四月夭亡了。

别派

诸人见汪大心《叶语》附记中。[休宁人，字体兹，号古灵。]

邵盖、周后溪、邵二孙，并万历间人。

陈俊卿，亦时大彬弟子。

周季山、陈和之、陈挺生、承云从、沈君盛，善仿友泉、君用。并天启、崇祯间人。

沈子澈，崇祯时人，所制壶古雅浑朴。尝为人制菱花壶，铭之曰："石根泉，蒙顶叶，漱齿鲜，涤尘热。"

陈辰，字共之，工镌壶款，近人多假手焉，亦陶家之中书君也。

镌壶款识，即时大彬初倩能书者落墨，用竹刀画之，或以印记，后竟运刀成字，书法闲雅，在《黄庭》《乐毅》帖间，人不能仿。鉴赏家用以为别。次则李仲芳，亦合书法。若李茂林，朱书号记而已。仲芳亦时代大彬刻款，手法自逊。

规仿名壶曰临，比于书画家入门时。

陶肆谣曰："壶家妙手称三大。"谓时大彬、李大仲芳、徐大友泉也。予为转一语曰："明代良陶让一时。"独尊大彬，固自匪佞。

［译解］

以下诸人，见于叶大心《叶语》一书的附记。[叶大心，安徽休宁人，字体兹，号古灵。]

邵盖、周后溪、邵二孙，都是明朝万历年间（1573—1620）的人。

陈俊卿，也是时大彬的弟子。

周季山、陈和之、陈挺生、承云从、沈君盛，他们都善于模仿徐友泉、沈君用，都是天启（1621—1627）和崇祯年间（1628—1644）的人。

沈子澈，是崇祯年间人，所制作的茶壶古雅浑朴。他曾经为人制作菱花壶，并在上面刻上铭文："石根泉，蒙顶叶，漱齿鲜，涤尘热。"

陈辰，字共之，专攻茶壶落款的镌刻，近来的制壶家多请他代为刻款。他也可以称得上是陶艺行业的书法家了。

在茶壶上镌刻款识，作为紫砂文化的内涵之一，也是从时大彬开始的。大彬最初请擅长书法者书写，自己用竹刀（一种制壶工具）依样刻画，有时用印章拓印。后来经过自学，竟然能够运刀成字，而且书法闲雅，有王羲之《黄庭经》《乐毅论》诸帖的逸韵，别人不能模仿。鉴赏家也可以通过款识来鉴别大彬壶的真伪。其次则属李仲芳，其款识也合乎书法规范。至于李茂林，他只是用朱笔书写编号罢了。李仲芳也不时代替时大彬镌刻款识，其手法自然略逊一筹。

模仿名家名壶叫作"临"，就如同书画家刚入门时要临摹名帖名画一样。

陶肆之中流传着这样一句谣谚："壶家妙手称三大。"说的是时大彬、李仲芳、徐友泉三人在这一领域所占的地位。我认为应该变换一句话："明代良陶让一时。"独尊时大彬，就其在紫砂发展史上承前启后的作用而言，本来也没有什么不妥切。

陶土

相传壶土初出用时，先有异僧经行村落，日呼曰："卖富贵。"土人群嗤之。僧曰："贵不要买，买富何如？"因引村叟，指山中产土之穴，去。及发之，果备五色，灿若披锦。

嫩泥，出赵庄山，以和一切色土，乃粘脂可筑，盖陶壶之丞弼也。

石黄泥，出赵庄山，即未触风日之石骨也。陶之乃变朱砂色。

天青泥，出蠡墅，陶之变黯肝色。又其夹支，有梨皮泥，陶现梨冻色；淡红泥，陶现松花色；浅黄泥，陶现豆碧色；蜜□泥，陶现轻赭色；梨皮和白砂，陶现淡墨色。山灵腠络，陶冶变化，尚露种种光怪云。

老泥，出团山，陶则白砂星星，按若珠琲，以天青、石黄和之，成浅深古色。

白泥，出大潮山，陶瓶盎缸缶用之，此山未经发用，载自吾乡白石山。[江阴秦望山之东北支峰。]

出土诸山，为穴往往善徙。有素产于此，忽又他穴得之者，实山灵有以司之，然皆深入数十丈乃得。

造壶之家，各穴门外一方地，取色土筛捣，部署讫，弇窖其中，名曰养土。取用配合，各有心法，秘不相授。壶成幽之，以候极燥，乃以陶瓮庋五六器，封闭不隙，始鲜欠裂射油之患。过火则老，老，不美观；欠火则稚，稚，沙土气。若窑有变相，匪夷所思。倾汤贮茶，云霞绮闪，直是神之所为，亿千或一见耳。

陶穴环蜀山。山原名独，东坡先生乞居阳羡时，以似蜀中风景，改名此山也。祠祀先生于山椒，陶烟飞染，祠宇尽墨，按《尔雅·释山》云："独者，蜀。"则先生之锐改厥名，不徒桑梓殷怀，抑亦考古自喜云尔。

[译解]

传说制壶的原料紫砂泥土最初出土使用的时候，事先有一个怪异的和尚在当地村落间往返行走，每天高叫道："卖富贵！"当地村民都嗤笑他。和尚说："贵不要你们买，就买富吧，怎么样？"于是引着村中的老头，去指认山中出产紫砂泥的矿穴，然后离去。等发掘之后，果然五色俱备，如同展开的锦绣一般灿烂。

嫩泥，出于赵庄山，可以用来调和一切不同颜色的陶土，这种泥黏性大，有助于捏塑成型，可以说是陶壶的左辅右弼。（按：嫩泥是制作粗陶必备的原料，紫砂壶制作中不用嫩泥。）

石黄泥即红泥，出于赵庄山，质地坚硬，是未经风吹日晒的石骨，经过风化、澄练后才变成朱砂色。

天青泥是紫泥的一种，出于蠡墅，原矿为天青色，风化、澄练、烧制后变成黯肝色。另外，紫泥的夹层（又叫夹脂）有梨皮泥，出矿呈绿色，烧制成变为梨冻色；有淡红泥，烧制成变为松花色；有浅黄泥，烧制成变为豆碧色；有蜜□泥，烧制成变为轻赭色；梨皮与白砂泥调和，烧制成变为淡墨色。这说明由于地质成因，山脉的腠理脉络具有灵气，经过了陶冶变化，还能显露出种种光怪陆离的效果。

老泥又称团泥，出于赵庄山东南的团山，烧制成就会呈现出星星点点的白砂，宛如贯珠，用天青泥、石黄泥调和，烧制成变为浅深不同的古铜色。

白泥，出于大潮山，是烧制陶瓶、陶盎、陶缸、陶缶等日用粗陶的原料。在此山的白泥矿未开发之前，白泥是从我们江阴白石山运来的。[白石山是江阴秦望山的东北支峰。]

出产陶土的各个山中，紫砂泥的矿穴往往善于迁徙变换，有的紫砂泥一向出产于这里，忽然又从那里的矿穴中发现，实在是山中有神灵司掌,但都要深入数十丈才可以挖得到。(这其实就是矿脉时断时续、变化不定的自然现象。)

制壶的人家，各自在开采陶土的洞外一边的地上挖一土穴，取来经过风化的各色紫砂矿土筛细捣碎、细筛，布置停当之后，用水浸泡、窖藏于其中，叫作养土。其选矿、选料及相互按比例配合，各自从实践中总结经验并在家族相传，对外秘不传授。做好的壶坯要封闭好，放在清凉透风处，等候自然干燥，然后才用陶瓮装上五六件器皿，密闭起来不留缝隙，才可以减少出现烧制中的射火、飞釉或因温差太大而造成开裂等现象的隐患。烧制时，火候的把握非常重要，如果火力太过，温度过高，就会烧得过老，那么砂壶表面就不光滑，不美观；如果火力太小，温度过低，就会烧得过嫩，那么砂壶没有烧结实，用来泡茶就会带有沙土气。如果烧制时发生难得的窑变，就会呈现意想不到的效果。用这样的茶壶冲泡茶叶，就会感到满目云霞，鲜艳闪亮，令人叹为观止，真是神力所为，烧制亿万件砂壶才可能出现一次。

紫砂泥的矿穴环绕在蜀山的周围。蜀山，原名独山，苏东坡先生当年请求定居阳羡时，因为这里的风景与其故乡四川很相似，所以为其改名叫蜀山。在蜀山的山顶建有祠堂专门奉祀东坡先生，因为陶烟的飞落和熏染，祠堂的建筑全都变成了墨色。据《尔雅·释山》考证：独，就是蜀。那么先生之所以锐意为独山改名，并不仅仅是要表达满怀思乡之情，也可能是因为考证古书的结果与自己的心理暗合而心中高兴的表现。

砂壶

壶供真茶，正在新泉活火，旋瀹旋啜，以尽色声香味之蕴。故壶宜小不宜大，宜浅不宜深；壶盖宜盎不宜砥，汤力茗香，俾得团结氤氲；宜倾竭即涤，去厥渟滓。乃俗夫强作解事，谓时壶质地坚洁，注茶越宿，暑月不馊。不知越数刻而茶败矣，安俟越宿哉？况真茶如莼脂，采即宜羹，如笋味，触风随劣。悠悠之论，俗不可医。

壶，入用久，涤拭日加，自发暗然之光，入手可鉴，此为书房雅供。若腻滓斓斑，油光烁烁，是曰和尚光，最为贱相。每见好事家藏列，颇多名制，而爱护垢染，舒袖摩挲，惟恐拭去，曰：吾以宝其旧色尔。不知西子蒙不洁，堪充下陈否耶？以注真茶，是藐姑射山之神人，安置烟瘴地面矣，岂不舛哉！

壶之土色，自供春而下，及时大初年，皆细土淡墨色。上有银沙闪点，迨硐砂和制，縠绉周身，珠粒隐隐，更自夺目。

或问予以声论茶，是有说乎？予曰：竹垆幽讨，松火怒飞，蟹眼徐窥，鲸波乍起，耳根圆通，为不远矣。然垆头风雨声，铜瓶易作，不免汤腥，砂铫亦嫌土气，惟纯锡为五金之母，以制茶铫，能益水德，沸亦声清，白金尤妙，第非山林所办尔。

壶宿杂气，满贮沸汤，倾即没冷水中，亦急出水写之，元气复矣。

品茶用瓯，白瓷为良，所谓“素瓷传静夜，芳气满闲轩”也。制宜弇口邃肠，色浮浮而香味不散。

茶洗，式如扁壶，中加一盎鬲，而细窍其底，便过水漉沙。茶藏，以闭洗过茶者，仲美、君用各有奇制，皆壶史之从事也。水勺、汤铫，亦有制之尽美者，要以椰匏、锡器，为用之恒。

[译解]

要用紫砂壶冲泡出清香纯正的佳茶，关键在于要用新汲的泉水，用无烟的炭火煮沸，随即冲泡随即品饮，充分发挥茶艺之中色泽、声音、香气、味道的深厚蕴意。所以茶壶宜小不宜大，宜浅不宜深；壶盖适宜弧形拱起而不适宜平面，这样可以使得汤力集中，茶香氤氲；饮茶完毕就应该立即倒掉茶渣，以防陈茶之气存留壶中。世俗之人强装通晓茶事，说时大彬所制的砂壶质地坚致，冲泡的茶经过一夜，即使在暑天也不会发馊。他们不知道冲泡的茶过了数刻味道就败坏了，怎么能经过一夜呢？况且真正的佳茶，讲究越新鲜越好，就好比莼菜，采下就要随即煮成羹；又好比鲜笋，见了风就不好了。这些不负责任的议论，真是庸俗得不可救药。

砂壶使用时间长了，就更要勤于洗涤和摩挲擦拭，自然会发出像玉一样的亚光效果，拿在手中把玩，光可鉴人，这就可以作为书房的清玩和雅供。如果污滓斑斑，油光闪烁，这就叫作和尚光，可以说是最为不雅的贱相。常常看到喜欢附庸风雅的人家藏有很多名家所制的茶壶，却爱护上面的尘垢污染，舒展衣袖把玩摩挲，唯恐拭去壶上的污垢，还说："我这是为了宝爱其陈旧的色泽。"殊不知若让西施美女蒙受不洁，还能够作为婢妾招待宾客吗？用这样的茶壶冲泡纯正的佳茶，就是将藐姑射山的神人安置到烟瘴地面。这简直是对壶艺的糟蹋，岂不是大错特错了啊！

砂壶所用的泥料，自从供春以后，到时大彬的初年，都是采用粗陶中较细腻的泥料即所谓细土，烧成后呈淡墨色。上面有银色的砂点（即泥料中所含的鳞片状白云母）发出闪光，用练制好的泥料调和过筛后的粗颗粒砂料，制成壶坯，烧成后表面形成珠粒隐隐显现的特殊肌理效果，更加夺目。

有人问我，凭借水的声音来评定所沏茶的优劣，有这样的说法吗？我回答说：用竹垆（煮水的泥炉，编竹为壳套于其外，故名）煮水，用松枝作薪烧火，看到水面的小气泡如蟹眼渐起，接下来水将烧开，水面开始翻起波浪，水声逐渐消失，耳朵听不见了，就恰到火候，可以冲泡茶了。然而要聆听如风雨之声的水声，用铜瓶煮水最好，却不免沾染铜腥味，用砂铫煮水也嫌带有土气，只有纯锡是五金之母，用来制作茶铫，能够增益泉水的养分，沸声也很清幽。用白银所制的茶铫尤其绝妙，只是太过奢侈，非隐居山林的茶人所能置办得到，也与饮茶的清幽意境不相协调。

如果砂壶长时间不用，会有陈杂气味，就要先用沸水倒满，倒掉后马上浸入冷水中，也要急忙拿出来将水倒掉，这样其元气就可以恢复了。

品茶所用的茶瓯，以白瓷为效果最好，也就是古诗中所形容的“素瓷传静夜，芳气满闲轩”。其造型应该是小口深腹，这样茶色在白色映衬下就更清晰，香气却不至于涣散。

茶洗是一种洗茶用具，样式像扁壶，中间加有一个弧形的鬲，底部有细孔，以便于冲洗掉茶叶上的沙尘。茶藏是一种用来留住洗过的茶叶的茶具。这两种茶具，陈仲美、沈君用都有非常奇异的制作，他们可以称得上是壶史之从事。至于水勺、汤铫之类的茶具，世间也都有制作得尽善尽美的，但日常还是以椰壳、葫芦器、锡器最为实用和常见。